21世纪高等学校计算机专业实用规划教材

PHP
从入门到精通

◎千锋教育高教产品研发部 / 编著

清华大学出版社
北 京

内 容 简 介

本书从初学者的角度出发，通过通俗易懂的语言、丰富多彩的实例，详细介绍了使用 PHP 进行网络开发应该掌握的各方面技术。

全书共分 19 章，包括 PHP 开发入门、PHP 编程基础、函数、数组、面向对象、错误与异常处理、文件处理、字符串操作、正则表达式、PHP 图像处理技术、Web 开发基础、PHP 与 Web 页面交互、PHP 会话技术、MySQL 数据库基础、PHP 操作 MySQL 数据库、PDO 数据库抽象层、Smarty 模板技术、Laravel 框架、PHP-ML 人工智能等内容。书中所有知识都结合具体实例进行介绍，涉及的程序代码均附以详细的注释，可以使读者轻松领会 PHP 程序开发的精髓，快速提高开发技能。

本书适合作为软件开发入门者的自学用书，也适合作为高等院校相关专业的教学参考书，还可供开发人员查阅、参考。

图书在版编目（CIP）数据

PHP 从入门到精通 / 千锋教育高教产品研发部编著. —北京：清华大学出版社，2019（2023.8重印）

（21 世纪高等学校计算机专业实用规划教材）

ISBN 978-7-302-52172-3

Ⅰ. ①P…　Ⅱ. ①千…　Ⅲ. ①PHP 语言－程序设计－高等学校－教材　Ⅳ. ①TP312.8

中国版本图书馆 CIP 数据核字（2019）第 011674 号

责任编辑：付弘宇　张爱华
封面设计：胡耀文
责任校对：时翠兰
责任印制：宋　林

出版发行：清华大学出版社
　　　　网　　址：http://www.tup.com.cn, http://www.wqbook.com
　　　　地　　址：北京清华大学学研大厦 A 座　　　　邮　　编：100084
　　　　社 总 机：010-83470000　　　　邮　　购：010-62786544
　　　　投稿与读者服务：010-62776969, c-service@tup.tsinghua.edu.cn
　　　　质 量 反 馈：010-62772015, zhiliang@tup.tsinghua.edu.cn
　　　　课 件 下 载：http://www.tup.com.cn, 010-62795954
印 装 者：三河市铭诚印务有限公司
经　　销：全国新华书店
开　　本：185mm×260mm　　　印　张：30.25　　　字　数：695 千字
版　　次：2019 年 5 月第 1 版　　　印　次：2023 年 8 月第 6 次印刷
印　　数：5101 ～ 5900
定　　价：89.00 元

产品编号：078643-01

本书编委会

主　　任：胡耀文

副 主 任：贾嘉树　杨　轩

委　　员：李文凯　褚洪波　罗　忠

　　　　　解　艳　关　淼

序 *preface*

为什么要写这样一本书

当今世界是知识爆炸的世界，科学技术与信息技术快速发展，新型技术层出不穷。但教科书却不能将这些知识内容随时编入，致使教科书的知识内容瞬息便会陈旧不实用，教材的陈旧性与滞后性尤为突出，在初学者还不会编写一行代码的情况下，就开始讲解算法，这样只会吓跑初学者，让初学者难以入门。

IT 行业，不仅仅需要理论知识，更需要实用型、技术过硬、综合能力强的人才。所以，高校毕业生求职面临的第一道门槛就是技能与经验的考验。由于学校往往注重学生的基础教育和理论知识，因此忽略了对学生的实践能力培养。

如何解决这一现象

为了杜绝这一现象，本书倡导的是快乐学习，实战就业。在语言描述上力求准确、通俗、易懂，在章节编排上力求循序渐进，在语法阐述时尽量避免术语和公式，从项目开发的实际需求入手，将理论知识与实际应用相结合。目标就是让初学者能够快速成长为初级程序员，并拥有一定的项目开发经验，从而在职场中拥有一个高起点。

千锋教育

在瞬息万变的 IT 时代，一群怀揣梦想的人创办了千锋教育，投身到 IT 培训行业。七年来，一批批有志青年加入千锋教育，为了梦想笃定前行。千锋教育秉承用良心做教育的理念，为培养"顶级 IT 精英"而付出一切努力。为什么会有这样的梦想？我们先来听一听用人企业和求职者的心声：

"现在符合企业需求的 IT 技术人才非常紧缺，这方面的优秀人才我们会像珍宝一样对待，可为什么至今没有合格的人才出现？"

"面试的时候，用人企业问能做什么，这个项目如何来实现，需要多长的时间，我当时都蒙了，回答不上来。"

"这已经是面试过的第十家公司了，如果再不行的话，要考虑转行了。难道大学里的四年都白学了？"

"这已经是参加面试的第 N 个求职者了，为什么都是计算机专业，当问到项目如何实现，怎么连思路都没有呢？"

这些心声并不是个别现象，而是中国社会的一种普遍现象。高校的 IT 教育与企业的真实需求存在脱节，如果高校的相关课程仍然不进行更新的话，毕业生将面临难以就业的困境。很多用人单位表示，高校毕业生学了许多知识，但绝大多数知识在实际工作中用之甚少，甚至完全用不上。针对上述问题，国务院也做出了关于加快发展现代职业教育的决定。很庆幸，千锋教育所做的事情就是配合高校达成产学合作。

千锋教育致力于打造 IT 职业教育全产业链人才服务平台，全国数十家分校、数百名讲师团坚持以教学为本的方针，采用面对面教学，传授企业实用技能；教学大纲紧跟企业需求；拥有全国一体化就业体系。千锋教育的价值观是"做真实的自己，用良心做教育"。

针对高校教师的服务：

（1）千锋教育基于近七年来的教育培训经验，精心设计了包含"教材+授课资源+考试系统+测试题+辅助案例"的教学资源包，节约教师的备课时间，缓解教师的教学压力，显著提高教学质量。

（2）本书配套源代码、视频的获取网址为 http://www.codingke.com/。

（3）本书配备了千锋教育优秀讲师录制的教学视频，按本书知识结构体系部署到了教学辅助平台（扣丁学堂）上。这些教学视频可以作为教学资源使用，也可以供备课参考。

高校教师如需要配套教学资源，可扫描下方二维码，关注"扣丁学堂"微信公众平台获取。

扣丁学堂

针对高校学生的服务：

（1）学 IT 有疑问，就找千问千知。它是一个有问必答的 IT 社区，平台上的专业答疑辅导教师承诺工作时间 3 h 内答复您学习 IT 中遇到的专业问题。读者也可以通过扫描下方的二维码，关注"千问千知"微信公众平台，浏览其他学习者在学习中分享的问题和收获。

千问千知

（2）学习太枯燥，想了解其他学校的伙伴都是怎样学习的？你可以加入扣丁俱乐部。扣丁俱乐部是千锋教育联合各大高校发起的公益计划，专门面向对 IT 有兴趣的大学生提供免费的学习资源和问答服务，已有超过 30 多万名学习者从中获益。

就业难，难就业，千锋教育让就业不再难！

福利来袭

本书附带《千锋图书管理系统》项目实战，读者可关注"千问千知"公众号，在对话框中输入"千锋图书管理系统"即可领取项目说明和源代码。

关于本书

本书可作为高等院校本、专科计算机相关专业的 PHP 入门教材，是一种适合广大计算机编程爱好者的优秀读物。

抢红包

本书配套源代码、习题答案的获取方法：添加小千 QQ 号或微信号 2133320438。

注意，小千会随时发放"助学金红包"。

致谢

千锋教育 PHP 教学团队将多年积累的教学实战案例进行整合，通过反复地精雕细琢最终完成了本书。另外，多名院校教师也参与了本书的部分编写与指导工作。除此之外，千锋教育的 500 多名学员也参与了本书的试读工作，他们站在初学者的角度对本书提出了许多宝贵的修改意见，在此一并表示衷心的感谢。

意见反馈

本书虽然力求完美，但难免有一些不足之处，欢迎各界专家和读者朋友提出宝贵意见，联系方式：huyaowen@1000phone.com。

千锋教育高教产品研发部

2018 年 8 月 于北京

目录

Contents

学习Coding知识

获取配套教学资源包

考试系统　　在线作业　　云课堂

教学PPT　　教学设计　　……

成就Coding梦想

在线视频：http://www.codingke.com/

配套源码：微信2570726663

　　　　　Q Q 2570726663

学IT有疑问，就找千问千知！

第1章

PHP 开发入门

本章学习目标

- 了解 PHP 语言的优势;
- 掌握 WampServer 的安装和使用;
- 编写第一个 PHP 程序。

PHP 是一种在服务器端执行的嵌入在 HTML 文档的脚本语言,由于其易于使用且功能强大,成为目前最流行的服务器端 Web 程序开发语言之一。

1.1 PHP 概述

1.1.1 认识 PHP

PHP 最初是由 Rasmus Lerdorf(见图 1.1)于 1994 年为了维护个人网页而编写的一个简单程序。这个程序用来显示 Rasmus Lerdorf 的个人履历以及统计网页流量,因此最初称为个人主页(Personal Home Page)。后来受到 GNU 的影响,它更名为 PHP(Hypertext Preprocessor,超文本预处理器)。

图 1.1 PHP 之父

PHP 是全球网站使用最多的脚本语言之一,从最初的 PHP/FI 到现在的 PHP 7,经过多次的重写和扩展,与 Linux、Apache 和 MySQL 共同组成了一个强大的 Web 应用程序平台(简称 LAMP)。

PHP 作为服务器端 Web 程序开发语言,主要有以下两方面原因:

- PHP 是一种服务器端、HTML 嵌入式的脚本语言，因此适合 Web 开发。
- PHP 是 B/S（Browser/Server，浏览器/服务器）架构，即服务器启动后，用户可以不使用客户端软件，而是使用浏览器进行访问，这种方式既保持了图形化的用户界面，又大大减少了应用程序的维护量。

1.1.2　PHP 语言的优势

PHP 之所以成为目前最流行的服务器端 Web 程序开发语言之一，是因为它具有很多优势，具体如下所示。

1．跨平台

PHP 几乎支持所有的操作系统平台，如 Windows、UNIX、Linux 等。此外，还支持多种 Web 服务器，如 Apache、IIS 等。

2．开源免费

PHP 开源且免费，此外，LAMP 平台中的 Linux、Apache、MySQL 都是免费软件，这可以为网站开发者节省一部分开支。

3．面向对象

PHP 支持面向对象程序设计，因此可以用来开发大型商业程序。另外，PHP 也支持面向过程程序设计。

4．支持多种数据库

PHP 支持多种数据库，如 MySQL、Oracle、SQL Server 等，其中，MySQL 是网站开发首选的数据库，它与 PHP 是黄金组合。

5．易学习

PHP 嵌入在 HTML 中，编辑方便，语法简单，内置函数丰富，开发速度快，非常容易学习。

1.1.3　PHP 的应用领域

全球有 60% 的网站都在使用 PHP 技术进行开发，包括 Facebook、谷歌、百度、新浪等国内外一线互联网公司。PHP 正吸引着越来越多的 Web 开发人员，其应用领域非常广泛，如网站开发（见图 1.2）、OA 办公系统（见图 1.3）、电子商务、CRM 管理系统、ERP 系统、手机 APP 接口及 API 接口、网页游戏后台、服务器脚本等。

图 1.2　网站开发

图 1.3　OA 办公系统

1.2　PHP 开发环境搭建

工欲善其事，必先利其器。在使用 PHP 编写程序前，首先需要搭建 PHP 开发环境。通常有两种搭建方法：一种是自定义安装；另一种是集成安装。自定义安装见本书附录，本节主要讲解集成安装。

1.2.1　常见的 PHP 集成开发环境

在 PHP 的学习阶段，通常使用 Windows 下的 PHP 集成开发环境。常见的 PHP 集成开发环境有 WampServer、AppServ、XAMPP、phpStudy 等，这些软件之间稍微有些差异。每种开发软件都有不同的版本，建议安装较高的版本。

因为相对于 Windows 操作系统，Linux 操作系统更加稳定和安全，所以实际的线上运行环境大多搭建在 Linux 操作系统上。在 Linux 下搭建运行环境时可以选择使用源码方式安装或者使用 LAMP 一键安装。

出于快速开发和方便使用的目的，本书将采用 WampServer 集成环境来搭建实验环境。WampServer 简称 WAMP（Windows+Apache+MySQL+PHP），是一组常用来搭建动态网站的开源软件，完全免费。

1.2.2 安装 WampServer

大家可以直接从 WampServer 的官方网站（http://www.wampserver.com/）下载，如图 1.4 所示。

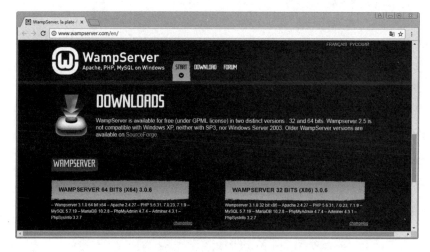

图 1.4 WampServer 官方网站

WampServer 只有 Windows 系统的安装版本，本书将以 64 位 Windows 7 系统为例。单击图 1.4 中的 WAMP SERVER 64 BITS(X64) 3.0.6，进入下载界面并进行下载，如图 1.5 所示。

图 1.5 下载界面

单击图 1.5 中的 Download 按钮，就可以进行下载。下载安装文件成功后，就可以安装了，具体步骤如下。

（1）进入安装文件所在目录，双击.exe 安装文件进入语言选择界面，如图 1.6 所示。

图 1.6　语言选择界面

（2）单击 OK 按钮，进入许可协议界面，如图 1.7 所示。选择 I accept the agreement 选项。

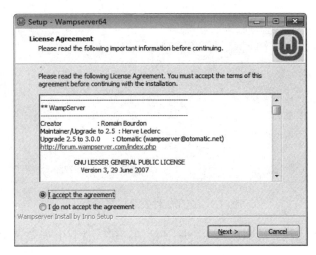

图 1.7　许可协议界面

（3）单击 Next 按钮，进入安装注意事项界面，如图 1.8 所示。

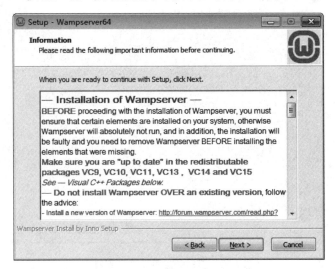

图 1.8　安装注意事项界面

注意图 1.8 中红色字体内容，其中必须确保安装 VC9、VC10、VC11、VC13、VC14 和 VC15 包，若缺少某个包，则可以拖动右侧滚动条，下文有相应的下载地址。

（4）单击 Next 按钮，进入选择软件安装位置界面，如图 1.9 所示。单击 Browse 按钮，选择软件安装位置为 D:\wamp64，默认位置为 C:\wamp64。

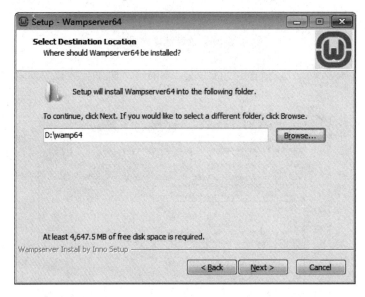

图 1.9 选择软件安装位置界面

（5）安装位置选择完成后，单击 Next 按钮，进入选择开始菜单文件夹界面，如图 1.10 所示。

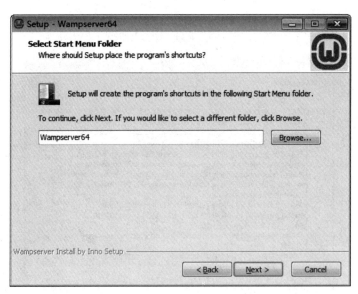

图 1.10 选择开始菜单文件夹界面

（6）单击 Browse 按钮，选择程序快捷方式在开始菜单文件夹中的位置，然后单击

Next 按钮，进入开始安装界面，如图 1.11 所示。

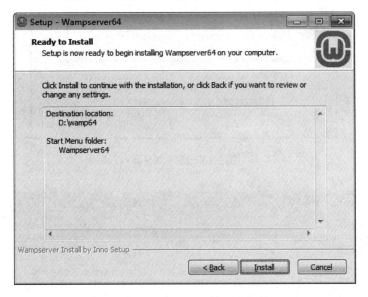

图 1.11　开始安装界面

（7）单击 Install 按钮，进入安装界面，如图 1.12 所示。

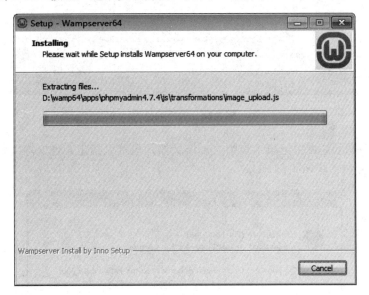

图 1.12　安装界面

安装结束前，程序会提示用户是否使用 IE 浏览器作为默认浏览器，如图 1.13 所示。

本书使用 Chrome 浏览器作为默认浏览器，因此在图 1.13 中单击"是(Y)"按钮。接着根据 Chrome 浏览器安装位置，找到对应的.exe 程序，如图 1.14 所示。

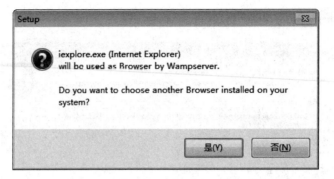

图 1.13　选择浏览器

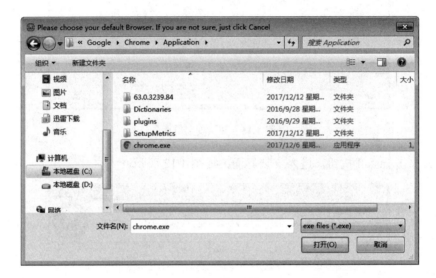

图 1.14　选择浏览器

接着程序提示是否将记事本作为文本编辑器，也可以指定其他文本编辑器，此处单击"否(N)"按钮，如图 1.15 所示。

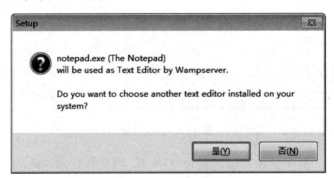

图 1.15　选择文本编辑器

（8）安装完成后，进入注意事项界面，如图 1.16 所示。

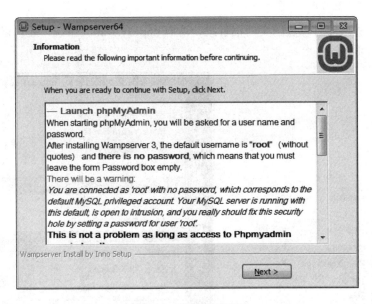

图 1.16　注意事项界面

（9）单击 Next 按钮，进入完成安装界面，如图 1.17 所示。单击 Finish 按钮，WampServer 安装完成。

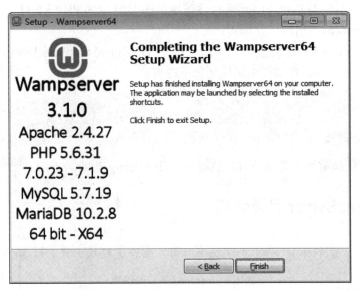

图 1.17　完成安装界面

WampServer 安装完成后，桌面上会出现一个 W 图标的快捷方式，双击该快捷方式，就可以启动 WampServer。在状态栏的右下角会出现一个 W 图标，图标颜色由红色变为绿色，则说明所有服务成功开启。当用鼠标右击该图标时，会出现一个菜单（见图 1.18），该菜单包括关于、刷新、帮助、语言、设置、工具、退出。当用鼠标单击该图标时，会出现一个菜单（见图 1.19），通过该菜单可以查看及设置 Apache、MySQL 和 PHP 的各种环境、直接进入项目存放的文档根目录、访问 phpMyAdmin 系统，还可以启动、停止和重启所有服务。

图 1.18　鼠标右击出现的菜单　　　　　　图 1.19　鼠标左击出现的菜单

在图 1.19 中，Apache 的版本号为 2.4.27，PHP 的版本号为 5.6.31，MySQL 的版本号为 5.7.19。本书使用 PHP 7.1.9，可以通过单击图 1.19 中的 PHP 5.6.31，在出现的二级菜单中单击 Version，选择 7.1.9 即可。

在初学阶段，Xdebug 功能可以关闭。打开 D:\wamp64\bin\apache\apache2.4.27\bin\ 路径下的 php.ini 文件，在文件末尾找到如下内容：

```
[xdebug]
zend_extension="D:/wamp64/bin/php/php7.1.9/zend_ext/php_xdebug-2.5.5-
7.1-vc14-x86_64.dll"
```

在第 2 行代码前添加英文分号，就可以关闭 Xdebug 功能。

1.2.3　WampServer 目录介绍

WampServer 安装在 D:\wamp64，使用前首先需要了解其主要子目录，如表 1.1 所示。

表 1.1　wamp64 子目录说明

子 目 录 名	作　　　用
www	存放网页文档根目录，默认只有将网页上传到该目录下才能进行测试
bin	存放 Apache、MySQL、PHP 三个主要服务器组件的目录
logs	存放网站日志文件，包含 Apache、MySQL 和 PHP 的日志等
apps	存放了三个使用 PHP 开发的应用软件
alias	存放 Apache 设置的访问别名配置文件
tmp	存放网站运行的临时文件

其次，还需要掌握核心组件的位置，如表 1.2 所示。

表 1.2　核心组件位置

核 心 组 件	组 件 位 置	
Apache 服务器	安装位置	D:\wamp64\bin\apache\apache2.4.27
	主配置文件	D:\wamp64\bin\apache\apache2.4.27\conf\httpd.conf
	扩展配置文件	D:\wamp64\bin\apache\apache2.4.27\conf\extra
	网页存放位置	D:\wamp64\www
MySQL 数据库	安装位置	D:\wamp64\bin\mysql\mysql5.7.19
	配置文件	D:\wamp64\bin\mysql\mysql5.7.19\my.ini
	数据文件	D:\wamp64\bin\mysql\mysql5.7.19\data
PHP 模块	安装位置	D:\wamp64\bin\php\php7.1.9
	配置文件	D:\wamp64\bin\php\php7.1.9\php.ini
数据库管理软件	安装位置	D:\wamp64\apps\phpmyadmin4.7.4
	配置文件	D:\wamp64\apps\phpmyadmin4.7.4\config.inc.php

1.2.4　测试开发环境

WampServer 安装完成后，需要测试开发环境是否可以正常运行。打开浏览器，在地址栏中输入 http://localhost/进行测试，如果显示图 1.20 所示的界面，则表示 WampServer 安装成功。

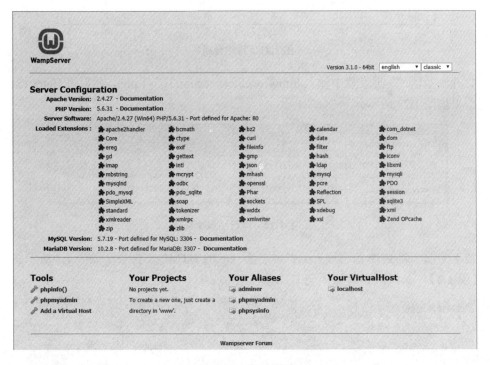

图 1.20　测试界面

1.3 第一个 PHP 程序

1.2 节中已经搭建好 PHP 开发环境，接下来就自己动手编写一个 PHP 程序，亲自感受一下 PHP 语言的基本形式。

在磁盘目录 D:\wamp64\www\下创建一个目录 section01，在 section01 目录下创建一个文本文件，重命名为 1-1.php，用记事本打开，编写一段 PHP 代码，如例 1.1 所示。

【例 1.1】 第一个 PHP 程序。

```
1    <?php
2        echo "Hello world!";  // 输出 Hello world!
3    ?>
```

例 1.1 中是编写好的 PHP 程序，下面分别对每条语句进行详细的讲解，如图 1.21 所示。

图 1.21　程序分析

打开浏览器，在地址栏中输入 http://localhost/section01/1-1.php，然后按 Enter 键，则运行结果如图 1.22 所示。

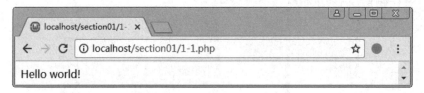

图 1.22　运行结果 1

接下来演示将 PHP 语言嵌入到扩展名为.php 的 HTML 文件中，如例 1.2 所示。

【例 1.2】 将 PHP 语言嵌入到 HTML 文件中。

```
1    <!DOCTYPE html>
2    <html>
3        <head>
4            <title>PHP 代码嵌入到 HTML 中</title>
5        </head>
```

```
6        <body>
7            <?php
8                echo "PHP 代码";
9            ?>
10       </body>
11   </html>
```

运行结果如图 1.23 所示。

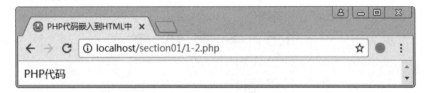

图 1.23　运行结果 2

在例 1.2 中，用户可以根据需要在 HTML 文件中嵌入 PHP 代码。PHP 代码是嵌入在 HTML 代码中使用的，为了避免书写大量的 HTML 代码，本书有些例题的代码只书写 PHP 代码部分。

1.4　PHP 程序开发流程

1.3 节编写并运行了一个简单的 PHP 程序，从这个简单程序，可以总结出 PHP 程序的开发流程，具体如下所示。

1．编辑

PHP 源代码是一系列的语句或命令，编辑它可以使用任意的文本编辑器，如 Windows 系统下的记事本、Linux 系统下的 vi、Sublime Text、Zend Studio、Eclipse for PHP、EasyEclipse 等。编辑完的 PHP 源代码的文件扩展名必须是.php，这样才能由 PHP 引擎来处理。在大部分的服务器上，这是 PHP 的默认扩展名，也可以在 Web 服务器中指定其他扩展名。

2．上传

将编辑完成的 PHP 源代码上传到 Web 服务器上，本书中编辑好的 PHP 代码存放在目录 D:\wamp64\www\下。

3．运行

如果已经将 PHP 文件成功上传到 Web 服务器，打开浏览器，在地址栏里输入 Web 服务器的 URL 访问这个文件，服务器将自动解析这些文件，并将解析的结果返回给请求的浏览器，如图 1.24 所示。

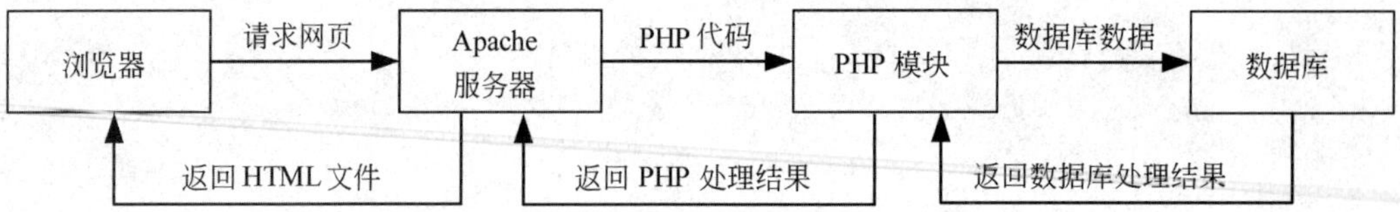

图 1.24 运行原理

1.5 本 章 小 结

通过本章的学习，大家能够对 PHP 语言及其优势有初步的认识，需重点掌握 PHP 开发环境的搭建并编写一个简单程序，着重理解 PHP 程序开发流程。

1.6 习 题

1．填空题

（1）PHP 语言中每条语句以_____结尾。
（2）PHP 语言既支持_____的程序设计，又支持_____的程序设计。
（3）PHP 程序的默认扩展名是_____。
（4）PHP 代码的开始标记是_____。
（5）PHP 代码的结束标记是_____。

2．选择题

（1）下列选项中，（   ）属于输出命令。

    A．echo   B．out

    C．output   D．in

（2）下列不属于 PHP 语言优势的选项是（   ）。

    A．跨平台   B．完全免费

    C．面向对象   D．仅支持 MySQL 数据库

（3）下列不属于 PHP 集成开发环境的是（   ）。

    A．WampServer   B．AppServ

    C．XAMPP   D．VC++

（4）下列不属于 WampServer 软件组件的是（   ）。

    A．Apache   B．MySQL

    C．浏览器   D．PHP 模块

（5）下列选项中，属于注释的是（　　　）。

    A．//

    C．\\

    B．<>

    D．?

3．思考题

（1）简述 PHP 语言的优势。

（2）简述 PHP 程序开发流程。

扫描查看习题答案

4．编程题

编写程序，要求运行结果如图 1.25 所示。

图 1.25　运行结果 3

第2章

PHP 编程基础

本章学习目标

- 掌握 PHP 基本语法;
- 掌握变量与常量;
- 熟悉数据类型转换;
- 掌握运算符与表达式;
- 掌握流程控制语句。

在日常生活中,想要盖一栋房子,首先需要知道盖房子都需要哪些材料,以及如何将它们组合使用。同样地,要使用 PHP 开发网站,就必须充分掌握 PHP 的基础知识。

2.1 PHP 基本语法

2.1.1 PHP 标记

PHP 和其他 Web 语言一样,都是用一对标记将 PHP 代码包含起来,以便和 HTML 代码区分开来。PHP 支持 4 种风格的标记,如表 2.1 所示。

表 2.1　PHP 标记风格

标 记 风 格	开 始 标 记	结 束 标 记
XML 风格	<?php	?>
简短风格	<?	?>
Script 风格	<script language="php">	</script>
ASP 风格	<%	%>

在表 2.1 中,每种标记风格都有各自的开始标记和结束标记,接下来详细讲解每种风格的标记。

1. XML 风格

该风格的标记以<?php 开始,以?>结束,具体示例如下:

```
<?php
```

```
    echo "XML 风格";
?>
```

XML 风格是本书中采用的风格，也是推荐使用的风格。该风格的标记在 XML、XHTML 中都可以使用，服务器不可以禁用这种风格的标记。

2. 简短风格

该风格的标记省略了 XML 风格中的 php，具体示例如下：

```
<?
    echo "简短风格";
?>
```

如果需要使用简短风格，必须在配置文件 php.ini 中设置 short_open_tags 选项为 On，然后重启 Apache 服务器。因为这种标记风格在许多环境中的默认设置是不支持的，因此本书不推荐使用这种标记风格。另外，如果脚本中包含 XML 语句，应禁止使用这种风格的标记。

3. Script 风格

该风格的标记以<script language="php">开始，以</script>结束，具体示例如下：

```
<script language="php">
    echo "script 风格";
</script>
```

该风格的标记类似于 JavaScript 语言的标记，该风格的标记不需要进行配置，一般不推荐使用该风格标记，此处只需了解即可。

4. ASP 风格

该风格的标记以<%开始，以%>结束，具体示例如下：

```
<%
    echo "ASP 风格";
%>
```

如果需要使用这种风格标记，必须在配置文件 php.ini 中设置 asp_tags 选项为 On，然后重启 Apache 服务器。因为这种标记风格在许多环境中的默认设置是不支持的，因此本书不推荐使用这种标记风格。

2.1.2　PHP 注释

注释即对程序代码的解释，在写程序时需适当使用注释，以方便自己和他人理解程序各部分的作用。在执行时，它会被 PHP 解释器忽略，因此不会影响程序的执行。PHP

支持 C++、C、Shell 三种风格的注释，具体如下所示。

1. C++风格的单行注释

该注释是从//开始，到该行末尾或 PHP 结束标记之前结束，具体示例如下：

```php
<?php
    echo "C++风格的单行注释";          // 输出 C++风格的单行注释
?>
```

2. C 风格的多行注释

该注释从/*开始，到*/结束，具体示例如下：

```php
<?php
    /*
    C 风格
    多行注释
    */
    echo "C 风格注释";
?>
```

注意，这种注释可以嵌套单行注释，具体示例如下：

```php
<?php
    /*
    C 风格      // 单行注释
    多行注释
    */
    echo "C 风格注释";
?>
```

但不可以嵌套多行注释，下面的代码是错误的用法，具体示例如下：

```php
<?php
    /*
    /* 嵌套多行注释 */
    多行注释
    */
?>
```

3. Shell 风格的单行注释

该注释是从#开始，到该行末尾或 PHP 结束标记之前结束，具体示例如下：

```php
<?php
    echo "Shell 风格的单行注释";          # 输出 Shell 风格的单行注释
?>
```

上面三种注释风格，大家可以根据需求选择合适风格的注释，并且需特别注意嵌套引起的错误。

此外，在 PHP 脚本中还可以使用多行文档注释（从/**开始，到*/结束），它能快速生成具有相互参照、索引等功能的 API 文档。由于初学阶段暂时用不到此种注释，此处只需了解即可。

2.1.3　PHP 标识符与关键字

在现实生活中，每种事物都有自己的名称，从而与其他事物区分开。例如，每种交通工具都用一个名称来标识，如图 2.1 所示。

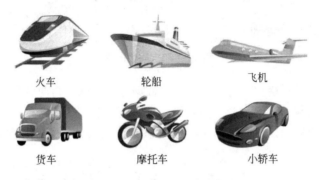

火车　　　　　　轮船　　　　　　飞机

货车　　　　　　摩托车　　　　　小轿车

图 2.1　现实生活中的标识符

在 PHP 语言中，同样也需要对程序中各个元素命名加以区分，这种用来标识变量、函数、类等元素的符号称为标识符。

PHP 语言规定，标识符是由字母、数字和下画线组成的，并且只能是以字母或下画线开头的字符集合。在使用标识符时应注意以下几点：

* 命名时应遵循见名知义的原则。
* 系统已用的关键字不得用作标识符。
* 关键字虽然可作为变量名使用，但容易造成混淆，不建议使用。

关键字是系统已经定义过的标识符，在程序中已有了特定的含义，如 echo、class 等，因此不能再使用关键字作为其他名称的标识符，下面列出了 PHP 中常用的关键字。

and	or	xor	if	else	for
foreach	while	do	switch	case	break
continue	default	as	elseif	declare	endif
endfor	endforeach	endwhile	endswitch	enddeclare	array
static	const	class	extends	new	exception
global	function	exit	die	echo	print
eval	isset	unset	return	list	use
include	include_once	require	require_once	implements	interface
var	public	protected	private	abstract	clone
try	catch	throw	finally		

2.2　PHP 变量

2.2.1　变量的定义

在使用淘宝购物时，用户使用购物车来存储想购买的物品，等到所有的物品都挑选完成后，选择支付即可，如图 2.2 所示。

挑选商品　　　　加入购物车　　　　支付

图 2.2　淘宝购物流程

在进行支付时，系统首先将每件物品的数据存储起来，再对这些数据进行累加。在 PHP 中，若要存储数据，就需要用到变量。变量可以理解为淘宝购物车中存储的物品，如苹果、水等。变量的赋值是通过=来表示的，进行支付时是每个变量值相加的过程，具体示例如下：

```
$apple = 20;           // $apple 就是一个变量,购买的苹果,价格是 20
$water = 7;            // $water 也是一个变量,购买的水,价格是 7
$sum = $apple + $water; // 把$apple 和$water 进行累加,然后放到$sum 变量中
```

上述示例中，$apple 和$water 变量就好比购物车中存储的物品，它们存储的数据分别是 20 和 7，$sum 变量存储的数据是 apple 和 water 这两个物品的数据累计之和。

在 PHP 中，变量是由$和变量名组成的，并且变量的命名规则与标识符相同。此处需注意，变量名是区分大小写的，如$Apple 与$apple 是两个不同的变量。

2.2.2　数据类型

在计算机中，操作的对象是数据，那么如何选择合适的容器来存放数据才不至于浪费空间？先来看一个生活中的例子。某公司要快递一本书，可以用文件袋和纸箱来装，但是，如果使用纸箱装一本书，显然有点大材小用，浪费纸箱的空间，如图 2.3 所示。

同理，为了更充分地利用内存空间，PHP 可以为不同的数据指定不同的数据类型。PHP 支持 8 种数据类型，如图 2.4 所示。

在图 2.4 中，PHP 的数据类型分为标量类型（boolean、integer、float、string），复合类型（array、object）和特殊类型（resource、NULL）。本节只介绍标量类型，其他数据类型将在后面的章节中讲解。

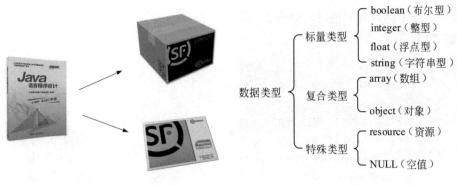

图 2.3　用纸箱与文件袋快递一本书　　　　图 2.4　数据类型

1．boolean（布尔型）

布尔型是 PHP 中较常用的数据类型之一，该类型数据只能为 true 或 false（true 表示真，false 表示假，这两个值是不区分大小写的），具体示例如下：

```
$bool = true;              // 将 true 值赋给变量 $bool
$Bool = false;             // 将 false 值赋给变量 $Bool
```

2．integer（整型）

整型表示存储的数据是整数，例如 1、–1 等。在计算机语言中，整型数据可以用二进制、八进制、十进制、十六进制表示，并且在前面加上+或–表示正整数或负整数。如果用二进制表示，数字前必须加上 0b 或 0B；如果用八进制表示，数字前必须加上 0；如果用十六进制表示，数字前必须加上 0x 或 0X。具体示例如下：

```
$a = -0b1010;              // 二进制数,等价于十进制数-10
$b = -012;                 // 八进制数,等价于十进制数-10
$c = -10;                  // 十进制数-10
$d = -0xA;                 // 十六进制数,等价于十进制数-10
```

二进制数由 0、1 组成，每逢 2 进 1 位；八进制数由 0～7 的数字序列组成，每逢 8 进 1 位；十六进制数由 0～9 的数字和 A～F 的字母序列组成，每逢 16 进 1 位。此处需注意，整型数值有最大取值范围，它的范围与平台有关。

3．float（浮点型）

浮点型表示存储的数据是实数，它的取值范围也与平台有关。在 PHP 中，浮点型数据默认有两种书写格式，具体示例如下：

```
$f1 = 12.34;               // 标准格式
$f2 = 31.4E-2;             // 科学计数法格式,等价于 0.314
$f3 = 3.14E2;              // $f3 的数据类型为 float
```

接下来演示浮点数的使用，如例 2.1 所示。

【例 2.1】 浮点数的使用。

```php
1   <?php
2       echo "圆周率的书写格式：<br>";
3       $f1 = 3.1415926535898;
4       echo "3.1415926535898 = ".$f1;              // 标准格式
5       $f2 = 31415926535898E-13;
6       echo "<br>31415926535898E-13 = ".$f2;        // 科学计数法格式
7       echo "<br>pi() = ".pi();                     // 调用 pi() 函数
8   ?>
```

运行结果如图 2.5 所示。

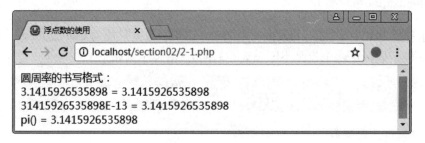

图 2.5　运行结果 1

在例 2.1 中，程序使用三种不同方式输出圆周率的近似值。第三种方式通过调用 pi()
函数来输出圆周率。代码中的
的作用为换行。另外，需注意浮点型的数值只是一个
近似值，因此禁止直接比较两个浮点数的大小。

4．string（字符串型）

字符串是一系列的字符，例如例 2.1 中的"圆周率的书写格式：
"就是一个字符
串。字符串可以使用单引号、双引号、定界符三种形式来定义。虽然这三种形式都可以
定义一个字符串，但它们却有本质的不同，接下来详细讲解这三种形式。

1）单引号形式

该形式就是将字符序列用单引号括起来。如果需要在字符串中表示一个单引号，则
需要使用转义字符（\，也称反斜杠）转义。如果需要在字符串中表示反斜杠，则需要使
用两个反斜杠。此外，单引号这种形式的字符串只能转义单引号和反斜杠。PHP 中常见
的转义字符如表 2.2 所示。

表 2.2　PHP 中常见的转义字符

转 义 字 符	含 义
\n	换行符[ASCII 字符集中的 LF 或 0x0A（10）]
\r	回车符[ASCII 字符集中的 CR 或 0x0D（13）]
\t	水平制表符[ASCII 字符集中的 HT 或 0x09（9）]
\v	垂直制表符[ASCII 字符集中的 VT 或 0x0B（11）]

续表

转 义 字 符	含　　义
\e	Escape[ASCII 字符集中的 Esc 或 0x1B（27）]
\f	换页[ASCII 字符集中的 FF 或 0x0C（12）]
\\	反斜线
\$	美元符号
\"	双引号
\[0-7]{1,3}	用八进制符号表示一个字符，如\101 表示字符 A
\x[0-9A-Fa-f]{1,2}	用十六进制符号表示一个字符，如\x41 表示字符 A

接下来演示用单引号表示字符串，如例 2.2 所示。

【例 2.2】　用单引号表示字符串。

```
1    <?php
2        $str = '遇到 IT 技术难题，就上扣丁学堂。<br>';
3        echo $str;
4        echo '遇到 IT 技术难题，就上\'扣丁学堂\'。<br>';   // 转义字符\'
5        echo '遇到 IT 技术难题，就上\\扣丁学堂\\。<br>';   // 转义字符\\
6        echo '遇到 IT 技术难题，就上扣丁学堂。\n';
7        echo '遇到 IT 技术难题，就上扣丁学堂。$str';
8    ?>
```

运行结果如图 2.6 所示。

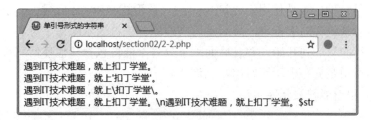

图 2.6　运行结果 2

在例 2.2 中，第 6 行中\n 并没有发生转义。第 7 行在单引号形式的字符串中出现的变量不会被变量的值替代（即不会解析单引号中的变量）。由于单引号形式的字符串不需要处理一些转义字符和解析变量，因而这种方式在定义简单字符串时效率会更高。

2）双引号形式

该形式就是将字符序列用双引号括起来，可以转义一些字符，还可以将字符串的变量名替换为变量值（即可以解析其中包含的变量）。

接下来演示用双引号表示字符串，如例 2.3 所示。

【例 2.3】　用双引号表示字符串。

```
1    <?php
2        $str1 = "遇到 IT 技术难题，就上扣丁学堂。<br>";
3        echo $str1;
```

```
4        echo "遇到 IT 技术难题，就上\"扣丁学堂\"。<br>";   // 转义字符\"
5        echo "遇到 IT 技术难题，就上扣丁学堂。$str1";        // 解析变量$str
6        $str2 = "fruit";
7        // echo "The $str2 tree $str2s in late summer.";
8        echo "The $str2 tree ${str2}s in late summer.<br>";
9        echo "The $str2 tree {$str2}s in late summer.";
10   ?>
```

运行结果如图 2.7 所示。

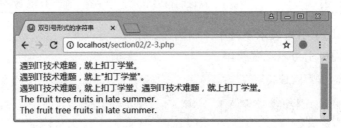

图 2.7　运行结果 3

在例 2.3 中，第 7 行不能在$str2s 解析出变量$str2，此行会报未定义变量$str2s 的错误，因此将此行注释。第 8 行使用{}可以将$str2 解析出来。第 9 行中{$str2}与第 8 行中${str2}等价，都可以将$str2 解析出来。

3）定界符

字符串的另一种形式是使用定界符（<<<）。该形式在<<<之后提供一个标识符用来表示开始，然后是包含的字符串，最后是用同样的标识符表示结束字符串。注意，结束标识符必须从行的第一列开始，并且后面除了分号不能再包含其他任何字符。

接下来演示用定界符表示字符串，如例 2.4 所示。

【例 2.4】 用定界符表示字符串。

```
1    <?php
2        $title = "学员校训";
3        $str = <<<DESC
4        {$title}\n 拼搏到无能为力，坚持到感动自己！
5    DESC;
6        echo $str;
7    ?>
```

运行结果如图 2.8 所示。

图 2.8　运行结果 4

在例 2.4 中，定界符表示的字符串可以转义字符，也可以解析变量。此处需注意，代码中的\n进行了转义，单击鼠标右键选择查看网页源代码，可以查看到确实进行了转义，如图 2.9 所示。

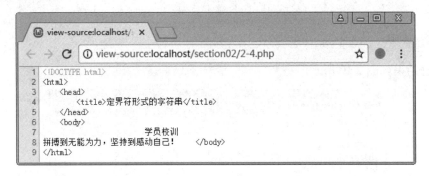

图 2.9　查看网页源代码

定界符形式的字符串可以很容易定义较长的字符串，因此通常用于从文件或数据库中大段地输出文档。

2.2.3　检测数据类型

在 PHP 中，变量的类型是由存储的数据决定的。为了检测变量所赋的值是否符合期望的数据类型，PHP 中内置了一些检测数据类型的函数，如表 2.3 所示。

表 2.3　检测数据类型函数

函　　数	功　　能
is_bool()	检测变量是否为布尔型
is_int()	检测变量是否为整型
is_float()	检测变量是否为浮点型
is_string()	检测变量是否为字符串型
is_array()	检测变量是否为数组型
is_object()	检测变量是否为对象型
is_resource	检测变量是否为资源型
is_null()	检测变量是否为空值
is_numeric()	检测变量是否为数字或数字组成的字符串

在表 2.3 中，若变量属于某个类型，则函数返回 true，否则返回 false。

接下来演示表 2.3 中函数的使用，如例 2.5 所示。

【例 2.5】检测数据类型函数的使用。

```php
1    <?php
2        $a = true;
3        echo '$a 是否为布尔型:'.is_bool($a);
4        $b = 13.14;
```

```
5       echo '<br>$b 是否为整型:'.is_int($b);
6       $c = "1314";
7       echo '<br>$c 是否为数字字符串:'.is_numeric($c);
8       $d = 1314;
9       echo '<br>$d 是否为数字:'.is_numeric($d);
10   ?>
```

运行结果如图 2.10 所示。

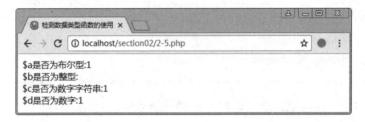

图 2.10　运行结果 5

在例 2.5 中，函数返回的布尔值 true 转换成字符串"1"，false 转换成字符串""（空串）。

2.2.4　可变变量

前面使用变量时，变量名是不可以更改的。如果想动态地设置和使用变量名，就需要使用可变变量，一个可变变量通过一个普通变量的值作为这个可变变量的变量名。

接下来演示可变变量的用法，如例 2.6 所示。

【例 2.6】　可变变量的用法。

```
1    <?php
2        $name = "a";
3        $$name = 1314;  // 可变变量
4        echo "$a<br>";
5        echo "${$name}<br>";
6        echo $$name;
7    ?>
```

运行结果如图 2.11 所示。

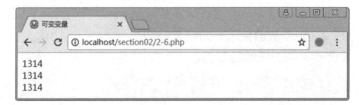

图 2.11　运行结果 6

在例 2.6 中，第 3 行将普通变量$name 的值 "a"作为一个可变变量的变量名，需要在

$name 前面加一个$符号。第 4 行$a 与第 5 行中${$name}等价。从该例中可以看出，$$name 的名称由变量$name 的值来确定。

2.2.5　变量的引用赋值

前面使用的变量都是传值赋值，即当一个变量的值赋给另一个变量时，改变其中一个变量的值，将不会影响另一个变量的值。而引用赋值相当于给变量起了一个别名，表示新变量引用原变量，如果一个变量改变，另一个变量也会随之改变。这就好比一个人有大名与小名之分，但都指同一人。使用引用赋值，需要将&添加到引用的变量前面。

接下来演示变量的引用赋值，如例 2.7 所示。

【例 2.7】 变量的引用赋值。

```php
1   <?php
2       $name = '小千';
3       $str = &$name;  // 变量的引用赋值
4       echo $str;
5       $str = '小锋';  // 修改引用变量的值
6       echo '<br>';
7       echo $name;
8   ?>
```

运行结果如图 2.12 所示。

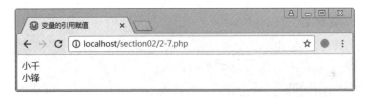

图 2.12　运行结果 7

在例 2.7 中，第 3 行将变量$name 引用赋值给变量$str，第 5 行修改变量$str 的值，第 7 行输出$name 的值。从输出结果可发现，$name 的值也发生了变化。

2.3　PHP 常量

2.3.1　常量的定义及获取

变量是指在程序执行过程中值可以变化的量，常量是指在程序执行过程中值不变的量，例如圆周率 π 就可以定义为常量。在 PHP 中，常量是通过 define()函数来定义的，其语法格式如下：

```
bool define(string $name, mixed $value [, bool $case_insensitive = false])
```

该函数有三个参数，具体如表 2.4 所示。

表 2.4　define()函数的参数说明

参　　数	说　　　　　明
$name	必选参数，指定常量名，即标识符
$value	必选参数，指定常量值，允许标量、NULL、array 类型
$case_insensitive	可选参数，默认为 false，表示大小写敏感，若设置为 true，表示大小写不敏感

另外，mixed 说明一个参数可以接受多种不同的（但不一定是所有的）类型。

获取常量的方法有两种：一种是直接使用常量名获取对应的值；另一种是使用 constant()函数获取对应的值。

constant()函数的语法格式如下：

```
mixed constant(string $name)
```

参数$name 为需要获取常量的名称，也可以为存储常量名的变量。该函数调用成功，返回常量值，否则提示常量没有被定义。

defined()函数可以判断一个常量是否已定义，其语法格式如下：

```
bool defined(string $name)
```

参数$name 为需要判断的常量名，若该常量已定义，则返回 true，否则返回 false。

接下来演示常量的定义及获取，如例 2.8 所示。

【例 2.8】　常量的定义及获取。

```
1    <?php
2        define("COMPANY", '千锋互联科技');  // 默认大小写敏感
3        echo COMPANY.'<br>';
4        // echo Company.'<br>';  提示未定义 Company
5        $name = 'COMPANY';
6        echo constant($name).'<br>';       // 通过 constant()函数获取常量值
7        echo defined($name).'<br>';        // 判断常量是否被定义
8    ?>
```

运行结果如图 2.13 所示。

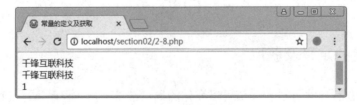

图 2.13　运行结果 8

在例 2.8 中，第 4 行由于定义的常量默认对大小写敏感，此时会出现错误提示，因

此将此行注释。

2.3.2 预定义常量

预定义常量是指系统中已定义的常量，可以在程序中直接使用，具体如表 2.5 所示。

表 2.5 预定义常量

常 量 名	说 明
_ _FILE_ _	当前文件路径
_ _LINE_ _	当前所在行号
_ _FUNCTION_ _	当前的函数名
_ _CLASS_ _	当前的类名
_ _METHOD_ _	当前对象的方法名
PHP_ _OS	PHP 运行的操作系统，如 Windows NT、UNIX
PHP_ _VERSION	当前 PHP 的版本号
TRUE	布尔值 true
FALSE	布尔值 false
NULL	空值 null
E_ERROR	错误，导致 PHP 脚本终止运行
E_WARNING	警告，不会导致 PHP 脚本终止运行
E_PARSE	解析错误，由程序解析器报告
E_NOTICE	非关键的错误

接下来演示预定义常量的使用，如例 2.9 所示。

【例 2.9】 预定义常量的使用。

```php
1    <?php
2        echo '当前操作系统为'.PHP_OS;
3        echo '<br>当前 PHP 版本为'.PHP_VERSION;
4        echo '<br>当前文件路径为'.__FILE__;
5    ?>
```

运行结果如图 2.14 所示。

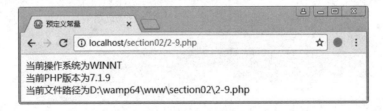

图 2.14 运行结果 9

在例 2.9 中，程序通过 PHP_OS、PHP_VERSION 和_ _FILE_ _这三个预定义常量可以很方便地获取到当前操作系统、当前 PHP 版本、当前文件路径。

2.4 数据类型转换

数据类型转换是指变量或值从一种数据类型转换为另一种数据类型。转换有两种方式：自动类型转换和强制类型转换。

2.4.1 自动类型转换

自动类型转换是指数据类型由 PHP 自动转换，使用时需注意以下几点。

1. 其他类型转换为布尔类型

当其他类型需要转换为布尔类型时，整型 0、浮点型 0.0、字符串型""与"0"、不包含任何元素的数组、不包含任何成员变量的对象、NULL 会被转换为 false，其他值被转换为 true。

接下来演示其他类型转换为布尔类型，如例 2.10 所示。

【例 2.10】 其他类型转换为布尔类型。

```
1   <?php
2       $a = 0;                              // 整型
3       if($a == false)
4           echo 'if 语句中整型 0 转换为 false <br>';
5       $b = 0.0;                            // 浮点型
6       if($b == false)
7           echo 'if 语句中浮点型 0.0 转换为 false <br>';
8       $c = "";                             // 空字符串
9       if($c == false)
10          echo 'if 语句中空字符串转换为 false <br>';
11      $d = "0";                            // 字符串的 0
12      if($d == false)
13          echo "if 语句中字符串\"0\"转换为 false <br>";
14      $e = array();                        // 空数组
15      if($e == false)
16          echo 'if 语句中空数组转换为 false <br>';
17      $f = NULL;                           // 空值
18      if($f == false)
19          echo 'if 语句中 NULL 转换为 false <br>';
20  ?>
```

运行结果如图 2.15 所示。

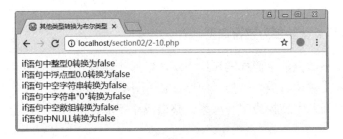

图 2.15　运行结果 10

在例 2.10 中，第 3 行为条件 if 语句，如果$a 等于布尔值 false，则执行第 4 行语句，否则不执行第 4 行语句。从运行结果可以看出，程序执行了第 4 行语句，说明在 if 语句中整型 0 转换为 false，后面的代码与此类似。

2．布尔型转换为整型

当布尔型转换为整型时，true 转换为整数 1，false 转换为整数 0。

3．字符串型转换为整型或浮点型

如果字符串是数字序列的字符，则转换为该数字，否则会出现警告。

接下来演示上述两种类型转换，如例 2.11 所示。

【例 2.11】 布尔型转换为整型，字符串型转换为整型或浮点型。

```php
1    <?php
2        $a = true;
3        $b = $a + 1;
4        var_dump($b);
5        $str = '3.14';
6        $b = $str + 1;
7        var_dump($b);
8    ?>
```

运行结果如图 2.16 所示。

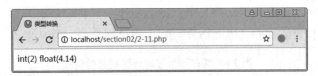

图 2.16　运行结果 11

在例 2.11 中，第 3 行将布尔型变量$a 转换为整型 1，第 6 行将字符串型变量$str 转换为浮点型 3.14。

4．布尔型转换为字符串型

true 转换为"1"，false 转换为""。

5. 整型或浮点型转换为字符串型

整型或浮点型数据的字面样式转换为字符串形式。

接下来演示上述两种类型转换，如例 2.12 所示。

【例 2.12】 布尔型转换为字符串型，整型或浮点型转换为字符串型。

```
1   <?php
2       $a = true;
3       echo 'true 转换为字符串:'.$a.'<br>';
4       $a = false;
5       echo 'false 转换为字符串:'.false.'<br>';
6       $b = 3.14;
7       $c = 3;
8       $str = $b.'的近似值是'.$c;
9       echo $str;
10  ?>
```

运行结果如图 2.17 所示。

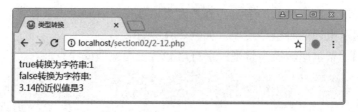

图 2.17 运行结果 12

在例 2.12 中，第 3 行将布尔型变量$a 转换为字符串"1"，第 5 行将布尔型变量$a 转换为字符串""，第 8 行浮点型变量$b 和整型变量$c 按字面样式转换为字符串形式。

2.4.2 强制类型转换

强制类型转换是使用者手动将某个数据类型转换成目标数据类型，其中最简单的方法是在需要转换的变量前加上用圆括号括起来的目标类型，具体如表 2.6 所示。

表 2.6 通过圆括号进行强制类型转换

转换操作符	说　　明	转换操作符	说　　明
(boolean)	转换成布尔型	(float)	转换成浮点型
(string)	转换成字符串型	(array)	转换成数组
(integer)	转换成整型	(object)	转换成对象

除了上述转换方式外，类型转换还可以通过函数 intval()、floatval()、strval()和 settype()实现，具体如表 2.7 所示。

表 2.7　通过函数进行强制类型转换

函　　数	说　　明
int intval(mixed $var [, int $base = 10])	返回变量$var 的 integer 数值
float floatval(mixed $var)	返回变量$var 的 float 数值
string strval(mixed $var)	返回变量$var 的 string 值
bool settype(mixed &$var , string $type)	将变量 var 的类型设置成 type

通过圆括号方式进行的强制类型转换和表 2.7 中前三种函数进行的强制类型转换都没有改变这些被转换变量的类型与值,它们仅仅是将转换得到的新类型数据赋给新的变量,但表 2.7 中的 settype()函数可以将变量的本身类型转换为其他类型。

接下来演示强制类型转换,如例 2.13 所示。

【例 2.13】　强制类型转换。

```
1    <?php
2        $a = '666';
3        $b =(integer)$a;
4        var_dump($a);
5        var_dump($b);
6        $str = '666溜溜溜';
7        $c = intval($str);
8        var_dump($str);
9        var_dump($c);
10       settype($str, 'int');
11       var_dump($str);
12       $d = 3.14;
13       $e =(integer)$d;
14       var_dump($e);
15   ?>
```

运行结果如图 2.18 所示。

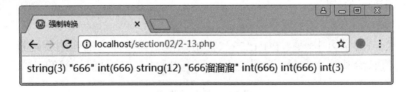

图 2.18　运行结果 13

在例 2.13 中,第 3 行将字符串型变量$a 通过圆括号方式进行强制类型转换为整型数据并赋值给变量$b。第 7 行通过 intval()函数将字符串型变量$str 强制转化为整型数据并赋值给变量$c。第 10 行通过 settype()函数将字符串型变量$str 强制转换成整型数据。第 13 行将浮点型变量$d 强制转换成整型时,自动舍弃小数部分,只保留整数部分。

2.5　PHP 运算符

运算符（也称操作符）是用来对数据进行操作的符号，操作的数据称为操作数。运算符根据操作数的个数可分为一元运算符、二元运算符、三元运算符。运算符根据其功能可分为算术运算符、赋值运算符、比较运算符、逻辑运算符等。下面介绍相应的运算符和优先级。

2.5.1　算术运算符

算术运算符用来处理简单的算术运算，包括加、减、乘、除、取余等，具体如表 2.8 所示。

表 2.8　算术运算符

运　算　符	说　　明	示　　例	结　　果
+	加	5 + 2	7
−	减	5 − 2	3
*	乘	5 * 2	10
/	除	5 / 2	2.5
%	取余	5 % 2	1

在表 2.8 中，前四种运算符与数学所学的运算符相同，最后一种运算符就是数学中的求余数。在使用算术运算符时，需注意以下几点。
- 当有多种运算符参与运算时，先乘除，后加减。
- 当有浮点型数据参与前四种运算时，运算结果的数据类型为浮点型。
- 当进行取余运算时，运算结果的正负取决于左操作数的正负。

2.5.2　赋值运算符

在前面章节的学习中，程序中已多次使用赋值运算符。它的作用就是将常量、变量或表达式的值赋给某一个变量。除此之外，还有几种特殊的赋值运算符，如表 2.9 所示。

表 2.9　赋值运算符

运　算　符	说　　明	示　　例	结　　果
=	赋值	$a = 5; $b =2;	$a 为 5，$b 为 2
+=	加等于	$a = 5; $b =2; $a += $b;	$a 为 7，$b 为 2
−=	减等于	$a = 5; $b =2; $a −= $b;	$a 为 3，$b 为 2
*=	乘等于	$a = 5; $b =2; $a *= $b;	$a 为 10，$b 为 2
/=	除等于	$a = 5; $b =2; $a /= $b;	$a 2.5，$b 为 2
%=	余等于	$a = 5; $b =2; $a %= $b;	$a 为 1，$b 为 2
.=	连接等于	$a = 'q'; $b = 'f'; $a .= $b;	$a 为'qf'，$b 为'f'

2.5.3 字符串运算符

.称为字符串运算符,可以将两个字符串连接成一个新的字符串。在前面也曾使用过,此处需注意它与+运算符的区别。

接下来演示字符串运算符的使用,如例 2.14 所示。

【例 2.14】 字符串运算符的使用。

```php
1   <?php
2       $a = '3.14';
3       $b = '666';
4       $c = $a.$b;
5       var_dump($c);
6       $d = $a + $b;
7       var_dump($d);
8       $a .= $b;  // 等价于$a = $a.$b;
9       var_dump($a);
10  ?>
```

运行结果如图 2.19 所示。

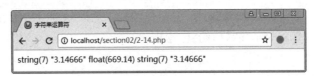

图 2.19 运行结果 14

在例 2.14 中,第 4 行使用.运算符将变量$a 与$b 组成一个新的字符串'3.14666'并赋值给$c。第 6 行使用+运算符将变量$a 与$b 自动转换成数字相加并将结果赋值给变量$d。

2.5.4 自加/自减运算符

自加运算符(++)使其操作数递增 1,自减运算符(—)使其操作数递减 1。自加、自减运算符可以在变量的前面,也可以在变量的后面,在变量前面的称为前置,在变量后面的称为后置,如表 2.10 所示。

表 2.10 自加/自减运算符

示　例	说　明	结　果
$a = 2; $b = ++$a;	前置自加,先自加,再参与其他运算	$a 为 3, $b 为 3
$a = 2; $b = $a++;	后置自加,先参与其他运算,再自加	$a 为 3, $b 为 2
$a = 2; $b = —$a;	前置自减,先自减,再参与其他运算	$a 为 1, $b 为 1
$a = 2; $b = $a—;	后置自减,先参与其他运算,再自减	$a 为 1, $b 为 2

表 2.10 中示例的数据类型是整型，接下来演示浮点型数据的自加或自减，如例 2.15 所示。

【例 2.15】 浮点型数据的自加或自减。

```php
1    <?php
2        $x = 2.2;
3        $y = 3.3;
4        $a = $x++ + $y--;
5        $b = ++$x + --$y;
6        $c = $x++ + ++$y;
7        var_dump($a, $b, $c, $x, $y);
8    ?>
```

运行结果如图 2.20 所示。

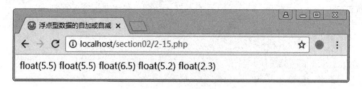

图 2.20　运行结果 15

在例 2.15 中，第 4 行先计算$x+$y 并赋值给$a，然后$x 加 1，$y 减 1。第 5 行$x 加 1，$y 减 1，然后计算$x+$y 并赋值给$b。第 6 行$y 先加 1，然后计算$x+$y 并赋值给$c，$x 再加 1。

PHP 还可以对字符串作自加操作，并且只支持纯字母（a～z 和 A～Z）。接下来演示字符串的自加操作，如例 2.16 所示。

【例 2.16】 字符串的自加操作。

```php
1    <?php
2        $a = 'A';
3        var_dump(++$a, --$a);
4        $a = 'z';
5        var_dump(++$a);
6        $a = 'qf';
7        var_dump(++$a);
8    ?>
```

运行结果如图 2.21 所示。

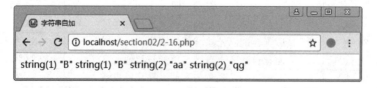

图 2.21　运行结果 16

在例 2.16 中，第 3 行对字符串'A'进行自加，字符串中的字符 A 按照英文字母表的排列顺序递增为 B，接着对字符串'B'进行自减，字符串不会发生变化。第 5 行对字符串'z'进行自加，此时会发生进位，由字符串'z'变为'aa'，向前进了一位。第 7 行对字符串'qf'中最低位的字符加 1，因此最后输出 qg。

2.5.5 比较运算符

比较运算符就是对变量或表达式的结果进行比较。如果比较结果为真，则返回 true，否则返回 false，具体如表 2.11 所示。

表 2.11 比较运算符

运　算　符	说　　明	示　　例	结　　果
==	等于	5 == 3	false
!=、<>	不等于	5 != 3	true
===	恒等	5 === 5	true
!==	不恒等	5 !== 5.0	true
>	大于	5 > 3	true
>=	大于或等于	5 >= 3	true
<	小于	5 < 3	false
<=	小于或等于	5 <= 3	false

在表 2.11 中，注意==与===的区别。当使用==比较其两边的操作数时，先将两个操作数自动转换为相同类型，然后两个操作数的值相等就返回 true；而当使用===比较其两边的操作数时，只有当两个操作数的值相等并且类型相同，才会返回 true。

接下来演示比较运算符的使用，如例 2.17 所示。

【例 2.17】 比较运算符的使用。

```
1    <?php
2        $a = 0;
3        var_dump($a > '1');      // 结果为 false
4        var_dump($a = 0);        // 结果为 0
5        var_dump($a == 0);       // 结果为 true
6        var_dump($a === 0);      // 结果为 true
7        var_dump($a == '0');     // 结果为 true
8        var_dump($a === '0');    // 结果为 false
9    ?>
```

运行结果如图 2.22 所示。

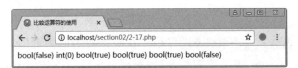

图 2.22 运行结果 17

在例 2.17 中，第 3 行先将字符串'1'自动转换为 1，然后再参与比较运算，结果为 false。第 4 行给变量$a 赋值为 0，输出结果为 0。第 5 行比较$a 与 0 是否相等，此处只是数值比较，结果为 true。第 6 行比较$a 与 0 是否恒相等，此处除了数值比较外，还需比较数据类型，结果为 true。

2.5.6 逻辑运算符

逻辑运算符只能对布尔型数据进行运算，运算结果也为布尔型，具体如表 2.12 所示。

表 2.12 逻辑运算符

运算符	说明	示 例	结 果
&&	与	$a && $b	$a 与$b 都为 true，结果为 true，否则为 false
||	或	$a || $b	$a 与$b 至少有一个为 true，结果为 true，否则为 false
!	非	!$a	$a 为 false，结果为 true；$a 为 true，结果为 false
xor	异或	$a xor $b	$a 与$b 的值一个为 true，一个为 false，结果为 true，否则为 false
and	与	$a and $b	功能与&&相同，但优先级较低
or	或	$a or $b	功能与||相同，但优先级较低

在表 2.12 中，逻辑运算符虽然只能操作布尔型数据，但很少直接操作布尔型数据，通常都是使用比较运算符返回的结果作为逻辑运算符的操作数。此外，逻辑运算符也经常出现在条件语句和循环语句中。

接下来演示逻辑运算符的使用，如例 2.18 所示。

【例 2.18】 逻辑运算符的使用。

```php
1   <?php
2       $a = 1;
3       $b = false && ++$a; // 与运算
4       var_dump($a, $b);
5       $a = 1;
6       $b = true && ++$a;  // 与运算
7       var_dump($a, $b);
8       $a = 1;
9       $b = true || ++$a;  // 或运算
10      var_dump($a, $b);
11      $a = 1;
12      $b = false || ++$a; // 或运算
13      var_dump($a, $b);
14  ?>
```

运行结果如图 2.23 所示。

在例 2.18 中，表达式中存在&&运算符，左操作数的值为 false，右操作数将不再判断，表达式直接返回 false；表达式中存在\|\|运算符，左操作数的值 true，右操作数将不再判断，表达式直接返回 true。

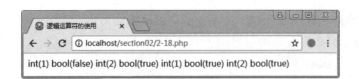

图 2.23　运行结果 18

2.5.7　三元运算符

三元运算符作用于三个操作数之间，其语法格式如下：

表达式 1 ？表达式 2 ：表达式 3

上述语句表示，如果表达式 1 为 true，则返回表达式 2 的值，否则返回表达式 3 的值。具体示例如下：

```
$a = 0;
$b = 4;
$c = $a++ ? $b++ : $b;
```

示例中，程序执行第 3 行语句时，$a++的结果为 false，此时将$b 的值赋值给$c。注意，最终$a 的值为 1，$b 与$c 的值为 4。

此外，当表达式 1 与表达式 2 相同时，还可以写成如下格式：

表达式 1 ？：表达式 3

上述语句表示，如果表达式 1 为 true，则返回表达式 1 的值，否则返回表达式 3 的值。具体示例如下：

```
$a = 0;
$b = $a++ ?: 2;
```

示例中，程序执行第 2 行语句时，$a++的结果为 false，此时将 2 赋值给$b。

2.5.8　NULL 合并运算符

该运算符是 PHP 7 新增的运算符，其语法格式如下：

表达式 1 ?? 表达式 2

上述语句表示，如果表达式 1 存在值且不为 NULL，则返回该值，否则返回表达式 2 的值。具体示例如下：

```
$a = NULL;
$b = $a ?? 1 + 1;
```

示例中，程序执行第 2 行时，将 1+1 的值赋值给$b。

2.5.9　组合比较运算符

该运算符也是 PHP 7 新增的运算符，其语法格式如下：

```
表达式1 <=> 表达式2
```

上述语句表示，当表达式 1 小于、等于或大于表达式 2 时，分别返回−1、0 或 1。接下来演示组合比较运算符的使用，如例 2.19 所示。

【例 2.19】　组合比较运算符的使用。

```
1   <?php
2       var_dump(1 <=> 1, 1 <=> 2, 2 <=> 1);
3       var_dump(1.5 <=> 1.5, 1.5 <=> 2.5, 2.5 <=> 1.5);
4       var_dump('a' <=> 'a', 'a' <=> 'b', 'b' <=> 'a');
5   ?>
```

运行结果如图 2.24 所示。

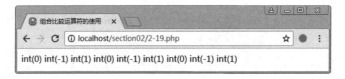

图 2.24　运行结果 19

在例 2.19 中，程序通过组合比较运算符分别比较整数、浮点数、字符串。

2.5.10　位运算符

位运算符是指对二进制位从低位到高位对齐后进行运算，具体如表 2.13 所示。

表 2.13　位运算符

运算符	说　　明	示　　例	结　　果
&	按位与	$a & $b	$a 与 $b 对应二进制的每一位进行与操作后的结果
|	按位或	$a | $b	$a 与 $b 对应二进制的每一位进行或操作后的结果
^	按位异或	$a ^ $b	$a 与 $b 对应二进制的每一位进行异或操作后的结果
~	按位取反	~$a	$a 对应二进制的每一位进行非操作后的结果
<<	向左移位	$a << $b	将$a 对应二进制的每一位左移$b 位，右边移空的部分补 0
>>	向右移位	$a >> $b	将$a 对应二进制的每一位右移$b 位，左边移空的部分补 0

虽然运用位运算可以完成一些底层的系统程序设计，但 PHP 很少参与计算机底层编程，因此这里只需了解位运算即可。

2.5.11　其他运算符

PHP 中除了上述介绍的几种运算符外，还有一些其他运算符，具体如表 2.14 所示。

表 2.14　其他运算符

运　算　符	说　　明	作　　用
``	执行运算符	将反引号中的内容作为命令来执行
@	错误控制运算符	表达式可能产生的错误信息不显示
=>	数组下标访问符	指定数组的键与值
->	对象成员访问符	访问对象中的成员属性或方法
instanceof	类型运算符	用来测定一个对象是否来自某个类

在表 2.14 中出现的运算符将在后面的章节中使用到，此处只需知道存在这几个运算符即可。

2.5.12　运算符的优先级

运算符的优先级是指在多种运算符参与运算的表达式中优先计算哪个运算符，与算术运算中"先乘除，后加减"是一样的。如果运算符的优先级相同，则根据结合方向进行计算，如表 2.15 所示。

表 2.15　运算符优先级

级　　别	运　　算　　符	结 合 方 向
1	new	无
2	[	从左至右
3	++、—、~、(int)、(float)、(string)、(array)、(object)、@	从右至左
4	instanceof	无
5	!	从右至左
6	*、/、%	从左至右
7	+、—、.	
8	<<、>>	
9	==、!=、===、!==、<>	无
10	&	从左至右
11	^	
12			
13	&&	
14				
15	?:	
16	=、+=、—=、*=、/=、.=、%=、&=、|=、^=、<<=、>>=	从右至左
17	and	从左至右
18	xor	
19	or	
20	,	

PHP 会根据表 2.15 中运算符的优先级确定表达式的求值顺序，同时还可以使用圆括号()来控制运算顺序。任何圆括号内的运算将最先计算，因此编程者不需要刻意记忆运算符的优先级顺序，而是通过圆括号来改变优先级以达到目的。

2.6　表达式与语句

表达式是用于计算值的操作，返回一个值，以下是常见的几种表达式：

- 常量、变量，如 3.14、$a。
- 由运算符和操作数组成的式子，如$a++、$a + 5、$a = func()。

此处需注意每个表达式都有自己的值，即表达式都有运算结果。在表达式的后面加上一个分号就是语句，因此通常使用分号来区分表达式与语句。

2.7　流程控制语句

PHP 程序设计中流程控制结构包括顺序结构、选择结构和循环结构。它们都是通过控制语句实现的，其中顺序结构不需要特殊的语句，选择结构需要通过条件语句实现，循环结构需要通过循环语句实现。除此之外，有时程序需要无条件地执行一些操作，这时需要用到转移语句。

2.7.1　条件语句

条件语句可以给定一个判断条件，并在程序执行过程中判断该条件是否成立。程序根据判断结果执行不同的操作，这样就改变代码的执行顺序，从而实现更多功能。例如，用户登录某款软件，若账号与密码都输入正确，则显示登录成功界面，否则显示登录失败界面，具体如图 2.25 所示。

图 2.25　登录界面

PHP 中条件语句有 if 语句、if-else 语句、if-elseif-else 语句、switch 语句。接下来，本节将针对这些条件语句进行详细讲解。

1．if 语句

if 语句用于在程序中有条件地执行某些语句，其语法格式如下：

```
if(条件表达式) {
    语句块            // 当条件表达式为真时,执行语句块
}
```

如果条件表达式的值为真，则执行其后的语句块，否则不执行该语句块。if 语句的执行流程如图 2.26 所示。

2．if-else 语句

if-else 语句用于根据条件表达式的值决定执行哪块代码，其语法格式如下：

```
if(条件表达式) {
    语句块 1          // 当条件表达式为 true 时,执行语句块 1
} else {
    语句块 2          // 当条件表达式为 false 时,执行语句块 2
}
```

如果条件表达式的值为真，则执行其后的语句块 1，否则执行语句块 2。if-else 语句的执行流程如图 2.27 所示。

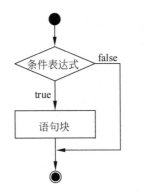
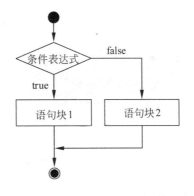

图 2.26　**if** 语句的执行流程　　　　图 2.27　**if-else** 语句的执行流程

3．if-elseif-else 语句

生活中经常需进行多重判断，例如，考试成绩为 90～100 分为优秀；成绩为 80～89 分为良好；成绩为 60～79 分为及格；低于 60 分为不及格。

在程序中，多重判断可以通过 if-elseif-else 语句实现，其语法格式如下：

```
if(条件表达式 1) {
```

```
        语句块 1        // 当条件表达式 1 为 true 时,执行语句块 1
} elseif(条件表达式 2) {
        语句块 2        // 当条件表达式 2 为 true 时,执行语句块 2
}
...
else {
        语句块 n        // 当以上条件表达式均为 false 时,执行语句块 n
}
```

当执行该语句时,程序依次判断条件表达式的值,当出现某个表达式的值为 true 时,则执行其对应的语句,然后跳出 if-elseif-else 语句继续执行其后的代码。如果所有表达式均为 false,则执行 else 后面的语句块 n。if-elseif-else 语句的执行流程如图 2.28 所示。

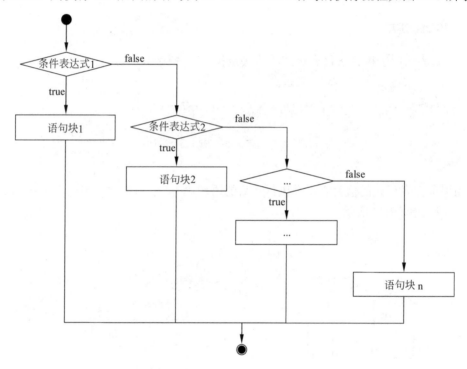

图 2.28　if-elseif-else 语句的执行流程

接下来演示 if-elseif-else 语句的用法,如例 2.20 所示。

【例 2.20】 if-elseif-else 语句的用法。

```php
1    <?php
2        $score = 50;
3        if (90 <= $score && $score <= 100) {
4            echo '成绩优秀! ';
5        } elseif (80 <= $score && $score <= 89) {
6            echo '成绩良好! ';
7        } elseif (60 <= $score && $score <= 79) {
```

```
8              echo '成绩及格！';
9          } elseif (0 <= $score && $score <60) {
10             echo '成绩不及格！';
11         } else {
12             echo '成绩错误！';
13         }
14   ?>
```

运行结果如图 2.29 所示。

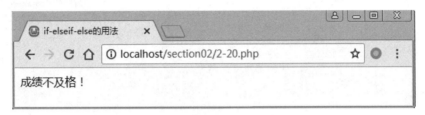

图 2.29　运行结果 20

在例 2.20 中，程序依次判断表达式的真假，先执行表达式 "90 <= $score && $score <= 100"，此时结果为 false，则跳过其后的语句块，转而执行表达式 "80 <= $score && $score <= 89"，此时结果仍为 false，则继续跳过其后的语句块，以此类推。

4．switch 语句

switch 语句用于根据表达式的值确定在几种不同值时执行不同的语句块，其语法格式如下：

```
switch (含变量的表达式) {
    case 常量1:      // 当表达式的值与常量1相符时,执行语句块1
        语句块1;
        break;
    case 常量2:      // 当表达式的值与常量2相符时,执行语句块2
        语句块2;
        break;
    ...
    default:        // 当表达式的值与以上常量值都不相符时,执行语句块n
        语句块n;
        break;
}
```

接下来演示 switch 语句的用法，如例 2.21 所示。

【例 2.21】 switch 语句的用法。

```
1    <?php
2        $score = 75;
3        switch ((int)($score / 10)) {
```

```
4            case 10:
5            case 9:
6                echo '成绩优秀！';
7                break;
8            case 8:
9                echo '成绩良好！';
10               break;
11           case 7:
12           case 6:
13               echo '成绩及格！';
14               break;
15           default:
16               echo '成绩不及格！';
17               break;
18       }
19   ?>
```

运行结果如图 2.30 所示。

图 2.30　运行结果 21

在例 2.21 中，第 3 行的 switch 语句检查 (int)($score / 10)的值是否与某个 case 中的值相同，如果相同，则执行该 case 中的语句。程序运行时，(int)(75/10)为 7，第 3 行的 switch 语句检查值 7 与第 11 行的 case 值相等，因此执行第 12、13 行，输出"成绩及格！"，然后执行第 14 行，遇到 break 语句，退出 switch 语句。

在使用 switch 语句时，如果多个 case 后面的语句块是一样的，则该语句块只需书写一次即可。例如上例中的 case 7 与 case 6。另外，break 语句是非常重要的，若没有 break 语句，则程序流程将继续执行下一个 case 中的语句块，最终执行 default 后的语句块。大家可以尝试将上例中的 break 语句去掉，分析运行结果。

2.7.2　循环语句

循环结构用于重复执行某一语句块，在 PHP 中提供了 3 种形式的循环语句：while 循环语句、do-while 循环语句和 for 循环语句。

1．while 循环语句

在 while 循环语句中，当条件表达式为 true 时，程序就重复执行循环体语句块，当条件表达式为 false 时，程序就结束循环，其语法格式如下：

```
while(条件表达式) {
    循环体语句块;          // 当条件表达式为 true 时执行
}
```

若 while 循环的循环体只有一条语句，则可以省略左右大括号。while 的循环体是否执行，取决于条件表达式是否为 true，如图 2.31 所示。

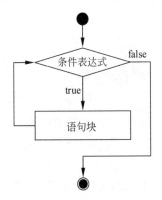

图 2.31　while 循环的执行流程

接下来演示 while 循环语句的用法，如例 2.22 所示。

【例 2.22】　while 循环语句的用法。

```
1   <?php
2       $sum = 0;
3       $i = 1;
4       while($i < 101) {
5           $sum += $i;
6           $i++;
7       }
8       echo '1 + 2 + … + 100 = '.$sum;
9   ?>
```

运行结果如图 2.32 所示。

图 2.32　运行结果 22

在例 2.22 中，当$i=1 时，$i<101，此时执行循环体语句，$sum 为 1，$i 为 2。当$i=2 时，$i<101，此时执行循环体语句，$sum 为 3，$i 为 3。以此类推，直到$i=101，不满足循环条件，此时程序执行第 8 行代码。

2．do-while 循环语句

do-while 循环语句是非零次循环结构，即至少执行一次循环体。执行过程是先执行循环体结构，然后判断条件表达式。若条件表达式为 true，程序继续执行循环体；若条件表达式为 false，程序终止循环。在日常生活中，并不难找到 do-while 循环的影子。例如，在利用提款机提款前，会先进入输入密码的界面，允许用户输入 3 次密码，如果 3 次都输入错误，银行卡将会被吞掉，其程序的流程就是利用 do-while 循环设计而成的。

do-while 语句的语法格式如下：

```
do {
    循环体语句块;       // 当条件表达式为 true 时再执行一次循环体语句
} while(条件表达式);
```

do-while 语句与 while 语句有一个明显的区别：do-while 语句的条件表达式后面必须有一个分号，用来表明循环结束。do-while 循环的执行流程如图 2.33 所示。

接下来演示 do-while 循环语句的用法，如例 2.23 所示。

【例 2.23】 do-while 循环语句的用法。

```
1   <?php
2       $sum = 0;
3       $i = 1;
4       do {
5           $sum += $i;
6           $i++;
7       } while($i < 101);
8       echo '1 + 2 + … + 100 = '.$sum;
9   ?>
```

图 2.33 do-while 循环的执行流程

运行结果如图 2.34 所示。

在例 2.23 中，程序执行第一次循环体后，$sum 为 1，$i 为 2，接着判断$i 是否小于 101，此时$i 小于 101，则执行循环体。直到$i 为 101，不满足循环条件，此时程序执行第 8 行代码。

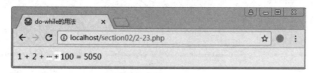

图 2.34 运行结果 23

3．for 循环语句

for 循环是最常见的循环结构，而且其语句更为灵活，不仅可以用于循环次数已经确定的情况，而且可以用于循环次数不确定的情况，完全可以代替 while 循环语句，其语法格式如下：

```
for(表达式 1；表达式 2；表达式 3) {
    循环体语句；
}
```

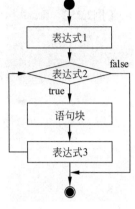

其中，表达式 1 常用于初始化循环变量；表达式 2 是循环条件表达式，当条件为 true 时，程序执行循环体语句，当条件为 false 时，程序结束循环；表达式 3 在每次执行循环体后执行，一般用于为循环变量增量。for 循环的执行流程如图 2.35 所示。

接下来演示 for 循环语句的用法，如例 2.24 所示。

【例 2.24】 for 循环语句的用法。

图 2.35　for 循环的执行流程

```
1    <?php
2        $sum = 0;
3        for($i = 1; $i < 101; $i++) {
4            $sum += $i;
5        }
6        echo '1 + 2 + … + 100 = '.$sum;
7    ?>
```

运行结果如图 2.36 所示。

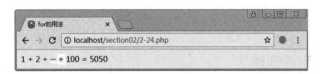

图 2.36　运行结果 24

在例 2.24 中，程序先执行$i=1，再判断$i 是否小于 101，此时$i 小于 101，执行循环体，再执行$i++，此时$i 为 2，判断$i 是否小于 101，此时$i 小于 101，执行循环体，以此类推。直到$i 为 101，不满足循环条件，此时程序执行第 6 行代码。

PHP 中的循环语句也支持嵌套使用（即多重循环），3 种格式的循环语句可以根据需求相互嵌套。

2.7.3　跳转语句

跳转语句使程序无条件跳转到另一位置，包括 break、continue 和 goto 语句。由于这些语句是无条件跳转，因此常常与条件语句配合使用。

1. break 语句

break 语句可以出现在 switch 结构和循环结构中，用于强制退出结构，转而执行该结构后面的语句。另外，break 语句可以接收一个可选的数字来决定跳出几层语句块。

接下来演示 break 语句的用法，如例 2.25 所示。

【例2.25】 break 语句的用法。

```php
1   <?php
2       $i = 0;
3       while(++$i) {
4           echo "第{$i}次循环开始<br>";
5           switch($i) {
6               case 2:
7                   echo '$i 为 2<br>';
8                   break;        // 跳转到 switch 外
9               case 3:
10                  echo '$i 为 3<br>';
11                  break 2;      // 跳转到 while 外
12              default:
13                  break;        // 跳转到 switch 外
14          }
15          echo "第{$i}次循环结束<br>";
16      }
17      echo "整个循环结束<br>";
18  ?>
```

运行结果如图 2.37 所示。

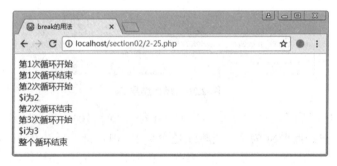

图 2.37 运行结果 25

在例 2.25 中，while 循环结构中嵌套 switch 语句，当$i 为 2 时，执行完第 7 行，接着执行第 8 行中的 break 语句，程序跳转到第 15 行。当$i 为 3，执行完第 10 行，接着执行第 11 行中的 break 语句，程序跳转到第 17 行，注意，此处 break 2 跳出了两层语句块。

2. continue 语句

continue 语句可以出现在循环结构中，用于终止本次循环，转而执行下一次循环。

接下来演示 continue 语句的用法，如例 2.26 所示。

【例 2.26】 continue 语句的用法。

```php
1    <?php
2        for($i = 1; $i < 5; $i++) {
3            if($i % 2) {
4                continue;
5            }
6            echo '$i = '.$i.'<br>';
7        }
8        echo 'for 循环结束';
9    ?>
```

运行结果如图 2.38 所示。

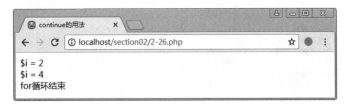

图 2.38 运行结果 26

在例 2.26 中，程序使用 for 循环使变量$i 的值为 1～4。当$i 的值为奇数时，程序将执行 continue 语句结束本次循环，进入下一次循环；当$i 的值为偶数时，程序打印出偶数值。

3．goto 语句

程序使用 goto 语句可以跳转到指定位置去执行代码，并且只能从一个文件和作用域中跳转（即无法跳出一个函数或者类方法）。goto 语句经常用于跳出循环语句或者 switch 语句，可以代替多层 break 语句。

接下来演示 goto 语句的用法，如例 2.27 所示。

【例 2.27】 goto 语句的用法。

```php
1    <?php
2        $i = 0;
3        while(++$i) {
4            echo "第{$i}次循环开始<br>";
5            switch($i) {
6                case 2:
7                    echo '$i 为 2<br>';
8                    break;          // 跳转到 switch 外
9                case 3:
10                   echo '$i 为 3<br>';
11                   goto END;
12                   echo '这行代码不会执行';
13               default:
```

```
14                      break;        // 跳转到 switch 外
15              }
16          echo "第{$i}次循环结束<br>";
17      }
18  END:
19      echo "整个循环结束<br>";
20  ?>
```

运行结果如图 2.39 所示。

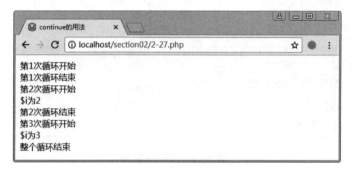

图 2.39 运行结果 27

在例 2.27 中，第 11 行使用 goto 语句，当程序执行到此处时，立即跳转到第 18 行处开始执行。

2.8 本 章 小 结

本章主要介绍了 PHP 程序中的基本概念，首先讲解基本语法、变量与常量，接着讲解 PHP 运算符及表达式，最后讲解流程控制语句。学习完本章内容，大家可以进行简单的 PHP 编程。

2.9 习   题

1. 填空题

（1）在 PHP 标记中，XML 风格的开始标记为_____。

（2）在 PHP 语言中，标识符只能以_____开头。

（3）检测变量是否为空值的函数为_____。

（4）PHP 中的数据类型转换分为自动类型转换和_____。

（5）在 PHP 中，数据类型分为_____、复合类型和特殊类型。

2．选择题

（1）下列整型数据用十六进制表示错误的是（　　　）。

    A．0xac   B．0X22

    C．0xB   D．4fx

（2）结束循环的语句是（　　　）。

    A．break 语句   B．continue 语句

    C．if 语句   D．switch 语句

（3）下列选项中，不属于标量类型的是（　　　）。

    A．布尔型   B．字符串型

    C．空型   D．浮点型

（4）不论循环条件判断的结果是否为 true，（　　　）循环至少执行一次。

    A．while   B．do-while

    C．for   D．以上都可以

（5）下列表达式中为 true 的选项是（　　　）。

    A．0 === '0'   B．0 == '0'

    C．0 != '0'   D．0 !== 0

3．思考题

（1）强制类型转换有哪几种方式？

（2）continue、break 语句在循环中分别起到什么作用？

4．编程题

编写程序实现输出如图 2.40 所示的图形。

扫描查看习题答案

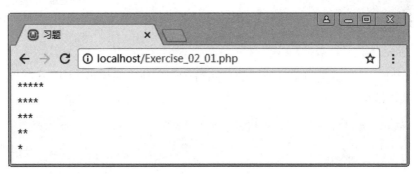

图 2.40　运行结果 28

第 3 章

函　数

本章学习目标
- 掌握函数的基本用法;
- 掌握变量的作用域;
- 理解函数的高级用法;
- 掌握 PHP 手册的使用。

PHP 程序由一系列语句组成,这些语句都是为了实现某个具体的功能。如果这个功能在整个应用中会经常使用,则每一处需要该功能的位置都写上同样的代码,必将会造成大量的冗余代码,不便于开发及后期维护。为此,PHP 中引入函数的概念,它就是为了解决一些常见问题而制作好的模型。

3.1　函数的基本用法

PHP 中的函数分为系统内置函数和自定义函数,系统内置函数在前面章节中已有所使用,本章主要介绍自定义函数。

3.1.1　函数的定义

在 PHP 中,函数就是将重复使用的功能写在一个独立的代码块中,在需要时进行单独调用,其语法格式如下:

```
function 函数名([参数名 1[ = 值 1], 参数名 2[ = 值 2], ...]) {
    函数体
    [return 返回值;]
}
```

函数的语法格式说明如下:

(1)"function 函数名([参数名 1[= 值 1], 参数名 2[= 值 2], ...])"为函数头,由关键字 function、函数名和参数列表三部分组成。

(2)函数名与变量命名规则基本相同,但函数名不区分大小写。

（3）函数体位于函数头之后，用花括号括起来，代表这是一个函数的功能区间。

（4）用方括号[]括起来的部分表示可选填，即参数列表与返回值是可选的，其他部分是必须存在的。

对函数定义的语法有所了解后，接下来定义一个最简单的函数 output()，具体示例如下：

```
function output() {
    echo '拼搏到无能为力，坚持到感动自己！';
}
```

上述定义的 output()函数没有参数列表和返回值，函数体只是输出一句话。

此外，需注意同一函数不能被定义两次，具体示例如下：

```
function output() {
    echo '拼搏到无能为力，坚持到感动自己！';
}
function output() {
    echo '拼搏到无能为力，坚持到感动自己！';
}
```

此处，PHP 解释器会报错，提示重复声明。

3.1.2　函数的调用

当函数定义完成后，如果需要使用函数的功能，就需要调用函数。函数的调用十分简单，前面的章节中多次调用系统内置函数，调用自定义函数的方法与它类似，其语法格式如下：

```
函数名([参数名1[ = 值1], 参数名2[ = 值2], ...])
```

函数调用只需引用函数名并赋予正确的参数即可。

接下来演示函数的调用，如例 3.1 所示。

【例 3.1】　函数的调用。

```
1   <?php
2      function output($name) {
3          echo $name.'寄语：拼搏到无能为力，坚持到感动自己！';
4      }
5      output('小千');
6   ?>
```

运行结果如图 3.1 所示。

在例 3.1 中，第 2～4 行为函数的定义，其中参数列表中有一个参数。第 5 行调用函数时，传入参数'小千'，则程序输出"小千寄语：拼搏到无能为力，坚持到感动自己！"。

图 3.1　运行结果 1

3.1.3　函数的参数

参数列表是由一系列参数组成，每个参数是一个表达式，用逗号隔开。在调用函数时，如果需要向函数传递参数，则被传入的参数称为实参，而函数定义时的参数称为形参，实参与形参需要按对应顺序传递数据。参数传递的方式有按值传递、按引用传递和默认参数。

1．按值传递

按值传递就是将实参的值赋给对应的形参，在函数内部操作的是形参，因此操作的结果不会影响到实参。

接下来演示按值传递，如例 3.2 所示。

【例 3.2】　按值传递。

```php
1   <?php
2       function swap($num1, $num2) {   // 交换两个数
3           $tmp = $num1;
4           $num1 = $num2;
5           $num2 = $tmp;
6       }
7       $a = 1;
8       $b = 2;
9       echo "交换前：\$a = {$a}, \$b = {$b} <br>";
10      swap($a, $b);
11      echo "交换后：\$a = {$a}, \$b = {$b} <br>";
12  ?>
```

运行结果如图 3.2 所示。

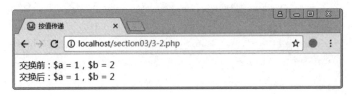

图 3.2　运行结果 2

在例 3.2 中，第 2～6 行为 swap() 函数的定义，该函数的功能是交换两个数。但从程

序运行结果可看出，调用函数前后，$a 与$b 的值并没有发生交换。这是因为调用 swap()
函数时，函数实参$a 与$b 将值传递给形参$num1 与$num2，函数中交换的是$num1 与
$num2 的值，函数调用结束后，实参$a 与$b 的值并没有发生交换。

2．按引用传递

按引用传递就是将实参按引用赋值给形参。在函数内部所有对形参的操作都会影响
实参的值。引用传递就是在形参前加&符号，与变量的引用类似。

接下来演示按引用传递，如例 3.3 所示。

【例 3.3】　按引用传递。

```php
1   <?php
2       function swap(&$num1, &$num2) {   // 交换两个数
3           $tmp = $num1;
4           $num1 = $num2;
5           $num2 = $tmp;
6       }
7       $a = 1;
8       $b = 2;
9       echo "交换前：\$a = {$a}, \$b = {$b} <br>";
10      swap($a, $b);
11      echo "交换后：\$a = {$a}, \$b = {$b} <br>";
12  ?>
```

运行结果如图 3.3 所示。

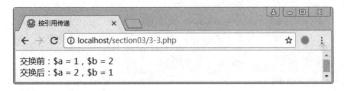

图 3.3　运行结果 3

在例 3.3 中，从程序运行结果可看出，调用函数前后，$a 与$b 的值发生了交换。这
是因为调用 swap()函数时，函数实参$a 与$b 引用赋值给形参$num1 与$num2，函数中操
作$num1 与$num2 实际上就是在操作$a 与$b，函数调用结束后，实参$a 与$b 的值交
换了。

3．默认参数

如果参数列表中的某个参数有值，就称这个参数为默认参数。注意，默认参数必须
放在非默认参数的右侧，否则运行时将会报错。

接下来演示默认参数，如例 3.4 所示。

【例 3.4】　默认参数。

```php
1   <?php
2       function output($name, $place = '扣丁学堂') {   // 输出信息
3           echo "{$name}在{$place}学习 PHP。<br>";
4       }
5       output('小千');
6       output('小锋', '好程序员特训营');
7   ?>
```

运行结果如图 3.4 所示。

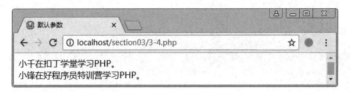

图 3.4　运行结果 4

在例 3.4 中，第 2～4 行为 output()函数的定义，该函数中$place 为默认参数，默认值为'扣丁学堂'。第 5 行调用 output()函数时，第一个实参为'小千'，第二个实参使用默认参数值。第 6 行调用 output()函数时，手动传入两个实参，则函数中将不再使用默认参数值。

3.1.4　函数的返回值

函数的参数列表是调用者将数据传递到函数内部的接口，而函数的返回值是将函数执行后的结果返回给调用者。注意，return 并不是函数必需的部分，具体视函数功能而定。另外，程序调用函数时，若遇到 return 语句，则该函数剩余的代码将不会被执行。

接下来演示函数的返回值，如例 3.5 所示。

【例 3.5】　函数的返回值。

```php
1   <?php
2       function add($num1, $num2) {   // 求两个数的和
3           return $num1 + $num2;
4       }
5       $num1 = 2;
6       $num2 = 3;
7       $sum = add($num1, $num2);
8       echo "{$num1} + {$num2} = ".$sum;
9   ?>
```

运行结果如图 3.5 所示。

在例 3.5 中，第 2～4 行为 add()函数的定义，该函数中通过 return 返回传入的两个参数之和。第 7 行调用 add()函数时，该函数返回 5 并赋值给$sum。此外，本例题中实

参$num1$、$num2$ 与形参$num1$、$num2$ 是不同的变量。

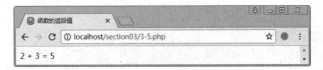

图 3.5　运行结果 5

PHP7 中增加了函数返回值类型，即可以定义一个函数的返回值类型，如例 3.6 所示。

【例 3.6】　函数返回值类型。

```php
1    <?php
2        function add($num1, $num2) : float {   // 求两个数的和
3            return $num1 + $num2;
4        }
5        $sum1 = add(1, 2);
6        $sum2 = add(1.1, 2.2);
7        var_dump($sum1, $sum2);
8    ?>
```

运行结果如图 3.6 所示。

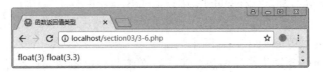

图 3.6　运行结果 6

在例 3.6 中，第 2 行在函数参数列表后添加函数返回值类型为 float，则函数返回值会自动转化为 float 类型。第 5 行两个实参类型为整型，通过 return 语句将计算的整型数据转化为浮点型数据。

3.2　变量的作用域

变量需要先定义后使用，但这并不意味着变量定义后就可以随便使用，只有在它的作用范围中才可以被使用，这个作用范围称为变量的作用域。总体来说，变量根据定义的位置分为局部变量和全局变量。

3.2.1　局部变量

局部变量是在函数内部定义的变量，其作用域仅限于函数内部，离开该函数后再使用此变量是非法的。另外，函数定义中的普通形参由于只能在本函数内部使用，因此也

是局部变量。

接下来演示局部变量，如例 3.7 所示。

【例 3.7】 局部变量。

```php
1   <?php
2       function output($name) {   // 输出信息
3           $subject = 'PHP';
4           echo "{$name}在学习{$subject}课程";
5       }
6       output('小千');
7       // echo "{$name}在学习{$subject}课程";
8   ?>
```

运行结果如图 3.7 所示。

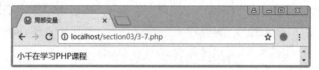

图 3.7　运行结果 7

在例 3.7 中，第 2～5 行为 output()函数的定义，该函数中有两个局部变量，分别为 $name、$subject。变量 $name 在参数列表中定义并在调用时被赋值'小千'，变量 $subject 是在函数中定义并赋值为'PHP'，这两个局部变量只能在函数内部使用。当 output()函数调用结束时，这两个变量就会被释放。第 7 行在函数外试图访问这两个变量，运行时会提示这两个变量未定义，因此将第 7 行加上注释。

3.2.2　全局变量

全局变量是指在函数外部定义的变量，其作用域从变量定义处开始，到本程序文件末尾结束。此处需注意，函数中的局部变量会屏蔽全局变量，因此在函数中无法直接访问全局变量。

接下来演示局部变量屏蔽全局变量，如例 3.8 所示。

【例 3.8】 局部变量屏蔽全局变量。

```php
1   <?php
2       $name = '小千';        // 在函数外定义一个全局变量
3       function test() {     // 测试函数内部是否屏蔽全局变量
4           $name = '小锋';   // 局部变量
5           echo $name.'<br>';
6       }
7       test();
8       echo $name.'<br>';
9   ?>
```

运行结果如图 3.8 所示。

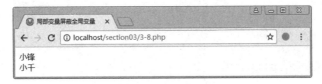

图 3.8 运行结果 8

在例 3.8 中，第 2 行定义一个全局变量$name，第 4 行在函数中也出现变量$name，此处是定义一个局部变量。第 5 行访问$name，此处是访问局部变量。第 8 行在函数外访问$name，此处是访问全局变量。

若在函数中需要访问全局变量，则可以使用 global 关键字修饰变量，如例 3.9 所示。

【例 3.9】 函数中访问全局变量。

```php
1   <?php
2       $name = '小千';        // 在函数外定义一个全局变量
3       function test() {
4           global $name;     // 在函数内部使用全局变量
5           $name = '小锋';   // 修改全局变量的值
6           echo $name.'<br>';
7       }
8       test();
9       echo $name.'<br>';
10  ?>
```

运行结果如图 3.9 所示。

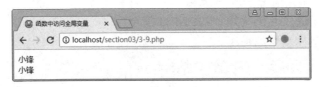

图 3.9 运行结果 9

在例 3.9 中，第 4 行变量$name 前加了 global 关键字，第 5 行修改全局变量$name。

此外，$GLOBALS 数组也可以在函数中访问全局变量。它是一个包含了全局作用域中可用的全部变量的数组，数组中的键就是变量名。

接下来演示$GLOBALS 的用法，如例 3.10 所示。

【例 3.10】 $GLOBALS 的用法。

```php
1   <?php
2       $name = '小千';                        // 在函数外定义一个全局变量
3       function test() {
4           $GLOBALS['name'] = '小锋';    // 修改全局变量的值
5           echo $GLOBALS['name'].'<br>';
```

```
6        }
7     test();
8     echo $name.'<br>';
9   ?>
```

运行结果如图 3.10 所示。

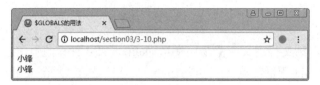

图 3.10   运行结果 10

在例 3.10 中，第 4 行与第 5 行使用$GLOBALS 方式在函数内部访问全局变量。从运行结果可以看出，效果与例 3.9 相同。由于该知识需用到后面章节的内容，此处只需简单了解这种方法即可。

3.2.3 静态变量

静态变量是一种特殊形式，它的特性是普通变量不具备的，下面主要介绍静态变量。

局部变量从存储方式上可分为动态存储类型和静态存储类型。函数中的局部变量默认都是动态存储类型，即在函数调用结束后自动释放存储空间。但有时希望在函数结束后，局部变量依然保存在内存中，这时就需要使用 static 关键字。

static 修饰的变量称为静态变量，其存储方式为静态存储，即在第一次调用函数时该变量被初始化，下次调用函数时该变量的值并不会消失。

接下来演示静态变量的使用，如例 3.11 所示。

【例 3.11】 静态变量的使用。

```
1   <?php
2     function test() {
3         static $a = 1;        // 定义一个静态变量,并赋初值为 1
4         echo $a++.'<br>';     // 输出变量的值并加 1
5     }
6     test();
7     test();
8     test();
9   ?>
```

运行结果如图 3.11 所示。

在例 3.11 中，第 3 行将 test()函数中的局部变量$a 使用 static 关键字修饰为静态变量并初始化为 1。第 6 行第一次调用 test()函数结束后，静态变量$a 没有被释放，继续保存在静态内存中。以后每次函数调用时，静态变量将从内存中获取前次保存的值并以此再进行计算。

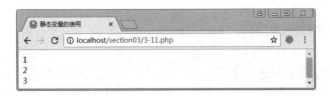

图 3.11 运行结果 11

3.3 函数的高级用法

通过前面的学习，大家对函数的基本用法有了初步了解。此外，函数还有许多高级用法使程序更加简洁、更易维护，本节将介绍函数的高级用法。

3.3.1 可变函数

在学习可变变量时，一个变量的值可以为另一个变量的名称。此外，一个变量的值还可以是一个函数的名称，这就是可变函数。该变量名后加上圆括号，就可以执行与其值同名的函数，因此，可变函数也称为变量函数。

接下来演示可变函数，如例 3.12 所示。

【例 3.12】 可变函数。

```php
1   <?php
2     function output() {  // 输出信息
3         echo '学 IT 有疑问,就上扣丁学堂! <br>';
4     }
5     output();
6     $func = 'output';
7     $func();
8   ?>
```

运行结果如图 3.12 所示。

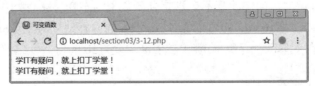

图 3.12 运行结果 12

在例 3.12 中，第 7 行通过变量$func 后加圆括号调用 output()函数。从运行结果可以看出，通过函数名调用函数与可变函数调用函数的效果是相同的。

3.3.2 引用函数返回值

引用不仅可以用于普通变量、函数参数，还可以用于函数的返回值，此时只需在函数名前添加&符号。此处需注意，在调用函数时，引用函数返回值需要在函数名前添加&符号，用来说明返回的是一个引用。

接下来演示引用函数返回值，如例 3.13 所示。

【例 3.13】 引用函数返回值。

```php
1   <?php
2       function &test() {
3           static $b = 0;        // 定义一个静态变量
4           echo ++$b.'<br>';
5           return $b;
6       }
7       $a = test();              // $b 的值为 1
8       $a = 5;
9       $a = test();              // $b 的值为 2
10      $a = &test();             // $b 的值为 3
11      $a = 5;
12      $a = test();              // $b 的值为 6
13  ?>
```

运行结果如图 3.13 所示。

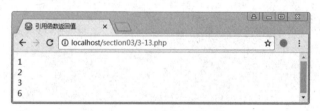

图 3.13 运行结果 13

在例 3.13 中，第 7 行通过$a = test()这种方式调用函数，只是将函数的返回值赋给变量$a，而对变量$a 做的任何修改都不会影响到函数中静态变量$b。第 10 行通过$a = &test()这种方式调用函数，将 return $b 中的静态变量$b 的内存地址与变量$a 的内存地址指向了同一个地方，因此修改变量$a 的值相当于修改变量$b 的值。

3.3.3 函数的嵌套调用

PHP 语言允许在函数定义中出现函数调用，从而形成函数的嵌套调用。这种嵌套在程序开发中经常使用，接下来演示函数的嵌套调用，如例 3.14 所示。

【例 3.14】 函数的嵌套调用。

```php
1   <?php
2       function output() {                    // 输出信息
3           echo '调用output()函数<br>';
4       }
5       function test() {
6           echo 'test()函数开始<br>';
7           output();                          // 调用output()函数
8           echo 'test()函数结束<br>';
9       }
10      test();
11  ?>
```

运行结果如图 3.14 所示。

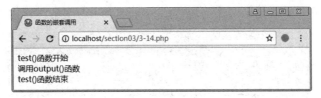

图 3.14 运行结果 14

在例 3.14 中，第 5~9 行定义 test()函数，其中第 7 行调用 output()函数。程序的具体执行流程如图 3.15 所示。

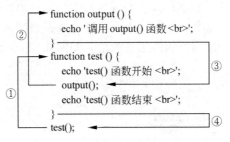

图 3.15 函数的嵌套调用

3.3.4 函数的递归调用

在函数的嵌套调用中，一个函数除了可以调用其他函数外，还可以调用自身，这就是函数的递归调用。递归必须要有结束条件，否则会无限地递归。

接下来演示函数的递归调用，如例 3.15 所示。

【例 3.15】 函数的递归调用。

```php
1   <?php
2       /*
```

```
3              计算阶乘公式:
4                  0! = 1
5                  n! = n *(n -1)!, n > 0
6              转化为递归函数:
7                  f(0) = 1
8                  f(n) = n * f(n - 1), n > 0
9      */
10     function fact($n) { // 计算阶乘
11        if($n == 0)        // 结束条件
12            return 1;
13        return $n * fact($n - 1);
14        }
15     echo '4! = '.fact(4);
16  ?>
```

运行结果如图3.16所示。

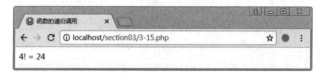

图3.16 运行结果15

在例3.15中，第10～14行定义fact()函数用于计算阶乘。当用$n = 0$调用fact()函数时，程序立即返回结果1，这种简单情况称为结束条件。当用$n > 0$调用fact()函数时，程序就将这个原始问题分解成计算$(n - 1)$阶乘的子问题，直到问题达到结束条件为止；接着程序将结果返回给调用者，然后调用者进行计算并将结果返回给它自己的调用者，过程持续进行，直到结果返回原始调用者为止，如图3.17所示。

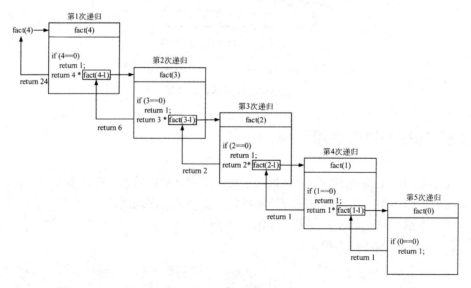

图3.17 函数的递归调用

3.3.5 回调函数

在调用函数时，除了传递普通的变量作为参数外，还可以将另一个函数作为参数传递到调用的函数中，这就是回调函数。若要自定义一个回调函数，可以使用可变函数来实现，即在函数定义时参数是一个普通变量，但在函数体中使用这个参数变量时加上圆括号，就可以调用和这个参数值同名的函数。

接下来演示回调函数，如例 3.16 所示。

【**例 3.16**】 回调函数。

```php
1   <?php
2      function add($a, $b) {        // 计算加法
3          echo "{$a} + {$b} = ".($a + $b).'<br>';
4      }
5      function sub($a, $b) {        // 计算减法
6          echo "{$a} - {$b} = ".($a - $b).'<br>';
7      }
8      function mul($a, $b) {        // 计算乘法
9          echo "{$a} * {$b} = ".($a * $b).'<br>';
10     }
11     function div($a, $b) {        // 计算除法
12         echo "{$a} / {$b} = ".($a / $b).'<br>';
13     }
14     function calculate($a, $b, $operation) {    // 回调函数
15         if(!is_callable($operation)) {
16             echo '参数 operation 必须是函数名组成的字符串!<br>';
17             return false;
18         }
19         $operation($a, $b);
20     }
21     calculate(3, 2, 'add');
22     calculate(3, 2, 'sub');
23     calculate(3, 2, 'mul');
24     calculate(3, 2, 'div');
25  ?>
```

运行结果如图 3.18 所示。

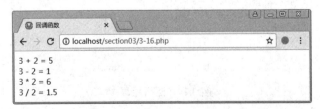

图 3.18 运行结果 16

在例 3.16 中，第 14 行为回调函数，首先判断$operation 的值是否为函数，若不是，则返回 false；若是，调用$operation 值所代表的函数。从此例题中可以得出使用回调函数的优势：对于同一个函数可以根据传入参数的不同而去执行不同的函数。例如本例中，当调用 calculate()函数时，如果参数$operation 为'add'，则将会调用 add()函数；如果参数$operation 为'sub'，则将会调用 sub()函数，这样使程序更加灵活并便于维护。

除了使用可变函数实现回调函数外，还可以使用 call_user_func_array()函数来实现回调函数。它是 PHP 中的内置函数，其语法格式如下：

```
mixed call_user_func_array(callable $callback, array $param_arr)
```

其中，第一个参数表示需要调用的函数名，此处需要传递一个字符串；第二个参数是一个数组类型的参数，表示调用函数的参数列表。

接下来演示 call_user_func_array()函数的用法，如例 3.17 所示。

【例 3.17】 call_user_func_array()函数的用法。

```
1    <?php
2        function add($a, $b) {        // 计算加法
3            echo "{$a} + {$b} = ".($a + $b).'<br>';
4        }
5        function sub($a, $b) {        // 计算减法
6            echo "{$a} - {$b} = ".($a - $b).'<br>';
7        }
8        function mul($a, $b) {        // 计算乘法
9            echo "{$a} * {$b} = ".($a * $b).'<br>';
10       }
11       function div($a, $b) {        // 计算除法
12           echo "{$a} / {$b} = ".($a / $b).'<br>';
13       }
14       call_user_func_array('add', array(3, 2));
15       call_user_func_array('sub', array(3, 2));
16       call_user_func_array('mul', array(3, 2));
17       call_user_func_array('div', array(3, 2));
18   ?>
```

运行结果如图 3.19 所示。

图 3.19　运行结果 17

在例 3.17 中，第 14 行通过 call_user_func_array()函数调用了自定义函数 add()，其中，

第一个参数为 add()函数名组成的字符串'add'；第二个参数为 add()函数中需要传递的参数。

3.4 PHP 手册的使用

PHP 手册内容主要由函数参考构成，但也包含了语言参考、PHP 一些主要产品特点的说明以及其他补充信息。前面经常使用系统内置函数，但记住所有内置函数的用法是不太现实的，因此需了解如何通过 PHP 手册查阅内置函数的用法。

接下来演示通过 PHP 手册查阅函数，具体如下所示。

1. 打开手册

用户在浏览器地址栏中输入 http://www.php.net/manual/zh/index.php，就可以打开 PHP 手册，如图 3.20 所示。

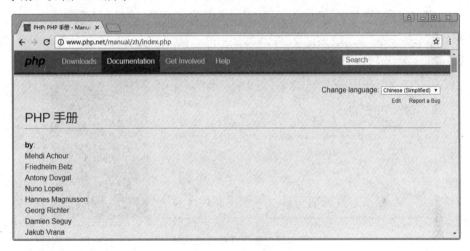

图 3.20　PHP 手册

2. 搜索函数

在图 3.20 右上角输入框中输入函数名（不需要添加圆括号）并按 Enter 键，浏览器就会显示函数的用法[此处以 call_user_func_array()函数为例]，如图 3.21 所示。

在图 3.21 中，注意每个函数支持的版本号与搭建的 PHP 环境中的版本号是否匹配。

3. 查看参数及返回值

拖动右侧滚动条至参数标题处，浏览器显示 call_user_func_array()函数参数及返回值的详细介绍，如图 3.22 所示。

图 3.21 call_user_func_array()函数用法

图 3.22 查看参数与返回值

查阅一个函数，用户必须清楚以下三点内容：

- 函数的功能；
- 函数的参数；
- 函数的返回值。

4．查看范例

了解函数的参数和返回值后，用户有可能还是不太清楚 call_user_func_array()函数的用法，继续拖动右侧滚动条，找到范例，通过例题来加深对这个函数的学习，如图 3.23 所示。

初学者在以后学习 PHP 时，需要经常查看 PHP 手册，多尝试几次就会发现学习 PHP 其实并没有想象中的那么困难。

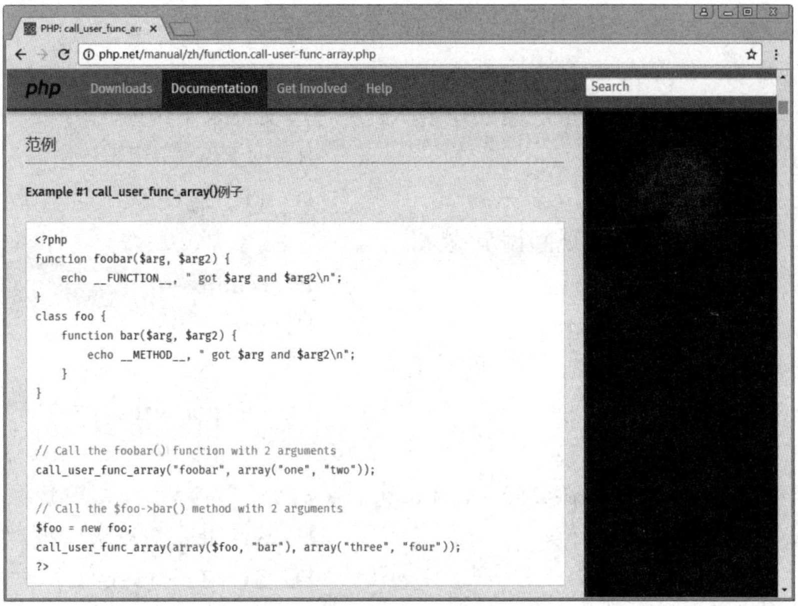

图 3.23 查看范例

3.5 本 章 小 结

本章主要介绍了 PHP 程序中的函数，从函数的基本用法开始，接着讲解变量的作用域和函数的高级用法，最后讲解 PHP 手册的查阅。学习完本章内容，大家可以根据需要自定义函数或调用系统内置函数，并学会查阅 PHP 手册。

3.6 习 题

1. 填空题

（1）函数的返回值通过_____关键字来实现。

（2）函数的定义中需要_____关键字来说明。

（3）_____变量的作用域仅限于函数内部。

（4）在函数中需要访问全局变量，可以使用_____关键字修饰变量。

（5）_____修饰的变量称为静态变量。

2. 选择题

（1）函数按引用传递参数，需要在形参前加（　　　）符号。

A．&　　　　　　　　　　　　　　B．？

C．!　　　　　　　　　　　　　　D．#

（2）（　　　）作用域从变量定义处开始，到本程序文件末尾结束。

A．局部　　　　　　　　　　　　B．全局

C．静态　　　　　　　　　　　　D．以上选项

（3）（　　　）函数可以实现回调函数。

A．print　　　　　　　　　　　　B．echo

C．call_user_func_array　　　　　D．var_dump

（4）下列关于函数的定义，正确的选项是（　　　）。

A．function test() {}　　　　　　B．function test {}

C．function 1_test() {}　　　　　D．function test($a = 1, $b) {}

（5）若有"function test(&$a, $b = 2) { return $a + $b; }"，则（　　　）不会报错。

A．$a = test(2);　　　　　　　　B．$a = test(2, 3);

C．$a = 'test'; $a(1);　　　　　　D．$a = 3;test($a);

3．思考题

（1）简述局部变量与全局变量的区别。

（2）简述什么是回调函数。

4．编程题

编写一个回调函数。

扫描查看习题答案

第4章

数　组

本章学习目标

- 掌握数组的概念；
- 掌握数组的定义；
- 掌握数组的操作；
- 熟悉数组的常用函数；
- 理解二维数组。

数组是一种复合数据类型，可以存储多个不同类型的数据，因此，数组是 PHP 中重要的数据类型之一。另外，PHP 中提供了许多操作数组的函数，从而可以有效地提高程序开发效率。

4.1　数组的概念

假如要存储 60 名学生的成绩，如果使用变量来存储成绩，就需要定义 60 个变量，显然这个定义的过程相当耗费时间与精力，PHP 语言提供了数组来存储这 60 名学生的成绩。

数组是一个可以存储一系列数值的数据结构。数组中的每个元素分为两部分：键（key）和值（value）。其中，键（也称为数组的下标）为元素的识别名称，值为元素的内容。键与值存在着一种对应关系，例如上述每名学生的学号就可以用数组的键表示，成绩就是键所对应的值。

在 PHP 中，根据键的数据类型，数组分为索引数组与关联数组，具体如下所示。

1. 索引数组

所谓索引数组就是键为整数的数组，其键默认从 0 开始并依次递增 1。它通常使用在用位置来索引数组元素的值时，具体如图 4.1 所示。

在图 4.1 中，索引数组中的键都为整数，值可以为任意数据类型，每个键都有对应的值。另外，键可以为指定整数，如果不指定，则默认从 0 开始。

2. 关联数组

所谓关联数组是指键为字符串的数组，通常使用在存储一系列具有逻辑关系的数据时，具体如图 4.2 所示。

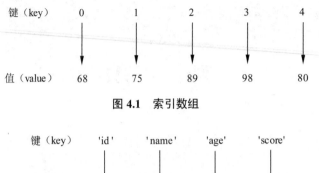

图 4.1   索引数组

图 4.2   关联数组

在图 4.2 中，数组中每个元素的键与值之间存在着逻辑关系，例如，学生学号（id）为 68，姓名（name）为小千，年龄（age）为 18，分数（score）为 100。

4.2   数组的定义

对数组的概念有所了解后，接下来就需要定义数组。定义数组通常有两种方式：一种是直接为数组元素赋值；另一种是使用 array 语句。

1. 直接为数组元素赋值

在定义数组时，有时不知道需要创建多大的数组或数组的大小可能发生变化，这时就可以使用直接为数组元素赋值的方式定义数组，其语法格式如下：

```
$arrayName[key] = value
```

其中，$arrayName 表示数组名；key 是数组中元素的键，其类型可以为整型或字符串型；value 是键对应的值，其类型可以是任意数据类型。

接下来演示直接为数组元素赋值，如例 4.1 所示。

【例 4.1】 直接为数组元素赋值。

```
1    <?php
2        // 索引数组
3        $arr1[0] = 68;
4        $arr1[1] = 75;
5        $arr1[2] = 89;
6        $arr1[3] = 98;
7        $arr1[4] = 80;
```

```
8        var_dump($arr1);
9        echo '<br>';
10       // 关联数组
11       $arr2['id'] = 68;
12       $arr2['name'] = '小千';
13       $arr2['age'] = 18;
14       $arr2['score'] = 100;
15       var_dump($arr2);
16   ?>
```

运行结果如图 4.3 所示。

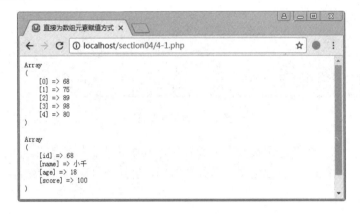

图 4.3 运行结果 1

在例 4.1 中，第 3～7 行定义一个索引数组，数组的键从 0 开始，依次递增。第 11～14 行定义一个关联数组，数组的键都是字符串。

在直接为数组元素赋值时，键名是可以省略的，如例 4.2 所示。

【例 4.2】 省略键名。

```
1    <?php
2        // 索引数组
3        $arr1[] = 68;
4        $arr1[] = 75;
5        $arr1[4] = 89;
6        $arr1[] = 98;
7        $arr1[] = 80;
8        var_dump($arr1);
9        echo '<br>';
10       // 关联数组
11       $arr2['id'] = 68;
12       $arr2['name'] = '小千';
13       $arr2['age'] = 18;
14       $arr2['score'] = 100;
15       $arr2[] = '优秀';
```

```
16      var_dump($arr2);
17   ?>
```

运行结果如图 4.4 所示。

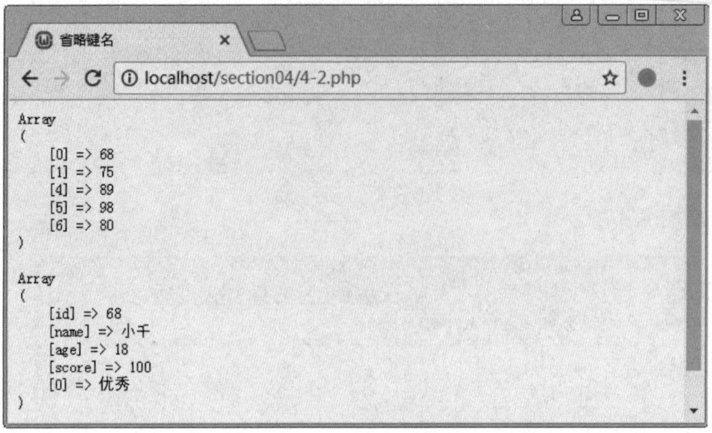

图 4.4 运行结果 2

在例 4.2 中，第 3~7 行定义一个索引数组，其中第 5 行指定键为 4，第 6 行省略键名，此时键为 5。第 11~15 行定义一个关联数组，其中第 15 行省略键名，此时键为 0。

2. 使用 array 语句定义数组

array 语句可以用来创建一个数组，其语法格式如下：

```
array array([key1 => value1, key2 => value2, ...])
```

其中，key => value 定义了键和值，键可以是整数或字符串。

接下来演示通过 array 语句定义数组，如例 4.3 所示。

【例 4.3】 通过 array 语句定义数组。

```
1    <?php
2       // 索引数组
3       $arr1 = array(
4           0 => 68,
5           1 => 75,
6           2 => 89,
7       );
8       var_dump($arr1);
9       echo '<br>';
10      $arr2 = array(
11          4 => 68, 75, 89
12      );
13      var_dump($arr2);
14      echo '<br>';
```

```
15      $arr3 = array(68, 75, 89);
16      var_dump($arr3);
17      echo '<br>';
18      // 关联数组
19      $arr4 = array(
20          'id'    => 68,
21          'name'  => '小千',
22          'age'   => 18,
23          'score' => 100,
24          '优秀'
25      );
26      var_dump($arr4);
27  ?>
```

运行结果如图 4.5 所示。

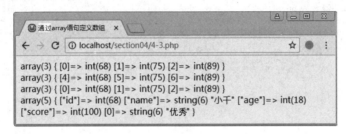

图 4.5 运行结果 3

在例 4.3 中，第 3~7 行定义一个索引数组，注意第 6 行末尾有一个逗号，虽然不常见但却是合法的语法。第 10~12 行定义一个索引数组并指定键从 4 开始。第 15 行定义一个省略键名的索引数组，此时键默认从 0 开始。第 19~25 行定义一个关联数组，其中第 24 行省略键名，此时键为 0。

4.3 数组的操作

PHP 程序经常需要对数组中的元素进行遍历、排序、查找等操作，灵活地操作数组可以达到事半功倍的效果。

4.3.1 数组输出

通过 4.2 节的学习可知，var_dump()函数可以输出数组中每个元素与值的数据类型。此外，print_r()函数也可以输出数组中所有元素，如例 4.4 所示。

【例 4.4】 print_r()函数的用法。

```
1  <?php
```

```
2        // 索引数组
3        $arr1 = array(68, 75, 89);
4        // 关联数组
5        $arr2 = array(
6            'id'    => 68,
7            'name'  => '小千',
8            'age'   => 18,
9            'score' => 100,
10       );
11       echo '<pre>';
12       print_r($arr1);
13       print_r($arr2);
14       echo '</pre>';
15   ?>
```

运行结果如图 4.6 所示。

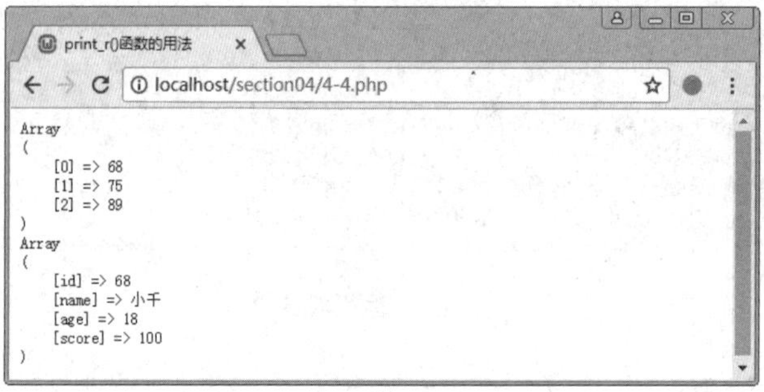

图 4.6   运行结果 4

在例 4.4 中，第 12、13 行分别通过 print_r()函数将数组中的元素输出。第 11 行与第 14 行的作用是格式化文本输出，使输出结果更方便查看。从此例可以看出，var_dump() 函数与 print_r()函数用法类似，但 var_dump()函数的功能更强大些。

上面讲解了如何输出整个数组，如果只需要输出数组中某个元素的值，则可以通过键来获取对应的值，因为键是数组元素的唯一标识，而键与值之间是映射关系。具体语法格式如下：

```
$数组名[键]
```

在例 4.4 中，获取$arr2 中'id'所对应的值，可以写成如下形式：

```
$arr2['id']
```

上述示例中，除了可以使用[]外，还可以使用{}，具体如下所示：

```
$arr2{'id'}
```

上述两种形式都可以访问数组中某个元素的值。

4.3.2 数组删除

unset 语句可以删除整个数组，也可以删除数组的某个元素，如例 4.5 所示。

【例 4.5】 unset 语句的用法。

```php
1   <?php
2       $arr = array(
3           'id'    => 68,
4           'name'  => '小千',
5           'age'   => 18,
6           'score' => 100
7       );
8       print_r($arr);
9       echo '<br>';
10      unset($arr['age']); // 删除$arr['age']元素
11      print_r($arr);
12      echo '<br>';
13      unset($arr);             // 删除整个数组
14      // print_r($arr);       再访问数组$arr,提示未定义
15  ?>
```

运行结果如图 4.7 所示。

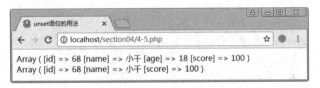

图 4.7 运行结果 5

在例 4.5 中，第 10 行删除键为'age'的元素。第 13 行删除整个数组。第 14 行访问已删除的数组，此时会提示未定义的错误，因此将此行加上注释。

4.3.3 数组运算

运算是通过运算符和数据实现的，例如前面学习的整型数据可以进行算术运算和赋值运算。数组作为一种复合数据类型，自然也可以进行运算，具体如表 4.1 所示。

表 4.1 数组中常见的运算符

运 算 符	说 明	示 例
+	联合	$arr1 + $arr2
==	相等	$arr1 == $arr2
===	全等	$arr1 === $arr2

续表

运 算 符	说 明	示 例
!=	不等	$arr1 != $arr2
<>	不等	$arr1 <> $arr2
!==	不全等	$arr1 !== $arr2

表 4.1 列举了数组中常见的运算符操作，接下来演示这些运算符的用法，如例 4.6 所示。

【例 4.6】　数组中运算符的用法。

```php
1   <?php
2       $arr1 = array(
3           'id'    => 68,
4           'name'  => '小千',
5           'age'   => 18,
6           'score' => 100
7       );
8       $arr2 = array(
9           'id'    => 58,
10          'gender'=> 1
11      );
12      $arr3 = array(
13          'id'    => 68,
14          'age'   => 18,
15          'name'  => '小千',
16          'score' => 100
17      );
18      print_r($arr1 + $arr2);
19      echo '<br>';
20      print_r($arr2 + $arr1);
21      echo '<br>';
22      if($arr1 == $arr3) {
23          echo '数组$arr1 与$arr3 相等<br>';
24      } else {
25          echo '数组$arr1 与$arr3 不相等<br>';
26      }
27      if($arr1 === $arr3) {
28          echo '数组$arr1 与$arr3 全等<br>';
29      } else {
30          echo '数组$arr1 与$arr3 不全等<br>';
31      }
32  ?>
```

运行结果如图 4.8 所示。

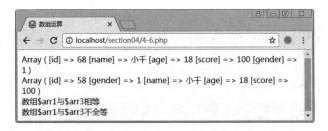

图 4.8 运行结果 6

在例 4.6 中，$arr1 与$arr2 中的键'id'相同，但值不同；$arr1 与$arr3 中键、值相同，只是顺序不同。从运行结果可发现，键相同的元素保留的是联合运算符左操作数中的元素。第 22 行通过==运算符比较$arr1 与$arr3，只要$arr1 与$arr3 中具有相同的键、值，则该运算结果就为 true。第 27 行通过===运算符比较$arr1 与$arr3，只有当$arr1 与$arr3 中具有相同的键、值并且类型和顺序完全相同，该运算结果才为 true，否则为 false。

4.3.4 数组遍历

数组遍历是指依次访问数组中的每个元素，可以通过多种方法实现，具体如下所示。

1. 通过 foreach 语句遍历数组

在 PHP 中，foreach 语句可以很方便地遍历数组，其语法格式如下：

```
foreach($variable as [$key =>] $value) {
    循环体
}
```

其中，$variable 表示需要遍历的数组，as 是一个固定的关键字，键变量$key 是可选的，值变量$value 是必选的。每次循环时，foreach 语句会把键赋值给$key，值赋值给$value。

接下来演示通过 foreach 语句遍历数组，如例 4.7 所示。

【例 4.7】 通过 foreach 语句遍历数组。

```php
1   <?php
2       $arr1 = array(68, 75, 89, 98, 80);  // 索引数组
3       $arr2 = array(                       // 关联数组
4           'id'    => 68,
5           'name'  => '小千',
6           'age'   => 18,
7           'score' => 100,
8       );
9       foreach($arr1 as $value) {
10          echo $value.'<br>';
11      }
12      foreach($arr2 as $key => $value) {
```

```
13          echo "$key => $value <br>";
14      }
15  ?>
```

运行结果如图 4.9 所示。

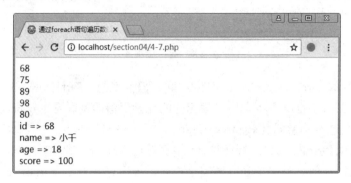

图 4.9　运行结果 7

在例 4.7 中，第 9～11 行通过 foreach 语句遍历数组中的值，第 12～14 行通过 foreach 语句遍历数组中的键与值。

此处需注意，$key 和$value 保存的键与值是通过值传递的方式赋值的。如果使用引用传递，只需在值变量前加上&即可，键变量不能写成引用形式。

2. 通过 list 语句和 each()函数遍历数组

除了 foreach 语句可以实现遍历数组外，list 语句与 each()函数结合起来也可以实现遍历数组。首先讲解 list 语句，其语法格式如下：

```
array list(mixed $varname[, mixed $...])
```

list 语句将索引数组键为 0 的值赋值给$varname，后面以此类推。

接下来演示 list 语句的用法，如例 4.8 所示。

【例 4.8】 list 语句的用法。

```
1   <?php
2       $arr = array('小千', '小锋', '小明'); // 索引数组
3       list($a, $b, $c) = $arr;
4       echo "\$a = {$a}、\$b = {$b}、\$c = {$c}<br>";
5       list(, , $d) = $arr;
6       echo "\$d = {$d}";
7   ?>
```

运行结果如图 4.10 所示。

在例 4.8 中，第 3 行将数组中键对应的值依次赋值给 list 参数表中的变量，如图 4.11 所示。

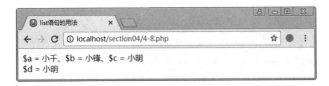

图 4.10 运行结果 8

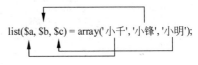

图 4.11 list 语句赋值过程

在图 4.11 中，键为 0 的值赋值给$a，键为 1 的值赋值给$b，键为 2 的值赋值给$c。注意，list 语句中第一个变量对应的是键为 0 的值，以此类推。

接下来讲解 each()函数的用法，其语法格式如下：

```
array each(array &$array)
```

each()函数接收一个数组，并将数组中的一个元素拆分为一个新数组，然后移向下一个元素。如果移动到超出数组范围，此时执行 each()函数，则函数返回 false。

接下来演示 each()函数的用法，如例 4.9 所示。

【例 4.9】 each()函数的用法。

```php
1   <?php
2       $arr = array(            // 关联数组
3           'id'    => 68,
4           'name' => '小千',
5       );
6       $date = each($arr);      // 第一次调用 each()函数
7       print_r($date);
8       $date = each($arr);      // 第二次调用 each()函数
9       print_r($date);
10      $date = each($arr);      // 第三次调用 each()函数
11      var_dump($date);
12  ?>
```

运行结果如图 4.12 所示。

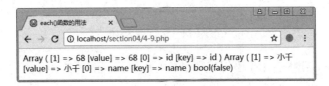

图 4.12 运行结果 9

在例 4.9 中，第 6、8、10 行分别调用 each()函数，具体执行过程如图 4.13 所示。

在图 4.13 中，第一次执行 each()函数时，读取了$arr 中的第一个元素（'id' => 68）并分解成一个新数组。在新数组中，将原值（68）的键设为 1 和'value'，将原键（'id'）的键设为 0 和'key'。第二次执行 each()函数时，读取了$arr 中的第二个元素并分解成一个新数组。第三次执行 each()函数时，超出了数组范围，返回 false。

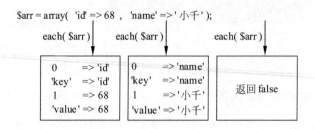

图 4.13   each()函数执行过程

上面讲解了 list 语句和 each()函数的用法，接下来将两者结合起来通过 while 循环遍历数组，如例 4.10 所示。

【例 4.10】 list 语句和 each()函数结合使用。

```php
1   <?php
2       $arr = array(              // 关联数组
3           'id'    => 68,
4           'name' => '小千',
5           'age'   => 18,
6           'score' => 100
7       );
8       while(list($key, $value) = each($arr)) {
9           echo "$key => $value <br>";
10      }
11  ?>
```

运行结果如图 4.14 所示。

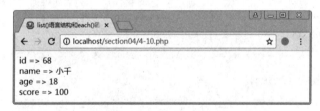

图 4.14   运行结果 10

在例 4.10 中，第 8 行 list 语句将 each()函数所获取的新数组中键为 0、1 的值分别赋给$key、$value，然后通过 while 循环去调用 each()函数，直到 each()函数返回 false。

3．通过数组指针遍历数组

数组指针指向数组中的某个元素，默认指向数组中第一个元素。通过移动或改变指针的位置，就可以访问数组中的任意元素。PHP 中提供了一些数组指针函数，用于操作数组指针，如表 4.2 所示。

在表 4.2 中，数组指针函数的参数都为需要操作的数组。通过这些函数可以移动数组指针，从而访问数组中的元素，如例 4.11 所示。

表 4.2　数组指针函数

函　　数	说　　明
mixed current(array &$array)	获取当前数组指针指向元素的值
mixed key(array &$array)	获取当前数组指针指向元素的键
mixed prev(array &$array)	将当前数组指针倒回一位
mixed next(array &$array)	将当前数组指针向前移动一位
mixed end(array &$array)	将数组指针指向最后一个元素
mixed reset(array &$array)	将数组指针指向第一个元素

【例 4.11】　数组指针函数的用法。

```php
1    <?php
2        $arr = array(              // 关联数组
3            'id'    => 68,
4            'name' => '小千',
5            'age'   => 18,
6            'score' => 100
7        );
8        // 当数组指针移动到最后一个元素之后,返回 false
9        while(current($arr)) {
10           echo key($arr).' => '.current($arr).'<br>';  // 获取键与值
11           next($arr);              // 数组指针向前移动一位
12       }
13   ?>
```

运行结果如图 4.15 所示。

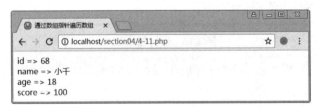

图 4.15　运行结果 11

在例 4.11 中，第 9～12 行通过 while 循环遍历数组，当数组指针移动到超出最后一个元素时，current()函数返回 false，这是循环结束的条件。

4.4　数组的常用函数

前面简单介绍过几种处理数组的函数，如 each()函数、key()函数。此外，PHP 还提供了许多处理数组的函数，通过直接调用这些函数可以很方便地操作数组。

4.4.1 计算元素个数

count()函数可以统计数组中元素的个数，其语法格式如下：

```
int count(mixed $var[, int $mode = 0])
```

其中，$var 指定需要计算的数组；$mode 为可选参数，其值为 0 或 1（默认为 0）。如果
将$mode 设置为 1，则该函数会递归计算多维数组中每个元素的个数。

接下来演示 count()函数的用法，如例 4.12 所示。

【例 4.12】 count()函数的用法。

```php
1   <?php
2       $arr1 = array(68, 75, 89, 98, 80);    // 索引数组
3       $arr2 = array(                         // 关联数组
4           'id'    => 68,
5           'name'  => '小千',
6           'age'   => 18,
7           'score' => 100
8       );
9       echo '$arr1 的元素个数为'.count($arr1).'<br>';
10      echo '$arr2 的元素个数为'.count($arr2).'<br>';
11  ?>
```

运行结果如图 4.16 所示。

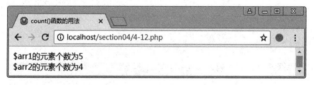

图 4.16　运行结果 12

在例 4.12 中，第 9 行与第 10 行分别通过 count()函数计算数组中元素的个数。

4.4.2 压入或弹出元素

在编写程序时，有时需要在数组首尾压入或弹出元素，这时就可以使用下列函数进
行操作，如表 4.3 所示。

表 4.3　压入或弹出元素函数

函　　数	说　　明
mixed array_shift(array &$array)	弹出数组中第一个元素
mixed array_pop(array &$array)	弹出数组中末尾的元素
int array_unshift(array &$array, mixed $var [, mixed $...])	在数组的开始处压入元素
int array_push(array &$array, mixed $var[, mixed $...])	在数组的末尾压入元素

表 4.3 列出了在数组首尾压入或弹出元素的函数，注意，这几个函数的调用都会引起数组元素的变化，如例 4.13 所示。

【例 4.13】 数组首尾压入或弹出元素的函数。

```php
1    <?php
2        $arr = array(                              // 关联数组
3            'id'    => 68,
4            'name'  => '小千',
5            'age'   => 18,
6            'score' => 100
7        );
8        $date = array_shift($arr);
9        print_r($arr);
10       echo "<br>$date<br>";
11       $date = array_unshift($arr, 58);
12       print_r($arr);
13       echo "<br>$date<br>";
14       $date = array_push($arr, '优秀');
15       print_r($arr);
16       echo "<br>$date<br>";
17       $date = array_pop($arr);
18       print_r($arr);
19       echo "<br>$date<br>";
20   ?>
```

运行结果如图 4.17 所示。

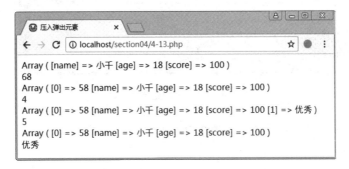

图 4.17　运行结果 13

在例 4.13 中，array_shift()函数与 array_pop()函数返回弹出元素的值，array_unshift()函数与 array_push()函数返回执行操作后数组中元素的个数。

4.4.3　移除重复值

在数组中，元素的键都是唯一的，但值有可能相同。array_unique()函数可以移除数组中重复的值，其语法格式如下：

```
array array_unique(array $array[, int $sort_flags = SORT_STRING])
```

其中，$array 为需要操作的数组；$sort_flags 规定排序类型，默认把每一项作为字符串来处理。

接下来演示 array_unique()函数的用法，如例 4.14 所示。

【例 4.14】 array_unique()函数的用法。

```
1   <?php
2       $arr = array(    // 关联数组
3           'id'    => 68,
4           'name' => '小千',
5           'age'   => 18,
6           'score' => 100,
7           'alias' => '小千'
8       );
9       $date = array_unique($arr);
10      echo '<pre>';
11      print_r($date);
12      echo '</pre>';
13  ?>
```

运行结果如图 4.18 所示。

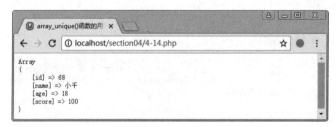

图 4.18 运行结果 14

在例 4.14 中，第 9 行通过 array_unique()将数组中元素重复值移除并将处理后的数组赋值给变量$date。

4.4.4 获取键名

array_search()函数可以获取给定值的键名，其语法格式如下：

```
mixed array_search(mixed $needle, array $haystack[, bool $strict = false])
```

其中，$needle 表示给定值，$haystack 表示被查询的数组，$strict 表示在查询时是否使用严格的比较（===）。

接下来演示 array_search()函数的用法，如例 4.15 所示。

【例 4.15】　array_search()函数的用法。

```php
1    <?php
2        $arr = array('id'=> 18, 'name' => 'xiaoqian',
3                     'age' => 18, 'score' => 100);
4        echo 'xiaoqian 对应的键为'.array_search('xiaoqian', $arr).'<br>';
5        echo '18 对应的键为'.array_search(18, $arr).'<br>';
6    ?>
```

运行结果如图 4.19 所示。

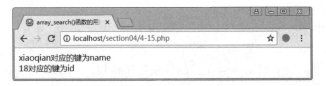

图 4.19　运行结果 15

在例 4.15 中，第 4 行通过 array_search()函数来获取值'xiaoqian'对应的键名，注意此处的值是区分大小写的。第 5 行通过 array_search()函数来获取值 18 对应的键名，$arr 中'id'与'age'对应的值都为 18，此时返回第一个匹配值对应的键名，即'id'。

array_keys()函数可以返回所有匹配值对应的键名，其语法格式如下：

```
array_keys(array $array[, mixed $search_value[, bool $strict = false]])
```

其中，$array 表示被查询的数组，$search_value 表示给定值，$strict 表示在查询时是否使用严格的比较。如果指定了$search_value，则函数只返回该值的键名，否则返回数组中所有的键名。

接下来演示array_keys()函数的用法，如例 4.16 所示。

【例 4.16】　array_keys()函数的用法。

```php
1    <?php
2        $arr = array('id'=> '18', 'name' => 'xiaoqian',
3                     'age' => 18, 'score' => 18);
4        print_r(array_keys($arr));
5        echo '<br>';
6        print_r(array_keys($arr, 18));
7        echo '<br>';
8        print_r(array_keys($arr, 18, true));
9        echo '<br>';
10   ?>
```

运行结果如图 4.20 所示。

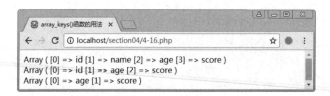

图 4.20   运行结果 16

在例 4.16 中，第 4 行array_keys()函数中只提供了一个参数，没有提供查询的值，此时返回数组$arr 中所有的键名。第 8 行array_keys()函数的最后一个参数设置为 true，表示查询时执行全等于操作。

4.4.5   数组排序

在日常生活中经常需要用到排序，如商品按价格排序、学生按成绩排序。排序通过调整位置，把杂乱无章的数据变成有序数据。sort()函数可以对数组中元素值进行排序，其语法格式如下：

```
bool sort(array &$array[, int $sort_flags = SORT_REGULAR])
```

其中，$array 表示需要排序的数组；$sort_flags 为可选参数，其取值可以改变排序的行为，如表 4.4 所示。

表 4.4 $sort_flags 的取值

取　　值	说　　明
SORT_REGULAR	正常排序元素值（不改变类型）
SORT_NUMERIC	元素值被作为数字来排序
SORT_STRING	元素值被作为字符串来排序
SORT_LOCALE_STRING	根据当前的区域设置把元素值当作字符串排序

接下来演示 sort()函数的用法，如例 4.17 所示。

【例 4.17】 sort()函数的用法。

```
1  <?php
2     $arr = array(12, 34, 17, 10);
3     echo '$arr 排序前:';
4     print_r($arr);
5     echo '<br>';
6     sort($arr, SORT_NUMERIC);
7     echo '$arr 排序后:';
8     print_r($arr);
9     echo '<br>';
10 ?>
```

运行结果如图 4.21 所示。

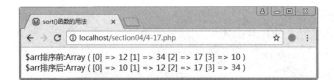

图 4.21 运行结果 17

在例 4.17 中，第 6 行使用 sort()函数对元素值按照数字大小进行排序。另外，rsort()函数可以将数组中元素值按从大到小进行排序，其用法与 sort()函数的用法类似。

在例 4.17 中，sort()函数在排序时数组中元素值对应的键发生了变化。asort()函数在排序时数组中元素值对应的键将不会发生变化，如例 4.18 所示。

【例 4.18】 asort()函数的用法。

```php
1   <?php
2       $arr = array(12, 34, 17, 10);
3       echo '$arr 排序前:';
4       print_r($arr);
5       echo '<br>';
6       asort($arr, SORT_NUMERIC);
7       echo '$arr 排序后:';
8       print_r($arr);
9       echo '<br>';
10  ?>
```

运行结果如图 4.22 所示。

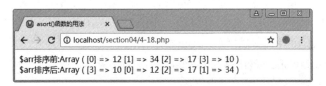

图 4.22 运行结果 18

从运行结果可发现，数组中元素的值按从小到大进行排序并且对应的键没发生变化。另外，arsort()函数可以将数组中元素值按从大到小进行排序，其用法与 asort()函数的用法类似。

ksort()函数可以按照元素的键进行排序，如例 4.19 所示。

【例 4.19】 ksort()函数的用法。

```php
1   <?php
2       $arr = array('3' => 'apple', '1' => 'orange',
3                    '4' => 'banana','2' => 'peach');
4       echo '$arr 排序前:';
5       print_r($arr);
6       echo '<br>';
```

```
7        ksort($arr, SORT_STRING);
8        echo '$arr 排序后:';
9        print_r($arr);
10       echo '<br>';
11   ?>
```

运行结果如图 4.23 所示。

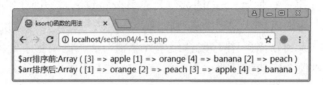

图 4.23　运行结果 19

从运行结果可发现，数组中元素的键按从小到大进行排序。另外，krsort()函数可以根据数组中元素的键按从大到小进行排序，其用法与 ksort()函数的用法类似。

4.4.6　合并数组

array_merge()函数可以将两个或多个数组合并成一个数组，其语法格式如下：

```
array array_merge(array $array1[, array $...])
```

其中，参数列表中的参数表示需要合并的数组，返回值为合并后的数组。如果传入的数组中有相同的字符串键名，则该键名后面的值将覆盖前一个值。如果传入的数组中有相同的数字键名，则后面的值将不会覆盖前一个值，而是附加到前一个值的后面。如果传入一个索引数组，则键名会以连续方式重新索引。

接下来演示 array_merge()函数的用法，如例 4.20 所示。

【例 4.20】　array_merge()函数的用法。

```
1    <?php
2        $arr1 = array('fruit' => 'apple', 4);
3        $arr2 = array('fruit' => 'peach', 4);
4        $arr3 = array(5, 8, 2);
5        $arr = array_merge($arr1, $arr2, $arr3);
6        echo '<pre>';
7        print_r($arr);
8        echo '</pre>';
9    ?>
```

运行结果如图 4.24 所示。

在例 4.20 中，第 5 行通过 array_merge()函数将$arr1、$arr2 和$arr3 合并成一个数组并赋值给$arr。

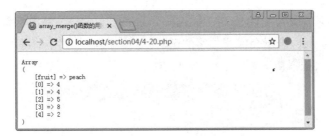

图 4.24 运行结果 20

4.4.7 拆分数组

array_chunk()函数可以将一个数组拆分成多个数组，其语法格式如下：

```
array array_chunk(array $input, int $size[, bool $preserve_keys = false])
```

其中，$input 表示需要拆分的数组；$size 表示拆分后每个数组的元素个数；$preserve_keys 为 false，表示拆分后的数组中元素的键从 0 开始依次往后；$preserve_keys 为 true，表示拆分后的数组中元素保留原来的键名。

接下来演示 array_chunk()函数的用法，如例 4.21 所示。

【例 4.21】 array_chunk()函数的用法。

```
1    <?php
2        $arr = array('id'=> 58, 'name' => '小千',
3                     'age' => 18, 'score' => 100);
4        $result1 = array_chunk($arr, 2);
5        $result2 = array_chunk($arr, 2, true);
6        echo '<pre>';
7        print_r($result1);
8        echo '<br>';
9        print_r($result2);
10       echo '</pre>';
11   ?>
```

运行结果如图 4.25 所示。

在例 4.21 中，第 4 行对数组进行拆分后，数组中元素的键从 0 开始；第 5 行对数组进行拆分后，数组中元素的键仍是原数组中的键。

4.4.8 反转数组

array_reverse()函数可以将一个数组中元素反转，其语法格式如下：

```
array array_reverse(array $array[, bool $preserve_keys = false])
```

其中，$array 表示需要反转的数组；$preserve_keys 为 false，表示不会保留数字的键；$preserve_keys 为 true，表示会保留数字的键。此处需注意，非数字的键不受$preserve_keys 值的影响，总是会被保留。

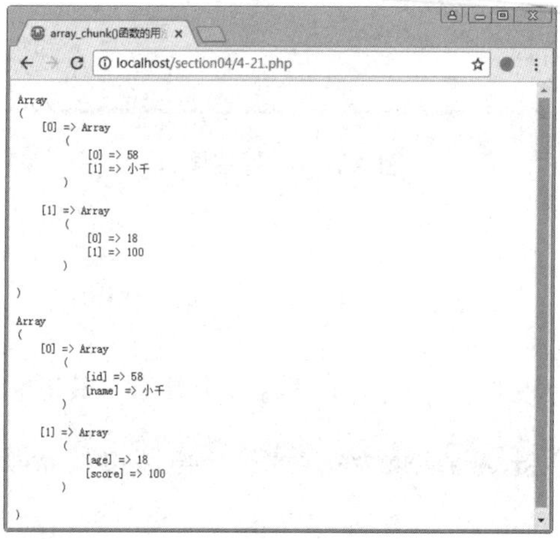

图 4.25　运行结果 21

接下来演示 array_reverse()函数的用法，如例 4.22 所示。

【例 4.22】　array_reverse()函数的用法。

```php
1   <?php
2       $arr = array('id'=> 58, 'name' => '小千', 18, 100);
3       $result1 = array_reverse($arr);
4       $result2 = array_reverse($arr, true);
5       echo '<pre>';
6       print_r($result1);
7       echo '<br>';
8       print_r($result2);
9       echo '</pre>';
10  ?>
```

运行结果如图 4.26 所示。

图 4.26　运行结果 22

在例 4.22 中，第 3 行对数组进行反转后，数组中元素的键发生变化；第 4 行对数组进行反转后，数组中元素的键仍是原数组中的键。

4.4.9 随机获取键名

array_rand()函数可以随机获取一个数组中元素的键名，其语法格式如下：

```
mixed array_rand(array $input[, int $num_req = 1])
```

其中，$input 表示传入的数组；$num_req 默认为 1，表示从$input 中随机获取一个元素的键名；$num_req 大于 1，表示随机获取多个元素的键名。

接下来演示 array_rand()函数的用法，如例 4.23 所示。

【例 4.23】 array_rand()函数的用法。

```
1   <?php
2       $arr = array('id'=> 58, 'name' => '小千', 18, 100);
3       $result1 = array_rand($arr);
4       $result2 = array_rand($arr, 2);
5       echo '<pre>';
6       print_r($result1);
7       echo '<br>';
8       print_r($result2);
9       echo '</pre>';
10  ?>
```

运行结果如图 4.27 所示。

图 4.27　运行结果 23

在例 4.23 中，第 3 行随机获取数组中某一个元素的键名；第 4 行随机获取数组中某两个元素的键名并组成一个新数组作为该函数的返回值。

4.4.10 打乱数组

shuffle()函数可以打乱数组的元素值，其语法格式如下：

```
bool shuffle(array &$array)
```

其中，$array 表示需要打乱的数组。函数调用成功时返回 true，否则返回 false。

接下来演示 shuffle()函数的用法，如例 4.24 所示。

【例 4.24】 shuffle()函数的用法。

```php
1  <?php
2      $arr = array('id'=> 58, 'name' => '小千', 18, 100);
3      print_r($arr);
4      echo '<br>';
5      shuffle($arr);
6      print_r($arr);
7  ?>
```

运行结果如图 4.28 所示。

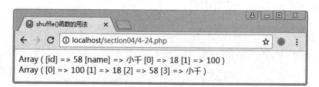

图 4.28　运行结果 24

从程序运行结果可发现，数组$arr 中元素值顺序发生了变化。

4.5　二　维　数　组

4.5.1　二维数组的定义

一维数组只能保存表格的一列或一行内容，例如用一维数组表示张三的三门课的成绩，示例代码如下：

```php
$zhangsan = array('c' => 95, 'c++' => 96, 'php' => 98);
```

表 4.5 为某班级学生三门课程成绩。假如班级有 60 名学生，则需要定义 60 个一维数组，这个过程是相当烦琐的。如果将上述一维数组作为另一个数组的元素值，这样就可以表示表 4.5 中的数据，具体示例如下：

表 4.5　成绩表

姓名	科目		
	C 语言基础	**C++语言基础**	**PHP 语言基础**
张三	95	96	98
李四	80	82	84
王五	76	78	80
…	…	…	…

```
$score = array(
    'zhangsan' => array('c' => 95, 'c++' => 96, 'php' => 98),
    'lisi' => array('c' => 80, 'c++' => 82, 'php' => 84),
    'wangwu' => array('c' => 76, 'c++' => 78, 'php' => 80)
);
```

上述示例中的数组就称为二维数组，其中$score 为数组名。数组中包含三个元素，每个元素值又是一个一维数组。二维数组元素的访问与一维数组类似，例如$score['lisi']访问数组$score 的第二个元素值，而这个元素值又是一个数组，接着再通过键名访问值，即通过$score['lisi'] ['php']就可以访问到84。

接下来演示二维数组的定义，如例 4.25 所示。

【例 4.25】 二维数组的定义。

```
1    <?php
2        $info = array(
3            array(1, '小千', '北京市', 'xiaoqian@1000phone.com'),
4            array(2, '小锋', '上海市', 'xiaofeng@1000phone.com'),
5        );
6        $score = array(
7            'zhangsan' => array('c' => 95, 'c++' => 96, 'php' => 98),
8            'lisi'     => array('c' => 80, 'c++' => 82, 'php' => 84),
9        );
10       echo '<pre>';
11       print_r($info);
12       print_r($score);
13       echo '</pre>';
14   ?>
```

运行结果如图 4.29 所示。

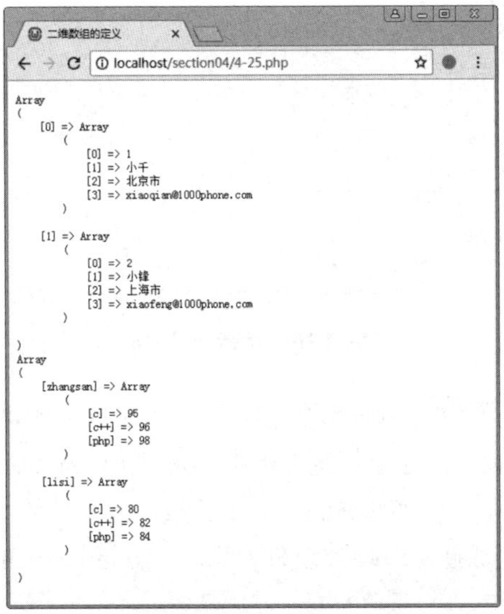

图 4.29　运行结果 25

在例 4.25 中，第 2～5 行定义一个二维数组$info，其中键为字符串型数据；第 6～9
行定义一个二维数组$score，其中键为整型数据。

4.5.2 二维数组的遍历

二维数组的遍历与一维数组的遍历类似，可以通过多种方法实现，其中最简单的方
法是通过 foreach 语句实现，如例 4.26 所示。

【例 4.26】 通过 foreach 语句遍历二维数组。

```
1    <?php
2        $score = array(
3            'zhangsan' => array('c' => 95, 'c++' => 96, 'php' => 98),
4            'lisi' => array('c' => 80, 'c++' => 82, 'php' => 84),
5            'wangwu' => array('c' => 76, 'c++' => 78, 'php' => 80)
6        );
7        foreach($score as $name => $arr) {
8            echo "$name => <br>";
9            foreach($arr as $subject => $value) {
10               echo "  $subject => $value <br>";
11           };
12       };
13   ?>
```

运行结果如图 4.30 所示。

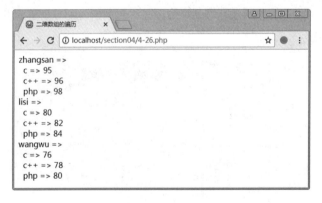

图 4.30 运行结果 26

在例 4.26 中，第 7 行通过 foreach 语句将$score 数组中的键赋值给$name，值赋值给
$arr。第 9 行通过 foreach 语句将子数组$arr 中的键赋值给$subject，值赋值给$value。这
样通过嵌套 foreach 语句就可以实现遍历二维数组。

除了使用 foreach 语句遍历二维数组外，list 语句与 each()函数结合也可以遍历二维
数组，如例 4.27 所示。

【例 4.27】　通过 list 语句与 each()函数结合遍历二维数组。

```php
1    <?php
2        $score = array(
3            'zhangsan' => array('c' => 95, 'c++' => 96, 'php' => 98),
4            'lisi'     => array('c' => 80, 'c++' => 82, 'php' => 84),
5            'wangwu'   => array('c' => 76, 'c++' => 78, 'php' => 80)
6        );
7        while(list($name, $arr)=each($score)){
8            echo "$name => <br>";
9            while(list($subject, $value)=each($arr)){
10                echo "  $subject => $value <br>";
11            }
12        }
13   ?>
```

运行结果如图 4.31 所示。

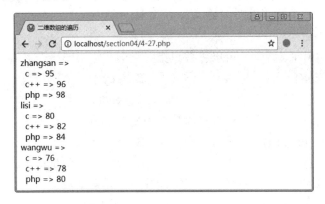

图 4.31　运行结果 27

在例 4.27 中,第 7～12 行通过嵌套 while 循环以及 list 语句与 each()函数的结合遍历二维数组。

二维数组的其他操作与一维数组类似,大家可以根据 PHP 手册对二维数组进行相应的操作。如果在二维数组的元素值中又包含数组,则构成一个三维数组。但三维及以上的数组并不常用,此处只需了解即可。

4.6　本　章　小　结

本章首先讲解数组的概念,接着讲解数组的定义、数组的操作及数组的常用函数,最后介绍二维数组。通过本章的学习,大家应重点掌握数组的操作,熟悉数组的常用函数。

4.7 习　　题

1．填空题

（1）在 PHP 中，根据键的数据类型，可以将数组分为索引数组和＿＿＿＿＿＿＿。

（2）索引数组是指键为＿＿＿＿＿＿＿型的数组。

（3）＿＿＿＿＿＿＿数组是指键为字符串类型的数组。

（4）数组可以通过＿＿＿＿＿＿＿语句来定义。

（5）在 PHP 中提供了＿＿＿＿＿＿＿函数用于删除数组中的元素。

2．选择题

（1）下列选项中，可以实现合并数组的运算符是（　　　）。

    A．=
                  B．==

    C．-
                  D．+

（2）下列选项中，（　　　）可以将数组指针指向数组中第一个元素。

    A．current()
           B．key()

    C．reset()
            D．end()

（3）下列选项中，（　　　）可以移除数组中重复的值。

    A．array_unique()
       B．is_array()

    C．count()
            D．array_search()

（4）下列选项中，（　　　）可以实现统计数组中元素个数。

    A．array_unique()
       B．is_array()

    C．count()
            D．array_search()

（5）下列选项中，（　　　）可以对数组中元素值进行排序。

    A．array_unique()
       B．sort()

    C．count()
            D．array_search()

3．思考题

（1）简述数组定义的两种形式。

（2）简述遍历数组的方法。

扫描查看习题答案

4．编程题

编写程序，若$arr = array(34, 56, 12, 65, 23)，要求不使用排序函数对数组中元素值进行从小到大排序。

第 5 章

chapter 5

面 向 对 象

本章学习目标

- 理解面向对象的概念；
- 掌握类与对象；
- 掌握构造方法与析构方法；
- 掌握类常量与静态成员；
- 掌握继承性与多态性；
- 掌握抽象类与接口；
- 了解魔术方法；
- 了解设计模式。

面向对象程序设计已是各种高级语言所支持的程序设计方式。首先，面向对象符合人类看待事物的一般规律；其次，采用面向对象程序设计可以使编写的程序重用性高，扩展性强。

5.1　面向对象的概念

面向对象程序设计是模拟如何组成现实世界而产生的一种编程方法，是对事物的功能抽象与数据抽象，并将解决问题的过程看成一个分类演绎的过程。其中，对象与类是面向对象程序设计的基本概念。

5.1.1　对象与类的概念

在现实世界中，随处可见的一种事物就是对象，对象是事物存在的实体，如学生、汽车等。人类解决问题的方式总是将复杂的事物简单化，于是就会思考这些对象都是由哪些部分组成的。通常都会将对象划分为两个部分，即静态部分与动态部分。顾名思义，静态部分就是不能动的部分，这个部分被称为属性，任何对象都会具备其自身属性，如一个人，其属性包括高矮、胖瘦、年龄、性别等。然而具有这些属性的人会执行哪些动作也是一个值得探讨的部分，这个人可以转身、微笑、说话、奔跑，这些是这个人具备的行为（动态部分），人类通过探讨对象的属性和观察对象的行为来了解对象。

在计算机世界中，面向对象程序设计的思想要以对象来思考问题，首先要将现实世界的实体抽象为对象，然后考虑这个对象具备的属性和行为。例如，现在面临一名足球运动员想要将球射进对方球门这个实际问题，试着以面向对象的思想来解决这一实际问题。步骤如下。

首先可以从这一问题中抽象出对象，这里抽象出的对象为一名足球运动员。

然后识别这个对象的属性。对象具备的属性都是静态属性，如足球运动员有一个鼻子、两条腿、一双手等，这些属性如图 5.1 所示。

接着识别这个对象的动态行为，即足球运动员的动作，如跳跃、转身、传球等，这些行为都是这个对象基于其属性而具有的动作，这些行为如图 5.2 所示。

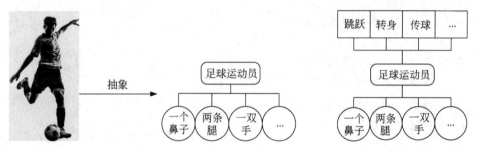

| 图 5.1 识别对象的属性 | 图 5.2 识别对象具有的行为 |

识别出这个对象的属性和行为后，这个对象就被定义了，然后根据足球运动员具有的特性制定要射进对方球门的具体方案以解决问题。

究其本质，所有的足球运动员都具有以上的属性和行为，可以将这些属性和行为封装起来以描述足球运动员这类人。由此可见，类实质上就是封装对象属性和行为的载体，而对象则是类抽象出来的一个实例。这也是进行面向对象程序设计的核心思想，即把具体事物的共同特征抽象成实体概念，有了这些抽象出来的实体概念，就可以在编程语言的支持下创建类，因此，类是那些实体的一种模型，具体如图 5.3 所示。

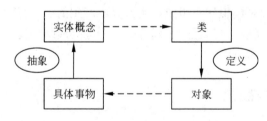

图 5.3　现实世界与编程语言的对应关系

在图 5.3 中，通过面向对象程序设计的思想可以建立现实世界中具体事物、实体概念与编程语言中类、对象之间的一一对应关系。

5.1.2　面向对象的三大特征

面向对象程序设计实际上就是对现实世界的对象进行建模操作。面向对象程序设计的特征主要可以概括为封装、继承和多态。接下来针对这三种特征进行简单介绍。

1．封装

封装是面向对象程序设计的核心思想。它是指将对象的属性和行为封装起来，其载体就是类，类通常对客户隐藏其实现细节，这就是封装的思想。例如，计算机的主机是由内存条、硬盘、风扇等部件组成，生产厂家把这些部件用一个外壳封装起来组成主机，用户在使用该主机时，无须关心其内部的组成及工作原理，如图 5.4 所示。

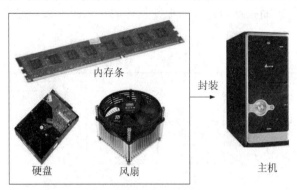

图 5.4　主机及组成部件

2．继承

继承是面向对象程序设计提高重用性的重要措施。它体现了特殊类与一般类之间的关系。当特殊类包含了一般类的所有属性和行为，并且特殊类还可以有自己的属性和行为时，称作特殊类继承了一般类。一般类又称为父类或基类，特殊类又称为子类或派生类。例如，已经描述了汽车模型这个类的属性和行为，如果需要描述一个小轿车类，只需让小轿车类继承汽车模型类，然后再描述小轿车类特有的属性和行为，而不必再重复描述一些在汽车模型类中已有的属性和行为，如图 5.5 所示。

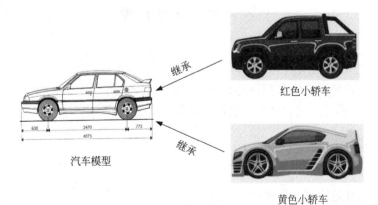

图 5.5　汽车模型与小轿车

3. 多态

多态是面向对象程序设计的重要特征。生活中也常存在多态，例如，学校的下课铃声响了，这时有学生去买零食，有学生去打球，有学生在聊天。不同的人对同一时间产生了不同的行为，这就是多态在日常生活中的表现。程序中的多态是指一种行为对应着多种不同的实现。例如，在一般类中说明了一种求几何图形面积的行为，这种行为不具有具体含义，因为它并没有确定具体几何图形；在特殊类（如三角形、正方形、梯形）中都继承了一般类的求面积行为，可以根据具体的几何图形重新定义求面积行为，如图5.6 所示。

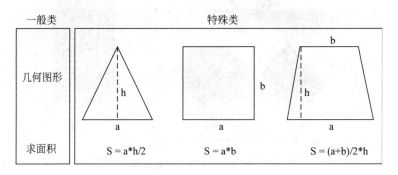

图 5.6 一般类与特殊类

综上，面向对象的程序设计就是通过建立一些类以及它们之间的关系来解决问题。编程者要根据对象间的关系，建立类的体系，明确它们之间是构成关系还是类属关系，从而确定类之间是包含还是继承。面向对象程序设计的一个很大特点是支持代码的重用，这就要求可重用的类一定要抓住不同实体间的共性特征。当类的定义初步完成后，编程者就可以根据现实事物中对象的行为、对象之间的协作关系对具体工作细化模块，并对这些对象进行有机组装，也就是利用对象进行模块化编程。

5.2 类 与 对 象

在 PHP 中把具有相同属性和行为的对象看成同一类，把属于某个类的实例称为某个类的对象。例如，学生小千与小锋是两个不同的对象，两者有共同的属性（如学号、成绩等），也有相同的行为（如选课、显示成绩等），因此两者同属于学生类。

5.2.1 定义类

在类中，属性是通过成员变量实现的，而行为是通过成员函数(又称为方法)实现的。定义类的语法格式如下：

```
class 类名 {
```

```
        成员变量;
        成员方法;
}
```

类是通过 class 关键字加类名来定义的，两个大括号之间的部分就是类体内容。

成员变量就是类中的变量，主要用于保存数据信息。定义成员变量的语法格式如下：

```
关键字 成员变量名
```

其中，关键字可以为 public、private、protected、static 中的任意一个，每个关键字的作用在后面小节中讲解。

类中的函数被称为成员方法，其语法格式如下：

```
[关键字] 函数定义
```

其中，关键字可以为 public、private、protected、static、final 中的任意一个（默认为 public）。注意函数与成员方法的区别：函数实现某个独立的功能，而成员方法实现类的一个行为。

接下来演示类的定义，如例 5.1 所示。

【例 5.1】 类的定义。

```
1    <?php
2        // 定义一个 Student 类
3        class Student {
4            public $name;              // 成员变量
5            public $score;             // 成员变量
6            public function show() {   // 成员方法
7                echo $this->name.'同学的 PHP 成绩为'.$this->score;
8            }
9        }
10   ?>
```

在例 5.1 中，第 3～9 行定义一个 Student 类，其中 Student 是类名，$name 和$score 是成员变量，show()是成员方法。$this->表示调用本类中的成员变量或成员方法，后面会详细讲解。

另外，在定义类时，一对大括号之间的部分需要在一个<?php ?>标签中，不能分开书写。

5.2.2　创建对象

类是对象的抽象，对象是类的一个具体存在，即对象存在独特的属性和行为。在 PHP 中，创建对象可以使用 new 关键字，其语法格式如下：

```
$对象名 = new 类名([参数 1, 参数 2, ...]);
```

其中，$对象名是通过类所创建的一个对象的引用名称，new 表示创建一个对象，其后的类名表示创建的对象属于哪个类，参数列表用于初始化对象的成员变量。如果在创建对象时，未指定参数列表中的参数，则可以写成如下形式：

```
$对象名 = new 类名();
$对象名 = new 类名;
```

创建对象完成后，通过对象名就可以访问对象中的成员变量与成员方法，其语法格式如下：

```
$对象名->成员变量
$对象名->成员方法
```

接下来演示创建对象与访问对象成员，如例 5.2 所示。

【例 5.2】 创建对象与访问对象成员。

```php
1   <?php
2       // 定义一个 Student 类
3       class Student {
4           public $name;                // 成员变量
5           public $score;               // 成员变量
6           public function show() {     // 成员方法
7               echo $this->name.'同学的 PHP 成绩为'.$this->score;
8           }
9       }
10      $s1 = new Student();
11      $s1->name = '小千';
12      $s1->score = 100;
13      $s1->show();
14  ?>
```

运行结果如图 5.7 所示。

图 5.7　运行结果 1

在例 5.2 中，第 3~9 行定义一个 Student 类，第 10 行通过 new 关键字创建对象并赋值给$s1，第 11、12 行通过"$对象名->成员变量"访问对象的成员变量并赋值，第 13 行通过"$对象名->成员方法"访问对象的成员方法[即调用 show()方法]。

另外，在访问成员变量时，$对象名->或$this->后面是没有$符号的，初学者经常在此处和变量名混淆。

5.2.3　封装

封装是面向对象的三大特征之一，类的设计者将类设计成一个黑匣子，使用者只能通过类所提供的公共方法来实现对内部成员的访问和操作，而不能直接访问对象内部成员。类的封装可以隐藏类的实现细节，迫使用户只能通过方法去访问数据，这样就可以增强程序的安全性。

接下来演示未使用封装可能出现的问题，如例 5.3 所示。

【例 5.3】 未使用封装可能出现的问题。

```php
1   <?php
2     class Student {                    // 定义一个 Student 类
3         public $name;                  // 成员变量
4         public $score;                 // 成员变量
5         public function show() {       // 成员方法
6             echo $this->name.'同学的 PHP 成绩为'.$this->score;
7         }
8     }
9     $s1 = new Student();
10    $s1->name = '小千';
11    $s1->score = -68;
12    $s1->show();
13  ?>
```

运行结果如图 5.8 所示。

图 5.8　运行结果 2

在例 5.3 中，运行结果输出的成绩为-68。在程序中不会有任何问题，但在现实生活中明显是不合理的。为了避免这种不合理的情况，这就需要用到封装，即不让使用者在类外直接访问类的内部成员变量。

在定义类时，变量名前添加 private 关键字表示将类中的成员变量私有化，这样外界就不能随意访问，如例 5.4 所示。

【例 5.4】 private 关键字的用法。

```php
1   <?php
2     class Student {                    // 定义一个 Student 类
3         private $name;                 // 成员变量
4         private $score;                // 成员变量
```

```
5              public function setName($value) {
6                  $this->name = $value;
7              }
8              public function setScore($value) {
9                  if($value >= 0 && $value <= 100) {
10                     $this->score = $value;
11                 } else {
12                     echo '成绩非法<br>';
13                 }
14             }
15             public function getName() {
16                 return $this->name;
17             }
18             public function getScore() {
19                 return $this->score;
20             }
21             public function show() {
22                 echo $this->getName().'同学的 PHP 成绩为'.$this->getScore();
23             }
24         }
25     $s1 = new Student();
26     $s1->setName('小千');
27     $s1->setScore(-68);
28     $s1->show();
29  ?>
```

运行结果如图 5.9 所示。

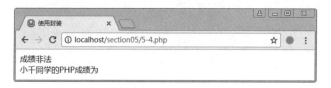

图 5.9　运行结果 3

在例 5.4 中，第 3、4 行使用 private 关键字将$name 和$score 设为私有成员变量，外界不可以访问；第 5～23 行为公有成员方法，外界可以访问。

通过例 5.4 的讲解可知，public、private 关键字可以用来限定类成员的访问权限。接下来学习三种访问权限修饰类成员的访问性，如表 5.1 所示。

表 5.1　三种访问权限修饰类成员的访问性

访问权限	**public**（公有）	**protected**（保护）	**private**（私有）
对本类	可访问	可访问	可访问
对外部	可访问	不可访问	不可访问
对子类	可访问	可访问	不可访问

虽然 PHP 中没有对修饰变量的访问权限做特殊规定，但出于对封装性的考虑，一般使用 private 或 protected 关键字来修饰成员变量，以防止成员变量在类外被随意修改。

如果成员变量的访问权限设置为 private，则只能在类中定义公有成员方法来设置或获取成员变量。如果一个类中有多个私有成员变量，则这种方法将会非常烦琐。为此，PHP 中预定义了__set()方法和__get()方法设置或获取私有成员变量，注意这两个方法都是被自动调用的。

接下来演示__set()方法和__get()方法的使用，如例 5.5 所示。

【例 5.5】 __set()方法和__get()方法的使用。

```php
1   <?php
2       class Student {                        // 定义一个 Student 类
3           private $name;                     // 成员变量
4           private $score;                    // 成员变量
5           // __set()方法用来设置私有成员变量
6           // 在直接设置私有成员变量时,自动调用该方法
7           public function __set($variable_name, $value) {
8               echo "自动调用__set()方法为私有成员变量赋值<br>";
9               if($variable_name == 'score') {
10                  if($value >= 0 && $value <= 100) {
11                      $this->$variable_name = $value;
12                  } else {
13                      echo '成绩非法<br>';
14                  }
15              } else {
16                  $this->$variable_name = $value;
17              }
18          }
19          // __get()方法用来获取私有成员变量
20          // 在直接获取私有成员变量时,自动调用该方法
21          public function __get($variable_name) {
22              echo "自动调用__get()方法获取私有成员变量<br>";
23              if(isset($this->$variable_name)) {
24                  return($this->$variable_name);
25              } else {
26                  return(NULL);
27              }
28          }
29      }
30      $s1 = new Student();
31      $s1->name = '小千';
32      $s1->score = 100;
33      echo "姓名: ".$s1->name."<br>";
34      echo "成绩: ".$s1->score."<br>";
35   ?>
```

运行结果如图 5.10 所示。

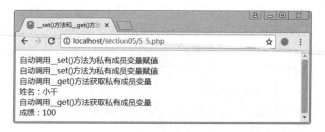

图 5.10   运行结果 4

在例 5.5 中，第 31、32 行直接为私有成员变量赋值，此时程序会自动调用 __set() 方法进行赋值；第 33、34 行直接获取私有成员的值，此时程序会自动调用 __get() 方法返回成员变量的值。此处需注意，如果上述代码不加 __get() 和 __set() 方法，程序就会出错，这是因为不能在类外部访问私有成员，但可以通过自动调用 __get() 和 __set() 方法来直接访问封装的私有成员。

5.2.4 $this 的使用

在创建对象成功后，可以通过"对象名->成员"这种方式来访问成员，但在定义类时，某个方法中需要访问类成员，就不能使用这种方式，因为无法得知对象名称，此时可以使用 $this，其语法格式如下：

```
$this->成员名称
```

其中，$this 代表当前对象，注意它只能在类的内部使用。

接下来演示 $this 的使用，如例 5.6 所示。

【例 5.6】 $this 的使用。

```php
1    <?php
2       class Student {                // 定义一个 Student 类
3          public $name;               // 成员变量
4          public $score;              // 成员变量
5          public function show() {    // 成员方法
6             echo $this->name.'同学的 PHP 成绩为'.$this->score.'<br>';
7          }
8          public function test() {    // 成员方法
9             if(isset($this)) {        // 判断 $this 是否存在
10               var_dump($this);
11               $this->show();
12            } else {
13               echo '未定义$this<br>';
14            }
15          }
```

```
16        }
17        $s1 = new Student();
18        $s1->name = '小千';
19        $s1->score = 100;
20        $s1->test();
21        $s2 = new Student();
22        $s2->name = '小锋';
23        $s2->score = 88;
24        $s2->test();
25    ?>
```

运行结果如图 5.11 所示。

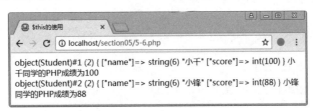

图 5.11　运行结果 5

在例 5.6 中，对象$s1、$s2 分别调用 test()方法，var_dump($this)输出的数据类型是对象，接着调用 show()方法输出语句。

5.3　构　造　方　法

当创建对象成功后，如果为这个对象的成员变量赋值，就需要访问该对象的成员变量。如果想要在创建对象时就为成员变量赋值，则可以通过调用构造方法来实现。构造方法是在创建对象时第一个被对象自动调用的方法，其语法格式如下：

```
[public] function __construct(参数列表) {
    // 对成员变量进行赋值
}
```

其中，方法名必须为__construct 并且该方法没有返回值。注意，在每个类中都有一个构造方法，如果在类中没有显式定义构造方法，则类中会默认存在一个没有参数列表且方法体为空的构造方法；如果在类中显式定义构造方法，则类中默认的构造方法将不存在。

接下来演示构造方法的用法，如例 5.7 所示。

【例 5.7】　构造方法的用法。

```
1    <?php
2        class Student {                    // 定义一个 Student 类
```

```
3          public $name;                    // 成员变量
4          public $score;                   // 成员变量
5          function __construct($name, $score = 0) { // 构造方法
6              echo '自动调用构造方法<br>';
7              $this->name = $name;
8              $this->score = $score;
9          }
10         public function show() {     // 成员方法
11             echo $this->name.'同学的 PHP 成绩为'.$this->score;
12         }
13     }
14     $s1 = new Student('小千', 100);
15     $s1->show();
16  ?>
```

运行结果如图 5.12 所示。

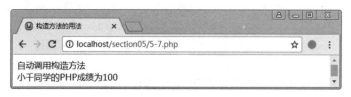

图 5.12　运行结果 6

在例 5.7 中，第 5～9 行定义了 Student 类的构造方法，用于初始化成员变量$name 和$score；第 14 行通过 new 关键字创建对象时，传入'小千'和 100 到构造方法中并自动调用构造方法为成员变量赋值。

5.4　析　构　方　法

析构方法是在对象销毁时被自动调用的，用于完成对象在销毁前的清理工作，其语法格式如下：

```
function __destruct() {
    // 清理操作
}
```

其中，方法名必须为__destruct。此处需特别注意，该方法不带任何参数并且没有返回值。

接下来演示析构方法的用法，如例 5.8 所示。

【例 5.8】 析构方法的用法。

```
1   <?php
2       class Student {                      // 定义一个 Student 类
```

```
3            public $name;                    // 成员变量
4            public $score;                   // 成员变量
5            function __construct($name, $score = 0) { // 构造方法
6                echo '自动调用构造方法<br>';
7                $this->name = $name;
8                $this->score = $score;
9            }
10           public function show() {     // 成员方法
11               echo $this->name.'同学的 PHP 成绩为'.$this->score.'<br>';
12           }
13           function __destruct() {
14               echo '自动调用析构方法';
15           }
16       }
17       $s1 = new Student('小千', 100);
18       $s1->show();
19   ?>
```

运行结果如图 5.13 所示。

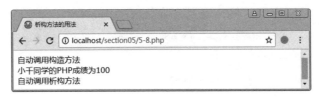

图 5.13 运行结果 7

在例 5.8 中，第 13～15 行定义了 Student 类的析构方法。在程序结束前，$s1 对象将会被销毁，此时便会自动调用析构方法。这里只需明白析构方法在何时被调用，一般情况下不需要手动定义析构方法。

5.5 类 常 量

类的内部除了可以定义成员变量外，还可以定义一个常量，其语法格式如下：

```
const 常量名 = 初值;
```

其中，const 为关键字，常量名前不需要添加$符号，并且在定义时必须进行赋初值操作。

接下来演示类常量的用法，如例 5.9 所示。

【例 5.9】 类常量的用法。

```
1    <?php
2        class Student {                          // 定义一个 Student 类
```

```
3           const SCHOOL = '好程序员特训营';          // 类常量
4           public $name;                              // 成员变量
5           public $score;                             // 成员变量
6           function __construct($name, $score = 0) { // 构造方法
7               $this->name = $name;
8               $this->score = $score;
9           }
10          public function show() {                   // 成员方法
11              echo '学校：'.Student::SCHOOL.'<br>';
12              echo '['.self::SCHOOL.']';
13              echo $this->name.'同学的 PHP 成绩为'.$this->score.'<br>';
14          }
15      }
16      echo Student::SCHOOL.'——顶级 IT 特训营！<br>';
17      $s1 = new Student('小千', 100);
18      $s1->show();
19  ?>
```

运行结果如图 5.14 所示。

图 5.14　运行结果 8

在例 5.9 中，第 3 行定义了一个类常量 SCHOOL，该常量属于类本身而不是某个对象。访问类常量可以使用作用域操作符::; 第 11 行使用"类名::类常量名"这种方式在类内访问类常量; 第 12 行使用"self::类常量名"这种方式在类内访问类常量; 第 16 行使用"类名::类常量名"这种方式在类外访问类常量。

5.6　静态成员

类的成员变量除了可以是普通变量外，还可以是静态变量，其语法格式如下：

```
[访问权限关键字] static 变量名 = 初值;
```

其中，static 关键字写在访问权限关键字之后。静态成员变量属于类本身而不是某个对象，其用法与静态变量的用法类似，如例 5.10 所示。

【例 5.10】 静态成员变量的使用。

```
1   <?php
```

```
2      class Student {                               // 定义一个 Student 类
3          public $name;                             // 成员变量
4          public $score;                            // 成员变量
5          public static $num = 0;                   // 静态成员变量
6          function __construct($name, $score = 0) { // 构造方法
7              Student::$num++;
8              echo '创建第'.self::$num.'名学生<br>';
9              $this->name = $name;
10             $this->score = $score;
11         }
12         public function show() {                  // 成员方法
13             echo $this->name.'同学的PHP成绩为'.$this->score.'<br>';
14         }
15     }
16     $s1 = new Student('小千', 100);
17     $s1->show();
18     $s2 = new Student('小锋', 88);
19     $s2->show();
20     echo '共创建了'.Student::$num.'名学生<br>';
21 ?>
```

运行结果如图 5.15 所示。

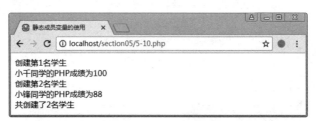

图 5.15　运行结果 9

在例 5.10 中，第 5 行定义了一个静态成员变量$num，该变量属于类本身而不是某个对象。访问静态成员变量可以使用作用域操作符::，第 7 行使用"类名::静态成员变量名"这种方式在类内访问静态成员变量；第 8 行使用"self::静态成员变量名"这种方式在类内访问静态成员变量；第 20 行使用"类名::静态成员变量名"这种方式在类外访问静态成员变量。

除了在没有创建对象的情况下可以访问静态成员变量外，还可以在没有创建对象的情况下访问成员方法，此时需要使用 static 关键字修饰该方法，其语法格式如下：

```
[访问权限关键字] static 方法名() {
    // 代码
}
```

静态方法中不能使用$this，因为$this 表示当前对象。静态方法属于类，因此静态方

法经常用于操作静态成员变量，如例 5.11 所示。

【例 5.11】 静态方法的用法。

```php
1   <?php
2     class Student {                          // 定义一个 Student 类
3        public $name;                          // 成员变量
4        public $score;                         // 成员变量
5        public static $num = 0;                // 静态成员变量
6        function __construct($name, $score = 0) { // 构造方法
7            Student::$num++;
8            $this->name = $name;
9            $this->score = $score;
10       }
11       public static function getNum() {     // 静态方法
12           return Student::$num;
13       }
14       public function show() {              // 成员方法
15           echo $this->name.'同学的 PHP 成绩为'.$this->score.'<br>';
16       }
17    }
18    echo '创建了'.Student::getNum().'名学生<br>';
19    $s1 = new Student('小千', 100);
20    $s1->show();
21    $s2 = new Student('小锋', 88);
22    $s2->show();
23    echo '创建了'.Student::getNum().'名学生<br>';
24  ?>
```

运行结果如图 5.16 所示。

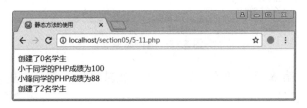

图 5.16   运行结果 10

在例 5.11 中，第 11～13 行定义了一个静态方法，该方法中返回静态成员变量 $num。第 18、23 行使用 "类名::静态方法名" 方式调用静态方法。

5.7   继   承

继承是面向对象的另一大特征，用于描述类的所属关系。另外，继承是在原有类的基础上扩展新的功能，实现了代码的复用。

5.7.1　继承的概念

现实生活中，继承是指下一代人继承上一代人遗留的财产，即实现财产重用。在面向对象程序设计中，继承实现代码重用，即在已有类的基础上定义新的类，新的类可以继承已有类的属性与行为，并扩展新的功能，而不需要把已有类的内容再写一遍。已有的类被称为父类或基类，新的类被称为子类或派生类。例如交通工具与火车就属于继承关系，火车拥有交通工具的一切特性，但同时又拥有自己独有的特性，如图 5.17 所示。

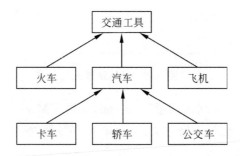

图 5.17　交通工具继承关系

在 PHP 中，子类继承父类的语法格式如下：

```
class 子类名 extends 父类名 {
    // 子类需添加的成员
}
```

其中，extends 关键字指明两个类之间的继承关系。子类继承了父类中的属性和方法，也可以添加新的属性和方法，如例 5.12 所示。

【例 5.12】　子类继承父类。

```php
1   <?php
2       class Person {                  // 定义一个 Person 类
3           protected $name;            // 成员变量
4           public function show() {    // 成员方法
5               echo '姓名: '.$this->name.'<br>';
6           }
7       }
8       class Student extends Person {  // 定义一个 Student 类
9           protected $score;           // 添加成员变量
10          function output() {         // 添加成员方法
11              $this->show();
12              echo '成绩: '.$this->score.'<br>';
13          }
14          function __construct($name, $score = 0) {
15              $this->name = $name;
```

```
16                 $this->score = $score;
17          }
18      }
19      $s1 = new Student('小千', 100);
20      $s1->output();
21  ?>
```

运行结果如图 5.18 所示。

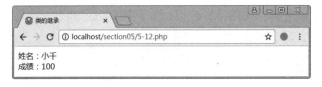

图 5.18   运行结果 11

在例 5.12 中，第 8 行 Student 类通过 extends 关键字继承了 Person 类，Student 类便是 Person 的子类。从程序运行结果可发现，Student 类虽然没有定义成员变量$name 和成员方法 show()，但却能访问这些成员，说明子类可以继承父类的成员。另外，在 Student 类里还定义了一个 output()方法，说明子类可以扩展父类功能。

5.7.2   子类重写父类方法

在继承关系中，有时从父类继承下来的方法不能完全满足子类需要，例如例 5.12 中，如果要求父类与子类中的 show()方法输出不同内容，这时就需要在子类的方法里修改父类的方法，即子类重新定义从父类中继承的成员方法，这个过程称为子类重写父类方法。

接下来演示子类重写父类方法，如例 5.13 所示。

【例 5.13】 子类重写父类方法。

```
1   <?php
2       class Person {                      // 定义一个 Person 类
3           protected $name;                // 成员变量
4           public function show() {        // 成员方法
5               echo '父类 show()方法<br>';
6               echo '姓名: '.$this->name.'<br>';
7           }
8       }
9       class Student extends Person {      // 定义一个 Student 类
10          protected $score;               // 添加成员变量
11          function show() {               // 添加成员方法
12              echo '子类 show()方法<br>';
13              echo '姓名: '.$this->name.'<br>';
14              echo '成绩: '.$this->score.'<br>';
15          }
```

```
16              function __construct($name, $score = 0) {
17                  $this->name = $name;
18                  $this->score = $score;
19              }
20          }
21      $s1 = new Student('小千', 100);
22      $s1->show();
23  ?>
```

运行结果如图 5.19 所示。

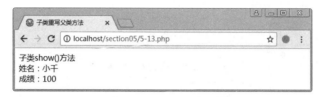

图 5.19 运行结果 12

在例 5.13 中，Student 类继承了 Person 类的 show()方法，但在子类 Student 中重新定义 show()方法，即对父类的 show()方法进行了重写。从程序运行结果可发现，在调用 Student 类对象的 show()方法时，只会调用子类重写的方法，并不会调用父类的 show() 方法。

如果子类中需要调用父类中被重写的方法，就需要使用 parent 关键字加作用域操作符，如例 5.14 所示。

【例 5.14】 parent 关键字的用法。

```
1   <?php
2       class Person {                      // 定义一个 Person 类
3           protected $name;                // 成员变量
4           public function show() {        // 成员方法
5               echo '父类 show()方法<br>';
6               echo '姓名：'.$this->name.'<br>';
7           }
8       }
9       class Student extends Person {  // 定义一个 Student 类
10          protected $score;               // 添加成员变量
11          function show() {               // 添加成员方法
12              echo '子类 show()方法<br>';
13              parent::show();             // 调用父类 show()方法
14              echo '成绩：'.$this->score.'<br>';
15          }
16          function __construct($name, $score = 0) {
17              $this->name = $name;
18              $this->score = $score;
```

```
19          }
20      }
21      $s1 = new Student('小千', 100);
22      $s1->show();
23  ?>
```

运行结果如图 5.20 所示。

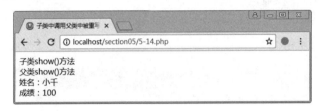

图 5.20　运行结果 13

在例 5.14 中，第 13 行在子类中通过 parent::show()调用了父类中的 show()方法。

虽然继承可以实现代码重用，但有时可能要求某个类不能被继承或某个类中的方法不被重写，这时就需要使用 final 关键字，它可以修饰类或类中的成员方法。

1．final 修饰类

使用 final 修饰的类将不能被继承，即不能派生子类，如例 5.15 所示。

【例 5.15】 final 修饰类。

```
1   <?php
2       final class Person {              // 定义一个 Person 类
3       }
4       class Student extends Person {   // 定义一个 Student 类
5       }
6       $s1 = new Student();
7   ?>
```

程序运行时会出错，如图 5.21 所示。

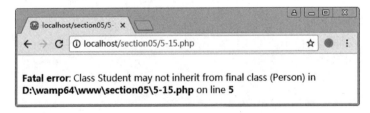

图 5.21　出错显示 1

在例 5.15 中，第 2 行使用 final 关键字修饰了 Person 类，第 4 行 Student 类继承 Person 类，程序运行时会出现以上错误提示。

2．final 修饰类中成员方法

使用 final 修饰类的成员方法将不能被该类的子类重写，如例 5.16 所示。

【例 5.16】　final 修饰类中成员方法。

```
1    <?php
2       class Person {                     // 定义一个 Person 类
3          final public function show() {
4          }
5       }
6       class Student extends Person {  // 定义一个 Student 类
7          final public function show() {
8          }
9       }
10      $s1 = new Student();
11   ?>
```

程序运行时会出错，如图 5.22 所示。

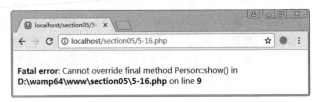

图 5.22　出错显示 2

在例 5.16 中，第 3 行使用 final 关键字修饰了 Person 类的 show()成员方法，第 7 行 Student 类中重写了 Person 类的 show()成员方法，程序运行时会出现以上错误提示。

5.8　抽象类与接口

5.8.1　抽象类

类中可以定义不含方法体的成员方法，该类的子类可以根据实际需求去实现方法体，这样的成员方法称为抽象方法。抽象方法使用 abstract 关键字修饰。包含抽象方法的类必须是抽象类，抽象类也使用 abstract 关键字修饰。

接下来演示抽象类与抽象方法的使用，如例 5.17 所示。

【例 5.17】　抽象类与抽象方法的使用。

```
1    <?php
2       abstract class Person {                  // Person 类为抽象类
3          abstract public function show();      // 抽象方法
```

```
4          }
5      class Student extends Person {          // 定义一个 Student 类
6          public function show() {            // 实现抽象方法
7              echo 'Student类';
8          }
9      }
10     $s1 = new Student();
11     $s1->show();
12 ?>
```

运行结果如图 5.23 所示。

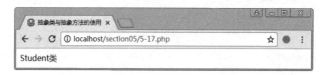

图 **5.23** 运行结果 **14**

在例 5.17 中，第 2 行定义一个抽象类 Person，第 3 行定义一个抽象方法 show()，第 6 行在子类中实现抽象方法，第 11 行 Student 类对象 s1 调用 show()方法。

此外需注意，抽象类不能被实例化，即不能使用 new 关键字创建抽象类对象。因为抽象类中包含抽象方法，抽象方法只有声明没有方法体，不能被调用。另外，如果子类只实现抽象父类中部分抽象方法，则子类必须要定义为抽象类。

5.8.2 接口

如果抽象类中所有的成员方法都是抽象的，则可以将这个类定义为接口，其语法格式如下：

```
interface 接口名 {
    // 成员常量
    // 抽象方法
}
```

其中，关键字 interface 用来定义接口。接口中的成员属性只能是使用 const 修饰的常量，不能是变量，而抽象类中可以定义成员变量。接口中所有的方法都是抽象方法，因此方法名前就不需要使用 abstract 关键字修饰了。

与抽象类相似，接口中也包含抽象方法。因此，接口不能直接被实例化，即不能使用 new 关键字创建接口对象。PHP 提供 implements 关键字用于实现接口，具体示例如下：

```
class 类名 implements 接口名 {
    // 实现接口中的抽象方法
}
```

接下来演示接口的使用，如例 5.18 所示。

【**例 5.18**】　接口的使用。

```php
1   <?php
2       interface UseEar {                        // UseEar 接口
3           public function listen();             // 抽象方法
4       }
5       class Student implements UseEar {         // 定义一个 Student 类
6           public function listen() {            // 实现抽象方法
7               echo '学生听教师讲课<br>';
8           }
9       }
10      class Teacher implements UseEar {         // 定义一个 Teacher 类
11          public function listen() {            // 实现抽象方法
12              echo '教师听学生回答<br>';
13          }
14      }
15      $s1 = new Student();
16      $s1->listen();
17      $t1 = new Teacher();
18      $t1->listen();
19  ?>
```

运行结果如图 5.24 所示。

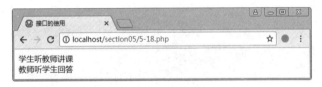

图 5.24　运行结果 15

在例 5.18 中，第 2～4 行定义一个接口，第 5～9 行定义一个类 Student 并实现 UseEar
接口，第 10～14 行定义一个类 Teacher 并实现 UseEar 接口。

PHP 中一个类只能有一个父类，但一个类可以有多个接口，如例 5.19 所示。

【**例 5.19**】　多个接口的实现。

```php
1   <?php
2       interface UseEar {                                // UseEar 接口
3           public function listen();                     // 抽象方法
4       }
5       interface UseEye {                                // UseEye 接口
6           public function see();                        // 抽象方法
7       }
8       class Student implements UseEar, UseEye {         // 定义一个 Student 类
```

```
9          public function listen() {                    // 实现抽象方法
10             echo '实现 UseEar 接口中的 listen()方法<br>';
11          }
12          public function see() {                       // 实现抽象方法
13             echo '实现 UseEye 接口中的 see()方法<br>';
14          }
15      }
16      $s1 = new Student();
17      $s1->listen();
18      $s1->see();
19  ?>
```

运行结果如图 5.25 所示。

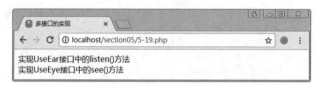

图 5.25　运行结果 16

在例 5.19 中，第 2～4 行定义一个接口 UseEar，第 5～7 行定义一个接口 UseEye，第 8～15 行定义一个类 Student 并实现 UseEar 接口与 UseEye 接口。

另外，一个类在实现某个接口时，还需要继承另外一个类，则可以使用如下语法格式：

```
class 子类名  extends 父类名 implements 接口列表 {
        // 实现接口中的抽象方法
}
```

上述代码中，先使用 extends 关键字继承一个类，再使用 implements 关键字列出需要实现的接口。

5.9　多　　态

多态是指同一操作作用于不同的对象，可以有不同的解释，即产生不同的执行结果。在程序中，多态是指把类中具有相似功能的不同方法使用同一个方法名实现，从而可以使用相同的方式来调用这些具有不同功能的同名方法。

接下来演示多态的实现，如例 5.20 所示。

【例 5.20】 多态的实现。

```
1   <?php
2       abstract class Person {                          // 基类
```

```
3          abstract public function show();        // 抽象方法
4      }
5      class Student extends Person {              // 派生类 Student
6          public function show() {                // 实现抽象方法
7              echo '学生<br>';
8          }
9      }
10     class Teacher extends Person {              // 派生类 Teacher
11         public function show() {                // 实现抽象方法
12             echo '教师<br>';
13         }
14     }
15     function show($obj) {
16         if($obj instanceof Person) {
17             $obj->show();
18         } else {
19             echo '参数不是对象<br>';
20         }
21     }
22     $s1 = new Student();
23     $t1 = new Teacher();
24     show($s1);
25     show($t1);
26 ?>
```

运行结果如图 5.26 所示。

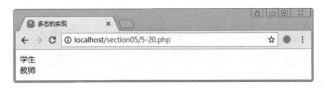

图 5.26 运行结果 17

在例 5.20 中，第 24、25 行分别调用相同的 show()函数，但 show()会根据传入的对象选择调用不同的成员方法，这就是多态。

5.10 魔 术 方 法

PHP 中存在许多以两个下画线开头的方法，如＿＿set()、＿＿get()、＿＿construct()等。这些方法称为魔术方法，它们的共同点是被自动调用。PHP 中提供了多个魔术方法，接下来介绍几个常见的魔术方法。

5.10.1 _ _toString()

通过前面的学习，如果程序直接使用 echo 输出一个对象，则会出现错误。如果在类中添加了_ _toString()方法，则程序输出对象时就不会产生错误。_ _toString()方法可以将对象转化为字符串，在输出一个对象时被自动调用。

接下来演示_ _toString()方法的使用，如例 5.21 所示。

【例 5.21】 _ _toString()方法的使用。

```php
1   <?php
2     class Student {                          // 定义一个 Student 类
3         protected $name;                     // 成员变量
4         protected $score;                    // 成员变量
5         function __construct($name, $score = 0) {   // 构造方法
6             $this->name = $name;
7             $this->score = $score;
8         }
9         public function __toString() {
10            return "{$this->name}同学的 PHP 成绩为{$this->score}";
11        }
12    }
13    $s1 = new Student('小千', 100);
14    echo $s1;
15  ?>
```

运行结果如图 5.27 所示。

图 5.27 运行结果 18

在例 5.21 中，第 9～11 行定义_ _toString()方法，第 14 行通过 echo 语句输出$s1 对象。

5.10.2 _ _call()

如果通过对象调用未定义的成员方法时，程序会报错并退出；如果在类中添加_ _call()方法，则程序会自动调用_ _call()方法并继续往下执行。

接下来演示_ _call()方法的使用，如例 5.22 所示。

【例 5.22】 _ _call()方法的使用。

```php
1   <?php
2       class Student {                                      // 定义一个 Student 类
3           protected $name;                                  // 成员变量
4           protected $score;                                 // 成员变量
5           function __construct($name, $score = 0) {   // 构造方法
6               $this->name = $name;
7               $this->score = $score;
8           }
9           public function __call($funcName, $args) {
10              echo '函数: '.$funcName.'(';
11              print_r($args);
12              echo ')不存在! <br>';
13          }
14          public function show() {
15              echo "{$this->name}同学的 PHP 成绩为{$this->score}";
16          }
17      }
18      $s1 = new Student('小千', 100);
19      $s1->func('小千', 100);
20      $s1->show();
21  ?>
```

运行结果如图 5.28 所示。

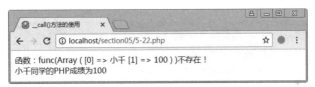

图 5.28　运行结果 19

在例 5.22 中，第 9～13 行定义__call()方法，该方法有两个参数：第一个参数表示未定义方法的名称；第二个参数表示未定义方法的参数列表，它以数组的形式存储。第 19 行通过对象调用未定义的 func()方法，此时程序会自动调用__call()方法，func()传递给参数$funcName，func()方法后的参数列表以数组形式传递给$args。

5.10.3　__autoload()

前面讲解类的定义与创建对象都是在同一个.php 文件中，在实际开发中，每个类的定义都单独存放于一个.php 文件。当使用一个未定义的类时，PHP 会提示一个致命错误，这时可以用 require 包含一个类所在的源文件。例如，在当前目录下，指定类定义文件名为 Student.class.php，文件内容如下：

```php
<?php
```

```
    class Student {                      // 定义一个 Student 类
        protected $name;                 // 成员变量
        protected $score;                // 成员变量
        function __construct($name, $score = 0) { // 构造方法
            $this->name = $name;
            $this->score = $score;
        }
        public function show() {         // 成员方法
            echo $this->name.'同学的 PHP 成绩为'.$this->score;
        }
    }
?>
```

此处对于类定义文件的命名，建议使用"类名.class.php"这种形式。

接下来演示 require 包含文件的用法，如例 5.23 所示。

【例 5.23】 require 包含文件的用法。

```
1   <?php
2       require 'Student.class.php';
3       $s1 = new Student('小千', 100);
4       $s1->show();
5   ?>
```

运行结果如图 5.29 所示。

图 5.29 运行结果 20

在例 5.23 中，第 2 行通过 require 关键字将类定义文件 Student.class.php 包含在文件 5-23.php 中，因此程序可以正常运行，如果将此行注释，则会出现致命错误。

当项目中存在大量的类定义文件时，则将会产生大量的 require 调用，如果不小心漏掉某个类定义文件，PHP 就会报告一个致命错误。为此，PHP 提供了类的自动加载功能，当使用一个未定义类时，它会寻找__autoload()函数，如果该函数存在，则自动调用。这样，PHP 在报告错误之前可以通过__autoload()函数来包含所需的类定义文件。

类定义文件还是上例中的 Student.class.php 文件，接下来演示__autoload()函数的用法，如例 5.24 所示。

【例 5.24】 __autoload()函数的用法。

```
1   <?php
2       function __autoload($className) {
3           require $className.'.class.php';
```

```
4        }
5    $s1 = new Student('小千', 100);
6    $s1->show();
7  ?>
```

运行结果如图 5.30 所示。

图 5.30　运行结果 21

在例 5.24 中，第 2～4 行通过定义＿＿autoload()函数来包含类定义文件。＿＿autoload()是一个全局函数，只是提供了一次机会（将类定义文件包含进去），具体的文件包含代码还需用户编写。

5.10.4　＿＿clone()

创建对象时，有时需要建立对象的副本，这样改变原来的对象将不会影响到副本。在 PHP 中，clone 关键字用来复制对象产生一个副本，如例 5.25 所示。

【**例 5.25**】　clone 关键字的用法。

```
1    <?php
2      class Student {                  // 定义一个 Student 类
3          protected $name;             // 成员变量
4          protected $score;            // 成员变量
5          function __construct($name, $score = 0) { // 构造方法
6              $this->name = $name;
7              $this->score = $score;
8          }
9          public function show() {     // 成员方法
10             echo "{$this->name}同学的 PHP 成绩为{$this->score}<br>";
11         }
12     }
13     $s1 = new Student('小千', 100);
14     $s2 = clone $s1;
15     $s1->show();
16     $s2->show();
17  ?>
```

运行结果如图 5.31 所示。

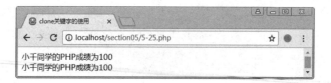

图 5.31　运行结果 22

在例 5.25 中，第 14 行通过关键字 clone 复制对象创建一个副本赋值给$s2，复制出来的副本与原对象完全独立。

如果在复制时需要重新为副本对象的成员变量赋初值，则在类中定义一个_ _clone()方法即可，如例 5.26 所示。

【例 5.26】　_ _clone()方法的使用。

```php
1   <?php
2       class Student {                    // 定义一个 Student 类
3           protected $name;               // 成员变量
4           protected $score;              // 成员变量
5           function __construct($name, $score = 0) { // 构造方法
6               $this->name = $name;
7               $this->score = $score;
8           }
9           public function show() {    // 成员方法
10              echo "{$this->name}同学的 PHP 成绩为{$this->score}<br>";
11          }
12          public function __clone() {
13              echo '调用__clone()方法<br>';
14              $this->score = 0;
15          }
16      }
17      $s1 = new Student('小千', 100);
18      $s2 = clone $s1;
19      $s1->show();
20      $s2->show();
21  ?>
```

运行结果如图 5.32 所示。

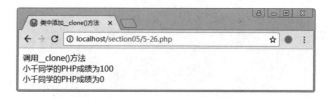

图 5.32　运行结果 23

在例 5.26 中，第 12～15 行在类中定义_ _clone()方法，其中$this 是副本对象的引用。

从程序运行结果可看出，副本对象中成员$score 的值为 0。

5.11　设　计　模　式

设计模式描述了软件设计过程中经常碰到的问题及解决方案，是面向对象设计经验的总结和理论化抽象。通过设计模式，开发者可以无数次地重用已有的解决方案，无须再重复相同的工作。本节将简单介绍单例模式与工厂模式。

5.11.1　单例模式

单例模式是指一个类在程序运行期间有且仅有一个实例，并且自行实例化向整个系统提供这个实例，例如 Windows 操作系统只提供一个任务管理器。单例模式的一个重要特征是类的构造方法是私有的，从而避免了外部利用构造方法直接创建多个实例。

接下来演示单例模式的实现，如例 5.27 所示。

【例 5.27】　单例模式的实现。

```php
1   <?php
2     class Db {                                    // 定义一个 Db 类
3         private static $obj = null;               // 私有静态成员变量
4         // 私有构造方法,只能在类中创建对象
5         private function __construct() {
6             // 连接数据库操作
7             echo '成功连接数据库!<br>';
8         }
9         // 静态方法,只有通过该方法才能返回本类对象
10        public static function getInstance() {
11            if(self::$obj == null) {
12                self::$obj = new self();           // 实例化本类对象
13            }
14            return self::$obj;                     // 返回本类对象
15        }
16        // 阻止用户复制对象创建副本
17        private function __clone() {
18        }
19    }
20    $db1 = Db::getInstance();
21    $db2 = Db::getInstance();
22    if($db1 == $db2) {
23        echo '$db1 与$db2 是同一对象<br>';
24    } else {
25        echo '$db1 与$db2 不是同一对象<br>';
```

```
26        }
27    ?>
```

运行结果如图 5.33 所示。

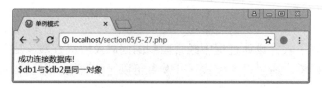

图 5.33　运行结果 24

从程序运行结果可发现，$db1 与 $db2 相等，说明它们都引用同一对象。获取 Db 类的对象只能通过 getInstance()方法，而且该方法返回的是同一对象。

通过上面的代码，可以总结出单例模式有三个特点，具体如下：

- 单例模式的类只提供私有的构造方法。
- 类定义中含有一个该类的静态私有对象。
- 提供一个静态公有方法用于创建或获取它本身的静态私有对象。

5.11.2　工厂模式

工厂模式主要用来实例化有共同接口的类，可以动态决定应该实例化哪一个类，而不必事先知道每次要实例化哪一个类。

接下来演示工厂模式的实现，如例 5.28 所示。

【例 5.28】 工厂模式的实现。

```php
1    <?php
2        interface connect {
3            public function operate();
4        }
5        class MySQL implements connect {
6            public function operate() {
7                echo '操作 MySQL<br>';
8            }
9        }
10       class SQLite implements connect {
11           public function operate() {
12               echo '操作 SQLite<br>';
13           }
14       }
15       class Db {
16           public static function factory($type) {
17               if($type == 'MySQL') {
18                   return new $type();
```

```
19                } else if($type == 'SQLite') {
20                    return new $type();
21                } else {
22                    echo 'Error!<br>';
23                }
24            }
25        }
26        $mysql = Db::factory('MySQL');
27        $mysql->operate();
28        $sqlite = Db::factory('SQLite');
29        $sqlite->operate();
30    ?>
```

运行结果如图 5.34 所示。

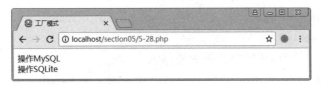

图 5.34 运行结果 25

在例 5.28 中，第 16～24 行 Db 类中定义了一个静态方法 factory()。该方法的参数为类名，可以根据类名创建相应的对象，因此称为工厂方法。

5.12 本章小结

本章主要介绍了 PHP 的面向对象，包括类与对象、面向对象的三大特性、设计模式等。通过本章的学习，大家需了解面向对象的概念，重点掌握类的定义与对象的创建，理解抽象类与接口，最终应达到独自设计类并编写高效代码的水平。

5.13 习 题

1. 填空题

（1）对象是对事物的抽象，而_____是对对象的抽象和归纳。

（2）PHP 使用_____关键字来创建类的实例对象。

（3）_____代表当前对象本身。

（4）PHP 使用_____关键字定义抽象类。

（5）PHP 使用_____关键字定义接口。

2. 选择题

（1）类的定义必须包含在（　　）符号之间。

  A．小括号()
       B．双引号""

  C．大括号{}
       D．中括号[]

（2）在下列选项中，（　　）关键字可以实现类的继承。

  A．extends
       B．implements

  C．interface
       D．clone

（3）下列选项中，（　　）属于构造方法名。

  A．_ _destruct
      B．_ _construct

  C．_ _call
       D．_ _clone

（4）下列选项中，表示成员只能被本类访问的修饰符是（　　）。

  A．public
       B．protected

  C．private
       D．final

（5）使用（　　）修饰的类将不能被继承。

  A．public
       B．protected

  C．private
       D．final

3. 思考题

（1）简述面向对象的三大特征。

（2）简述抽象类与接口的区别。

4. 编程题

扫描查看习题答案

设计一个用户类 User，类中的变量有用户名、密码和记录用户数量的变量，定义类的构造方法、获取和设置密码的方法和显示用户信息的方法。

第 6 章

错误与异常处理

本章学习目标

- 了解错误的类型与级别;
- 掌握自定义错误处理;
- 了解异常处理的概念;
- 掌握异常的处理;
- 了解常用的调试方法。

在大型程序开发中,程序由于某种原因而产生错误或异常是非常常见的,如何避免、调试、修复错误以及对程序可能发生的异常及时处理是一个程序员必备的能力。PHP 提供了良好的错误提示及异常处理,这对程序的维护带来很大的便利。

6.1 错 误 处 理

初学者在编程时,经常会遇到各种错误,这时就需要根据不同的错误类型进行处理,正确的错误处理方法可以提高开发效率。

6.1.1 错误类型

错误是指在开发阶段中由一些失误引起的程序问题。根据其出现在编程过程中的不同环节,大致可以分为三类,具体如下所示。

1. 语法错误

语法错误是指编写的程序中出现了不符合 PHP 语法规范的代码,例如,关键字拼写出现错误,这时执行 PHP 脚本,就会显示错误信息。这类错误通常发生在程序编写时,可以通过错误报告进行修复。

2. 逻辑错误

逻辑错误是指在程序中使用的逻辑与实际需要的逻辑不符,例如,在 if 语句中判断两个变量是否恒等,如果把运算符===写成==就会出现逻辑错误。这种错误有时不容易被发现，因为它不会阻止 PHP 脚本的执行，也不会显示错误信息。

3．运行错误

运行错误是指 PHP 本身以外的因素所造成的错误，例如，操作文件时没有相应的权限。运行错误与程序代码无关。

6.1.2　错误级别

PHP 中每个错误都有一个错误级别与之对应，如表 6.1 所示。

表 6.1　错误级别

级　　别	说　　明
E_ALL	所有错误和警告信息
E_ERROR	致命的运行时错误（它会阻止脚本运行）
E_WARNING	运行时警告（非致命的错误）
E_PARSE	编译时语法解析错误
E_NOTICE	运行时通知，表示脚本遇到可能会表现为错误的情况
E_STRICT	启用 PHP 对代码的修改建议
E_CORE_ERROR	PHP 初始启动期间发生的致命错误
E_CORE_WARNING	PHP 初始启动期间出现的警告（非致命的错误）
E_COMPILE_ERROR	编译时致命错误
E_COMPILE_WARNING	编译时警告（非致命错误）
E_USER_ERROR	用户产生的错误信息
E_USER_WARNING	用户产生的警告信息
E_USER_NOTICE	用户产生的通知信息

在表 6.1 中，每个错误级别常量都是一个整数，此处并没有列出其值，使用时可以通过按位运算符来组合这些常量，用来表示某些类型的错误。

6.1.3　显示错误报告

用户在开发程序时，有时希望可以控制是否显示错误以及显示错误的级别。为此，PHP 提供了两种方法来显示错误报告，如下所示。

1．修改配置文件

在配置文件 php.ini（注意 WampServer 集成开发环境中需要修改 D:\wamp64\bin\apache\apache2.4.27\bin\php.ini 文件）中修改配置指令 error_reporting 的值，修改完成后重新启动 Web 服务器，具体示例如下：

```
error_reporting(E_All & ~E_NOTICE);
display_errors=on;
```

其中，第 1 行 error_reporting 用于设置错误级别，E_All & ～E_NOTICE 表示显示除 E_NOTICE 外的所有级别的错误，即显示任何非通知的错误；第 2 行用于设置是否显示错误报告，on 表示显示，off 表示不显示。

2．ini_set()和 error_reporting()函数

显示报告还可以通过在 PHP 脚本中使用 ini_set()和 error_reporting()函数来实现。ini_set()函数可以为一个配置选项设置值，其语法格式如下：

```
string ini_set(string $varname, string $newvalue)
```

注意，这个选项会在脚本运行时保持新的值，并在脚本结束时恢复。

error_reporting()函数用于确定 PHP 应该在特定的页面内报告哪些类型的错误，其语法格式如下：

```
int error_reporting([int $level])
```

该函数能够在运行时设置 error_reporting 指令，$level 表示报告错误级别。

接下来演示通过这两个函数实现显示错误报告，如例 6.1 所示。

【**例 6.1**】　ini_set()和 error_reporting()函数实现显示错误报告。

```
1    <?php
2        ini_set('display_errors', 1);
3        error_reporting(E_ALL);
4        echo $name;
5        echo '---end---';
6    ?>
```

运行结果如图 6.1 所示。

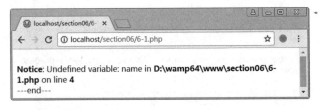

图 6.1　运行结果 1

在例 6.1 中，第 2 行通过 ini_set()函数开启 php.ini 中的 display_errors 指令，第 3 行通过 error_reporting()函数设置在脚本中输出所有级别的错误报告。

如果不希望在例 6.1 的输出结果中出现通知型报告，可以修改例 6.1 中第 3 行代码，具体如下所示：

```
error_reporting(E_ALL & ～E_NOTICE);
```

代码修改完成后，重新运行 6-1.php，得到的运行结果如图 6.2 所示。

图 6.2 运行结果 2

另外，用户可以根据不同的需求自定义错误类型。trigger_error()函数可以触发错误，其语法格式如下：

```
bool trigger_error(string $error_msg[, int $error_type = E_USER_NOTICE])
```

其中，$error_msg 指定错误信息内容；$error_type 指定错误类别，仅 E_USER 系列常量对其有效，默认值是 E_USER_NOTICE。如果函数指定了错误的 error_type，返回 false，否则返回 true。

接下来演示 trigger_error()函数的使用，如例 6.2 所示。

【例 6.2】 trigger_error()函数的使用。

```
1    <?php
2        ini_set('display_errors', 1);
3        trigger_error('Undefined variable');
4        trigger_error('Missing argument 1 for show()', E_USER_WARNING);
5        trigger_error('Call to undefined function showName()', E_USER_
    ERROR);
6    ?>
```

运行结果如图 6.3 所示。

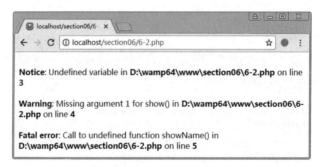

图 6.3 运行结果 3

在例 6.2 中，第 3 行触发一个 E_USER_NOTICE 级别的错误，第 4 行触发一个 E_USER_WARNING 级别的错误，第 5 行触发一个 E_USER_ERROR 级别的错误。

此外，die 语句可以用来自定义输出错误信息，等同于 exit 语句。exit 语句的语法格式如下：

```
void exit([string $status])
void exit(int $status)
```

该语句执行后会退出当前脚本。如果$status 是一个字符串，该语句在退出之前会打印 $status；如果$status 是一个整数，该值会作为退出状态码，并且不会被打印输出。

接下来演示 exit 语句的使用，如例 6.3 所示。

【例 6.3】　exit 语句的使用。

```
1    <?php
2        $num = 1.23;
3        is_int($num) or exit('$num 不是整型数据');
4        echo $num;
5        exit(0);
6    ?>
```

运行结果如图 6.4 所示。

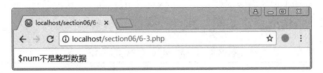

图 6.4　运行结果 4

在例 6.3 中，第 3 行通过 or 运算符先执行 is_int()函数，其结果为假，接着执行 exit 语句。如果 is_int()函数的执行结果为真，则程序直接执行第 4 行代码，不会执行 or 后的 exit 语句。

6.1.4　记录错误日志

不管是何种类型的错误，默认情况下，PHP 都会给出提示信息。在实际 Web 环境中，浏览器将这些信息显示出来，一方面造成极差的用户体验；另一方面会给服务器带来安全隐患，例如错误信息一般包含文件路径信息，黑客据此可以发起攻击。为了解决这一问题，开发者可以在单独的文本文件中将错误报告作为日志记录。在 PHP 中可以通过两种方式记录错误日志，具体如下所示。

1. 修改配置文件

在 PHP 配置文件 php.ini 中，用户可以设置记录错误日志的相关信息，具体如下所示：

```
error_reporting = E_ALL
display_errors = Off
log_errors = On
error_log = "D:/wamp64/logs/php_error.log"
```

其中，error_reporting 用于设置显示错误级别，E_ALL 表示显示所有错误报告；display_errors 用于设置是否显示错误报告，Off 表示不显示；log_errors 用于设置是否记录日志，On 表示记录；error_log 用于指定产生的错误报告写入日志文件的位置，D:/wamp64/logs/php_error.log 表示日志文件路径。

配置文件 php.ini 按上述方式配置完成后，重新启动 Web 服务器，当执行 PHP 脚本文件时，产生的错误报告都不会显示在浏览器中，而是记录在 D:/wamp64/logs/php_error.log 文件中。

2. error_log()函数

error_log()函数也可以记录错误日志，其语法格式如下：

```
bool error_log(string $message[, int $message_type = 0[, string
$destination[, string $extra_headers]]])
```

该函数表示发送错误信息到某个地方，$message 表示需要记录的错误信息，$message_type 设置错误应该发送到何处，其取值如表 6.2 所示。

表 6.2 $message_type 的取值

取　　值	说　　　　明
0	$message 发送到操作系统日志或文件，取决于 error_log 指令设置的值
1	$message 发送到$destination 设置的邮件地址，$extra_headers 只有在此处会用到
2	不再是一个选项
3	$message 被发送到位置为$destination 的文件里
4	直接发送到 SAPI 的日志处理程序中

error_log()函数的用法如下所示：

```
error_log('MySQL 数据无法连接', 0);
error_log('存储不足', 1, 'xiaoqian@1000phone.com');
error_log('打开文件失败', 3, './error.log');
```

其中，第 1 行代码表示将错误信息发送到操作系统日志或文件中，第 2 行表示将错误信息发送到 xiaoqian@1000phone.com（注意默认条件下是不能发送成功的，需要配置邮件服务器信息），第 3 行表示将错误信息发送到当前目录下 error.log 文件中。

6.1.5 自定义错误处理

前面学习的错误处理都是由标准 PHP 处理函数完成，有时为了更好地处理错误，用户需要自定义错误处理方式。set_error_handler()函数用于设置一个用户定义的错误处理函数，其语法格式如下：

```
mixed set_error_handler(callable $error_handler[, int $error_types =
E_ALL | E_STRICT ])
```

其中，$error_handler()是一个回调函数（发生错误时运行的函数），$error_types 用于指定错误级别类型。

另外，$error\_handler()$函数的参数必须符合如下格式：

```
error_handler(int $errno, string $errstr[, string $errfile[, int
$errline[, array $errcontext ]]])
```

函数的每个参数含义如表 6.3 所示。

表 6.3　$handler()函数的参数含义

参　　数	说　　明
$errno	错误的级别
$errstr	错误的信息
$errfile	发生错误的文件名
$errline	错误发生的行号
$errcontext	错误触发处作用域内所有变量的数组

接下来演示自定义错误处理，如例 6.4 所示。

【例 6.4】　自定义错误处理。

```
1   <?php
2       function error_handler($errno, $errstr, $errfile, $errline) {
3           switch($errno) {
4               case E_NOTICE:
5               case E_USER_NOTICE:
6                   $error_type = 'Notice';
7                   break;
8               case E_WARNING:
9               case E_USER_WARNING:
10                  $error_type = 'Warning';
11                  break;
12              case E_USER_ERROR:
13                  $error_type = 'Fatal Error';
14                  break;
15              default:
16                  $error_type = 'Unknown';
17                  break;
18          }
19          echo "<font color = '#FF0000'<b>{$error_type}<b></font>:";
20          echo "{$errstr} in <b>{$errfile}<b> on line<b>{$errline}
            <b><br>";
21      }
22      set_error_handler('error_handler');
23      echo $name;
24      echo 5/0;
25      trigger_error('触发一个错误', E_USER_ERROR);
26  ?>
```

运行结果如图 6.5 所示。

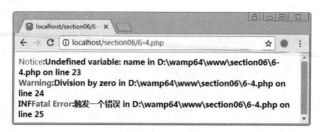

图 6.5　运行结果 5

在例 6.4 中，第 2～21 行定义 error_handler()函数，它将作为 set_error_handler()函数的第一个参数进行回调。在使用 set_error_handler()函数后，系统默认的错误处理将会失效，即错误将会交给用户自定义的函数进行处理。

注意，以下级别的错误不能由用户定义的函数来处理：E_ERROR、E_PARSE、E_CORE_ERROR、E_CORE_WARNING、E_COMPILE_ERROR、E_COMPILE_WARNING，它们仍然是由系统默认的错误机制来处理。

6.2　异常处理

在实际的程序运行中，有可能存在一些不可预知的错误，例如文件没有访问权限、网络连接中断等。虽然这些错误可以采用前面所讲的错误处理解决，但 PHP 提供了一种更好的处理方法，即异常处理。

6.2.1　异常处理的概念

异常处理是对产生未知错误所采取的处理措施，它将错误处理的控制流从正常运行的控制流中分离开。异常处理使编程者不用再绞尽脑汁去考虑各种错误，为处理某一类错误提供了一个很有效的方法，使编程效率大大提高。

异常处理可以实现一种另类的条件选择语句，其语法格式如下：

```
try {                      // 检测异常
    ...
    throw 异常对象;          // 抛出异常
    ...
} catch(Exception $e) {    // 处理异常
    // 异常处理语句
}
```

其中，try 语句块中为可能出现异常的代码，当有异常发生时，可以通过 throw 语句抛出一个异常对象，catch 语句块可以捕获异常并进行处理。如果在 try 语句块中有异常对象被抛出，则该语句块不会再继续往下执行，而是直接跳转到 catch 处捕获异常。这个过程类似于棒球比赛中投手抛出球，球被捕手捕获，如图 6.6 所示。

图 6.6 棒球比赛类比异常捕获

由于这种异常处理机制使得异常的抛出与处理不在同一个模块中，因此引发异常模块可以着重解决具体问题，而不必过多地考虑对异常的处理。异常处理模块可以在适当的位置设计对异常的处理，这在大型程序中是非常有必要的。

catch 后面括号中的 Exception 为异常类，用于描述异常信息，其定义如下所示：

```
Exception {
    // 成员属性
    protected string $message;   // 异常信息内容
    protected int $code;         // 异常代码
    protected string $file;      // 抛出异常的文件名
    protected int $line;         // 抛出异常在该文件中的行号
    // 成员方法
    public __construct([string $message = ""
        [, int $code = 0[, Exception $previous = NULL]]]);  // 构造函数
    final public string getMessage(void);        // 获取异常信息内容
    final public Exception getPrevious(void);     // 返回异常链中的前一个异常
    final public int getCode(void);               // 获取异常代码
    final public string getFile(void);            // 获取发生异常的程序文件名称
    final public int getLine(void);               // 获取发生异常代码的行号
    final public array getTrace(void);            // 获取异常追踪信息
    final public string getTraceAsString(void);
                                                  // 获取字符串类型的异常追踪信息
    public string __toString(void);               // 将异常对象转换为字符串
    final private void __clone(void);             // 异常克隆
}
```

Exception 是所有异常的基类，其成员属性与成员方法都是用来记录和获取程序中的异常信息。

6.2.2 异常处理实现

异常处理可以通过 try-catch 语句实现，使用时需注意以下几点：

- 如果 try 语句块未抛出任何异常，try 语句块将运行完毕，catch 语句块内容不会被执行。
- 如果 try 语句块抛出了异常，程序会立刻在 catch 语句块中寻找可以捕获该异常的 catch 语句块，并运行相应的 catch 语句块代码，然后跳出 try-catch 语句块继续运行。
- 如果 try 语句块中的异常不能被 catch 语句块捕获，异常将会向上层（如果有）抛出，或者程序终止运行。
- 在 catch 语句块中，异常类型后面跟的是一个变量，这个变量将指向被捕获的异常实例对象。

当从一个数组中取值，未使用异常处理时，如果访问数组越界，PHP 只会报告一个通知错误，用户无法对这个错误做任何处理，如例 6.5 所示。

【例 6.5】　访问数组越界且未使用异常处理。

```
1    <?php
2        $arr = array(1, 2, 3, 4);
3        $key = 8;
4        $value = $arr[$key];
5        print_r($value);
6    ?>
```

运行结果如图 6.7 所示。

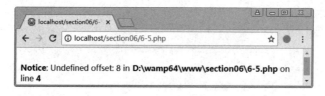

图 6.7　运行结果 6

在例 6.5 中，第 4 行取数组键为 8 的元素值，此处超出数组键的取值范围，PHP 报告一个通知型错误。

如果对例 6.5 中情况做异常处理，则程序可以很方便地处理这种情形，如例 6.6 所示。

【例 6.6】　访问数组越界且使用异常处理。

```
1    <?php
2        $arr = array(1, 2, 3, 4);
3        $key = 8;
4        try {
5            if($key > count($arr) - 1) {
6                throw new Exception('超出数组范围');
7            }
8            $value = $arr[$key];
```

```
9        } catch(Exception $e) {
10           echo '在文件'.$e->getFile().'抛出异常: ';
11           echo $e->getMessage();
12           echo '<br>';
13           $value = 0;
14       }
15       print_r($value);
16   ?>
```

运行结果如图 6.8 所示。

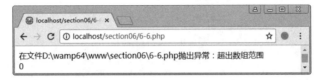

图 6.8　运行结果 7

在例 6.6 中，第 4～9 行 try 语句块中为可能发生异常的代码，第 6 行使用 throw 关键字抛出一个异常，第 9～14 行为处理异常。如果没有发生异常，程序执行第 8 行代码；如果发生异常，程序立即跳转到第 9 行代码执行 catch 语句块。

6.2.3　自定义异常

虽然 PHP 内置的异常类 Exception 可以记录和获取程序中的异常，但有时用户希望针对特定类型的异常采用自定义的异常类来处理。注意，自定义的异常类必须继承自 Exception 类或者其子类。

接下来演示自定义异常类的用法，如例 6.7 所示。

【例 6.7】 自定义异常类的用法。

```
1    <?php
2        class MyException extends Exception {
3            public function showMessage() {
4                echo '在文件'.$this->getFile();
5                echo '第'.$this->getLine().'行: ';
6                echo $this->getMessage();
7                echo '是一个不合法的地址';
8                echo '<br>';
9            }
10       }
11       $url1 = 'www.qfedu.com';
12       try {
13           if(!filter_var($url1, FILTER_VALIDATE_URL)) {
14               throw new MyException($url1);
```

```
15              }
16          } catch(MyException $e) {
17              $e->showMessage();
18          }
19      ?>
```

运行结果如图 6.9 所示。

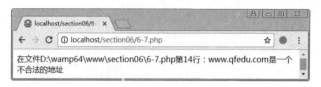

图 6.9　运行结果 8

在例 6.7 中，第 2～10 行定义了一个自定义异常类 MyException（继承自 Exception 类），第 3～9 行在派生类 MyException 中添加新的成员方法 showMessage()。

6.2.4　多个异常

对于抛出多个异常，程序可以通过以下两种方式进行处理。

1．一个 catch 语句块处理多种异常

catch 语句块可以捕获在其后声明的异常类和其子类的实例对象，如例 6.8 所示。

【例 6.8】　一个 catch 语句块处理多种异常。

```
1   <?php
2       class MyException extends Exception {
3           public function showMessage() {
4               echo '在文件'.$this->getFile();
5               echo '第'.$this->getLine().'行: ';
6               echo $this->getMessage();
7           }
8       }
9       $pwd = 'qfedu';
10      try {
11          if(ctype_alpha($pwd)) {
12              throw new MyException('密码只包含字母');
13          }
14          if(ctype_digit($pwd)) {
15              throw new Exception('密码只包含数字');
16          }
17      } catch(Exception $e) {
18          if(get_class($e) == 'MyException') {
```

```
19                $e->showMessage();
20            } else {
21                echo $e->getMessage();
22            }
23        }
24   ?>
```

运行结果如图 6.10 所示。

图 6.10　运行结果 9

在例 6.8 中，第 10～17 行为 try 语句块，当$pwd 中字符全为字母时，抛出 MyException 异常；当$pwd 中字符全为数字时，抛出 Exception 异常。第 17 行一个 catch 语句块既可以捕获第 12 行的异常，也可以捕获第 15 行的异常，实现了一个异常处理块捕获多种异常。

2．多个 catch 语句块处理多种异常

除了上述方法外，一个 try 语句块还可以跟随多个 catch 语句块，每个 catch 语句块捕获不同的异常，如例 6.9 所示。

【例 6.9】　多个 catch 语句块处理多种异常。

```
1    <?php
2        class MyException extends Exception {
3            public function showMessage() {
4                echo '在文件'.$this->getFile();
5                echo '第'.$this->getLine().'行：';
6                echo $this->getMessage();
7            }
8        }
9        $pwd = 'qfedu';
10       try {
11           if(ctype_alpha($pwd)) {
12               throw new MyException('密码只包含字母');
13           }
14           if(ctype_digit($pwd)) {
15               throw new Exception('密码只包含数字');
16           }
17       } catch(MyException $e) {
18           $e->showMessage();
19       } catch(Exception $e) {
```

```
20          echo $e->getMessage();
21      }
22  ?>
```

运行结果如图 6.11 所示。

图 6.11　运行结果 10

在例 6.9 中，第 17～21 行使用了两个 catch 语句块来处理 try 语句块中抛出的异常。当有异常被抛出，程序从 catch 语句块中寻找能处理这个异常的 catch 语句块。

此处需注意，如果父类的 catch 语句块在其子类 catch 语句块前，当程序抛出子类异常对象时，则只执行父类的 catch 语句块，如例 6.10 所示。

【例 6.10】　父类的 catch 语句块在其子类 catch 语句块之前。

```
1   <?php
2       class MyException extends Exception {
3           public function showMessage() {
4               echo '在文件'.$this->getFile();
5               echo '第'.$this->getLine().'行: ';
6               echo $this->getMessage();
7           }
8       }
9       $pwd = 'qfedu';
10      try {
11          if(ctype_alpha($pwd)) {
12              throw new MyException('密码只包含字母');
13          }
14          if(ctype_digit($pwd)) {
15              throw new Exception('密码只包含数字');
16          }
17      } catch(Exception $e) {
18          echo $e->getMessage();
19      } catch(MyException $e) {
20          $e->showMessage();
21      }
22  ?>
```

运行结果如图 6.12 所示。

在例 6.10 中，父类的异常捕获放在子类的异常捕获前面。从运行结果可看出，程序抛出的子类异常被父类 catch 语句块捕获并处理。

图 6.12　运行结果 11

6.2.5　重抛异常

程序一旦抛出一个异常对象，便会寻找能够处理当前异常的 try-catch 语句块。如果当前的 catch 语句块不能够处理这个异常，该异常就会向外重新抛出，如例 6.11 所示。

【例 6.11】　重抛异常。

```php
1    <?php
2        class MyException extends Exception {}
3        $pwd = 'qfedu';
4        try {
5            try {
6                if(ctype_alpha($pwd)) {
7                    throw new Exception('密码只包含字母');
8                }
9            } catch(MyException $e) {
10               echo '内层 try-catch 语句块';
11           }
12       } catch(Exception $e) {
13           echo '外层 try-catch 语句块<br>';
14           echo $e->getMessage();
15       }
16   ?>
```

运行结果如图 6.13 所示。

图 6.13　运行结果 12

在例 6.11 中，第 7 行抛出 Exception 异常，此处 try 语句块对应的 catch 语句块不能捕获 Exception 异常，因此该异常需要重新抛出到外层 try-catch 语句块中，最终该异常被 12 行的 catch 语句块捕捉并处理。此处需注意，如果异常抛到最外层都无法处理这个异常，那么会引发致命错误。

6.2.6 自定义异常处理

当程序中抛出异常时，如果没有相应的异常捕获，就会引发致命错误。为了保证程序的正确运行，可以增加 try-catch 语句块，但程序中出现的异常有时是无法预料的，这时可以通过 set_exception_handler()函数来自定义异常处理，其语法格式如下：

```
callable set_exception_handler(callable $exception_handler)
```

其中，$exception_handler 表示当一个未通过 catch 捕获的异常发生时所调用函数的名称。该函数返回之前所调用函数的名称，或者在错误时返回 null。

接下来演示 set_exception_handler()函数的用法，如例 6.12 所示。

【例 6.12】 set_exception_handler()函数的用法。

```
1  <?php
2    function exception_handler($exception) {
3      echo "异常信息:{$exception->getMessage()}<br>";
4    }
5    set_exception_handler('exception_handler');
6    throw new Exception('未通过 catch 语句块处理的异常');
7    echo "此处不会执行";
8  ?>
```

运行结果如图 6.14 所示。

图 6.14 运行结果 13

在例 6.12 中，第 5 行通过 set_exception_handler()函数设置处理异常函数为 exception_handler()。程序中并没有 try-catch 语句块，当抛出异常时，通过触发 set_exception_handler()函数调用 exception_handler()函数处理异常。

PHP 7 改变了大多数错误的报告方式，现在大多数错误被作为 Error 异常抛出。如果没有匹配的 try-catch 语句块，程序调用异常处理函数[由 set_exception_handler()间接调用]进行处理 Error 异常。如果未设置异常处理函数，程序按照传统方式（被报告为一个致命错误）处理 Error 异常。

接下来演示 try-catch 语句处理 Error 异常，如例 6.13 所示。

【例 6.13】 try-catch 语句处理 Error 异常。

```
1  <?php
2    try {
3      show();  // 调用未定义 show()函数
```

```
4        } catch(Error $e) {
5           echo '捕捉到错误:'.$e->getMessage();
6        }
7     ?>
```

运行结果如图 6.15 所示。

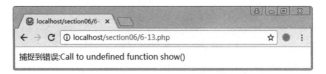

图 6.15　运行结果 14

在例 6.13 中，第 4 行捕捉致命错误。此处需注意，Error 类并非继承自 Exception 类，因此使用 catch(Exception $e) { ... }代码是捕获不到致命错误的。

6.3　调 试 方 法

程序开发者会不可避免地遇到各种各样的错误，此时就需要对程序进行调试。通过调试，开发者可以很快找到错误并解决，从而提高开发效率。

6.3.1　使用输出语句进行调试

在 PHP 中，使用输出语句进行调试是最简单、最直观的一种方法。这种方法可以根据需求查看中间变量的值，适用于程序没有语法错误，但由于某种原因最终得不到预期效果。

常见的输出语句有 echo、print_r()函数、var_dump()函数，接下来演示其用法，如例 6.14 所示。

【例 6.14】　使用输出语句进行调试。

```
1    <?php
2       $debug = true;
3       $arr = array(1, 2, 3, 4);
4       if($debug == true) {
5          print_r($arr);
6          var_dump($arr);
7       }
8    ?>
```

运行结果如图 6.16 所示。

在例 6.14 中，第 2 行定义一个变量$debug，当需要调试时，将其值设置为 true，否则设置为 false。

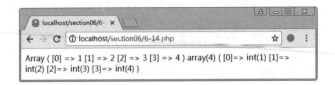

图 6.16　运行结果 15

6.3.2　使用文件记录进行调试

除了使用输出语句将调试信息输出外，程序中还可以使用文件记录调试信息。file_put_contents()函数可以将调试信息记录到指定文件，其语法格式如下：

```
int file_put_contents(string $filename, mixed $data[, int $flags = 0
[, resource $context]])
```

其中，$filename 表示被写入记录的文件名，$data 表示需要写入的信息。后两个参数暂时不用理解，后续章节会再次说明。

接下来演示使用文件记录进行调试，如例 6.15 所示。

【例 6.15】　使用文件记录进行调试。

```
1   <?php
2       $pwd = 'xianqian';
3       try {
4           if(ctype_alpha($pwd)) {
5               throw new Exception("密码只包含字母\r\n");
6           }
7           if(ctype_digit($pwd)) {
8               throw new Exception("密码只包含数字\r\n");
9           }
10      } catch(Exception $e) {
11          echo $e->getMessage().'请重新设置密码！ ';
12          $str = $e->getFile().'['.$e->getLine().']'.$e->getMessage();
13          file_put_contents('./log.txt', $str, FILE_APPEND);
14      }
15  ?>
```

运行结果如图 6.17 所示。

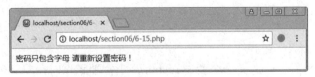

图 6.17　运行结果 16

在例 6.15 中，第 13 行将$str 中数据记录到当前目录下的 log.txt 文件，其内容如图 6.18 所示。

图 6.18　log.txt 文件内容

6.3.3　使用 Xdebug 进行调试

Xdebug 是一个开放源代码的 PHP 程序调试器，可以用来跟踪、调试和分析 PHP 程序的运行状况。WampServer 集成开发环境中默认安装了 Xdebug 模块，如果需要开启 Xdebug 功能，则在 php.ini 文件中配置 Xdebug 选项，具体如下所示：

```
; XDEBUG Extension
[xdebug]
zend_extension="D:/wamp64/bin/php/php7.1.9/zend_ext/php_xdebug-2.5.5-
7.1-vc14-x86_64.dll"

xdebug.remote_enable = off
xdebug.profiler_enable = off
xdebug.profiler_enable_trigger = On
xdebug.profiler_output_name = cachegrind.out.%t.%p
xdebug.profiler_output_dir ="D:/wamp64/tmp"
xdebug.show_local_vars=0
```

第 3 行设置正确的动态链接库（注意动态链接库文件路径与文件名需正确）。修改完配置文件后，重启服务器使其生效。

当未开启 Xdebug 功能时，如例 6.16 所示。

【例 6.16】 使用 Xdebug 进行调试。

```
1    <?php
2        $arr = array(1, 2, 3, 4);
3        var_dump($arr);
4        echo $name;
5    ?>
```

运行结果如图 6.19 所示。

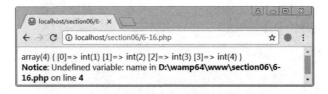

图 6.19　未开启 Xdebug 功能显示的运行结果

如果开启 Xdebug 功能，则运行结果如图 6.20 所示。

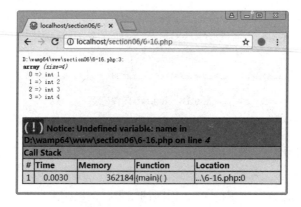

图 6.20 开启 Xdebug 功能显示的运行结果

从图 6.19 与图 6.20 中可以看出，开启 Xdebug 功能后，输出的信息更加直观。例如，输出数组元素时，会清楚地显示键与值并用不同的颜色加以区分；输出错误信息时，用表格的形式呈现更利于观察。此外，Xdebug 还可以跟踪程序的运行，迅速找到程序运行的瓶颈所在，从而提高程序开发效率。

6.4 本章小结

本章主要介绍了错误处理、异常处理及调试方法。对于错误，大家需了解其类型与级别，并根据具体情况做不同的处理。对于异常，大家需掌握其处理方法，包括自定义异常、多个异常、重抛异常。

6.5 习 题

1. 填空题

（1）自定义错误处理方式可以通过_____函数来实现。

（2）记录错误日志可以通过_____函数实现。

（3）错误报告类型可以通过_____函数来设置。

（4）当有异常发生时，可以通过_____关键字来抛出异常。

（5）捕捉异常使用的关键字是_____。

2. 选择题

（1）下列选项中，（　　）表示致命的运行时错误。

A．E_ERROR   B．E_WARNING

C．E_ALL   D．E_NOTICE

（2）下列选项中，检测异常使用的关键字是（   ）。

A．break   B．catch

C．try   D．throw

（3）下列选项中，（   ）是自定义异常处理函数。

A．set_exception_handler()   B．set_error_handler()

C．error_reporting()   D．error_log()

（4）自定义的异常类必须继承自（   ）类或者它的子类。

A．ERROR   B．MyError

C．MyException   D．Exception

（5）使用文件记录进行调试时，（   ）可以将调试信息记录到指定文件。

A．print()   B．file_put_contents()

C．fopen()   D．file_in_contents()

3．思考题

（1）简述记录错误日志的两种方式。

（2）简述处理异常的基本语法格式。

4．编程题

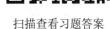

扫描查看习题答案

编写程序，检测邮箱地址是否合法，如果不合法，则抛出异常并进行自定义异常处理。

第 7 章

文 件 处 理

本章学习目标
- 理解文件类型和文件属性;
- 掌握文件的常见操作;
- 掌握目录的常见操作。

程序在运行时将数据加载到内存中,内存中的数据是不能永久保存的,这时就需要将数据存储起来以便后期多次使用,通常是将数据存储在文件或数据库中,两者各有适用场合。在 Web 程序开发中,经常需要对文件进行大量的操作,如文件的创建、文件的读取等,因此学习文件操作是非常有必要的。

7.1 文 件 概 述

大家对文件都不陌生,它可以存储文字、图片、音乐、视频等,总之,它是数据的集合,可以有不同的类型。

7.1.1 文件类型

在 PHP 中,文件可分为 7 种类型,如表 7.1 所示。

表 7.1 文件类型

文 件 类 型	说 明
block	块设备文件,如某个磁盘分区、光驱等
char	以字符为单位进行传输的设备,如键盘、打印机等
dir	目录类型,目录也是文件的一种
fifo	命名管道,常用于将信息从一个进程传递到另一个进程
file	普通文件类型,如文本文件、可执行文件等
link	符号链接,是指向文件的指针,类似 Windows 中的快捷方式
unknown	未知类型

表 7.1 中的文件类型是针对 UNIX 系统中文件的分类,而在 Windows 系统中文件只有 file、dir、unknown 3 种类型。

在 PHP 中可以通过 filetype()函数来获取文件的类型，其语法格式如下：

```
string filetype(string $filename)
```

其中，$filename 表示包含文件路径的文件名，该函数返回文件的类型，如果文件不存在，则返回 false。

接下来演示 filetype()函数的使用，如例 7.1 所示。

【例 7.1】 filetype()函数的使用。

```
1    <?php
2        $filename1 = './index.php';
3        $filename2 = './';
4        echo "{$filename1}的文件类型为".filetype($filename1).'<br>';
5        echo "{$filename2}的文件类型为".filetype($filename2).'<br>';
6    ?>
```

运行结果如图 7.1 所示。

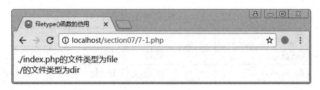

图 7.1 运行结果 1

在例 7.1 中，第 2、3 行分别定义变量$filename1、$filename2 来存储包含文件路径的文件名，第 4、5 行通过 filetype()函数分别获取$filename1 与$filename2 所对应的文件类型。注意，./表示当前目录。

上面讲解了文件类型的获取，在获取之前，有时需要检测文件是否存在，PHP 中提供了 file_exists()来检测文件是否存在，其语法格式如下：

```
bool file_exists(string $filename)
```

其中，$filename 表示包含文件路径的文件名，若存在，则返回 true，否则返回 false。

接下来演示 file_exists()函数的使用，如例 7.2 所示。

【例 7.2】 file_exists()函数的使用。

```
1    <?php
2        $filename = './index.php';
3        if(file_exists($filename)) {
4            echo "{$filename}的文件类型为".filetype($filename).'<br>';
5        } else {
6            echo "{$filename}文件不存在<br>";
7        }
8    ?>
```

运行结果如图 7.2 所示。

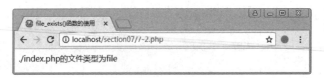

图 7.2　运行结果 2

在例 7.2 中，第 3 行通过 file_exists()函数来判断$filename 是否存在。如果存在，则
输出文件类型，否则输出文件不存在。

7.1.2　文件属性

在处理文件时，需要用到文件的一些常用属性，如文件大小、读写权限、修改时间
等，PHP 提供了一系列内置函数用来获取文件属性，如表 7.2 所示。

表 7.2　获取文件属性函数

函　　　数	说　　　明
int filesize(string $filename)	获取文件大小
int filectime(string $filename)	获取文件 inode（索引节点）修改的时间
int filemtime(string $filename)	获取文件内容上次被修改的时间
int fileatime(string $filename)	获取文件上次被访问的时间
bool is_readable(string $filename)	判断文件是否可读
bool is_writable(string $filename)	判断文件是否可写
is_executable(string $filename)	判断文件是否可执行
bool is_file(string $filename)	判断文件是否为一个正常的文件
bool is_dir(string $filename)	判断文件是否为一个目录

在表 7.2 中，所有函数的参数都为$filename，即提供一个包含文件路径的文件名，
然后通过函数返回值获取文件属性。

接下来演示获取文件属性，如例 7.3 所示。

【例 7.3】　获取文件属性。

```
1    <?php
2        function getFilePro($name) {
3            if(file_exists($name) && is_file($name)) {
4                echo "{$name}文件的属性: <br>";
5                echo '大小: '.filesize($name).'字节<br>';
6                echo '索引节点修改时间: '.
7                    date('Y年m月d日',filectime($name)).'<br>';
8                echo '内容修改的时间: '.
9                    date('Y年m月d日',filemtime($name)).'<br>';
10               echo '上次访问时间: '.date('Y年m月d',fileatime
```

```
                ($name)).'<br>';
11              echo is_readable($name) ? '文件可读<br>' : '文件不可读<br>';
12              echo is_writeable($name) ? '文件可写<br>' : '文件不可写
                <br>';
13              echo is_executable($name) ? '文件可执行<br>' : '文件不可执行
                <br>';
14          } else {
15              echo "{$name}文件不存在<br>";
16          }
17      }
18      $filename = './index.php';
19      getFilePro($filename);
20  ?>
```

运行结果如图 7.3 所示。

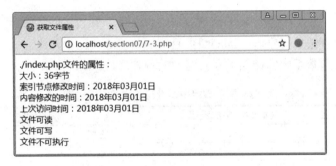

图 7.3　运行结果 3

在例 7.3 中，第 2～17 行定义一个函数 getFilePro() 来获取文件的属性，首先判断文件是否存在以及是否为正常的文件，然后再获取关于文件的大小、时间、权限等属性。

除了使用上述函数分别获取对应的属性外，还可以通过 stat() 函数获取文件的大部分属性，其语法格式如下：

```
array stat(string $filename)
```

其中，$filename 表示包含文件路径的文件名，该函数返回一个数组，数组中的每个元素对应文件的一种属性。

接下来演示 stat() 函数获取文件属性，如例 7.4 所示。

【例 7.4】　stat() 函数获取文件属性。

```
1   <?php
2       function getFilePro($name) {
3           if(file_exists($name) && is_file($name)) {
4               var_dump(stat($name));
5           } else {
6               echo "{$name}文件不存在<br>";
```

```
7              }
8          }
9          $filename = './index.php';
10         getFilePro($filename);
11     ?>
```

运行结果如图 7.4 所示。

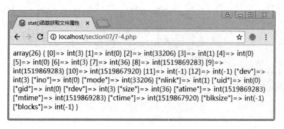

图 7.4 运行结果 4

在例 7.4 中，第 4 行通过 stat()函数获取文件属性，并将返回的数组通过 var_dump()
函数输出。从运行结果可看出，stat()函数返回的数组是由索引数组和关联数组合成的混
合数组，其中索引数组中的键与关联数组中的键相对应，如表 7.3 所示。

表 7.3 索引数组中的键与关联数组中的键

索引数组中的键名	关联数组中的键名	说　　明
0	dev	设备名
1	ino	inode 号码
2	mode	inode 保护模式
3	nlink	被连接数目
4	uid	所有者的用户 id
5	gid	所有者的组 id
6	rdev	设备类型
7	size	文件大小的字节数
8	atime	上次访问时间（UNIX 时间戳）
9	mtime	上次修改时间（UNIX 时间戳）
10	ctime	上次改变时间（UNIX 时间戳）
11	blksize	文件系统 IO 的块大小
12	blocks	所占据块的数目

在表 7.3 中，列出的文件属性是以 UNIX 系统为基础的，如果 Windows 系统中没有
对应的属性，其键所对应的值默认为 0 或-1。

7.2 文 件 操 作

了解了文件类型与属性后，接着就需要对文件进行操作，如打开文件、读写文件、
关闭文件等，PHP 提供了许多与文件操作相关的标准函数，本节主要讲解这些函数的

使用。

7.2.1 打开与关闭文件

对文件所有的操作都是在打开文件之后进行的,而文件使用完毕后必须将其关闭。下面将针对文件的打开与关闭进行讲解。

1. 打开文件

在 PHP 中使用 fopen()函数打开文件,其语法格式如下:

```
resource fopen(string $filename, string $mode[, bool $use_include_path =
false[, resource $context]])
```

其中,$filename 表示包含文件路径的文件名,该参数还可以为 URL 地址;$mode 表示打开文件的模式;$use_include_path 表示是否需要在 include_path 中搜索文件,该参数在配置文件 php.ini 中指定一个路径;$context 表示上下文。

在本章中,只需会使用该函数的前两个参数即可,其中$mode 代表的打开文件的模式有多种,如表 7.4 所示。

表 7.4 打开文件的模式

$mode	模 式 名 称	说　　　明
r	只读	只读方式打开,将文件指针指向文件头
r+	读写	读写方式打开,将文件指针指向文件头
w	只写	写入方式打开,将文件指针指向文件头并将文件大小截为 0,如果文件不存在,则尝试创建文件
w+	读写	读写方式打开,将文件指针指向文件头并将文件大小截为 0,如果文件不存在,则尝试创建文件
a	追加	写入方式打开,将文件指针指向文件末尾,如果文件不存在,则尝试创建文件
a+	追加	读写方式打开,将文件指针指向文件末尾,如果文件不存在,则尝试创建文件
x	谨慎写	创建并以写入方式打开,将文件指针指向文件头,如果文件已存在,则 fopen()函数调用失败并返回 false,如果文件不存在,则创建文件
x+	谨慎写	创建并以读写方式打开,其他的行为和 x 一样

fopen()函数的用法如下所示:

```
// 以只读模式打开当前目录下的 index.html,并返回资源$file1
$file1 = fopen("index.html", "r");
// 以写入模式打开 D:/wamp64/www/目录下的 index.php,并返回资源$file2
$file2 = fopen("D:/wamp64/www/index.php", "w");
// 以只读模式打开 HTTP 远程文件
$file3 = fopen("http://www.qfedu.com/", "r");
```

如果 fopen()函数成功打开一个文件，将返回一个指向这个文件的文件指针资源，对该文件进行的读写操作都可以通过这个资源进行操作。

2．关闭文件

PHP 关闭文件使用的函数是 fclose()，其语法格式如下：

```
bool fclose(resource $handle)
```

该函数表示将$handle 指向的文件关闭，如果成功，则返回 true，否则返回 false。文件指针必须有效，并且是通过 fopen()函数成功打开的，虽然每个请求最后都会自动关闭文件，但明确地关闭打开的所有文件是一种较好的编程习惯。

接下来演示 fclose()函数关闭文件的用法，如例 7.5 所示。

【例 7.5】 fclose()函数关闭文件的用法。

```
1   <?php
2       $filename = fopen("D:/wamp64/www/test.html","r");
3       echo "该文件已经成功打开" . "<br/>";
4       fclose($filename);
5       echo "该文件已经成功关闭";
6   ?>
```

运行结果如图 7.5 所示。

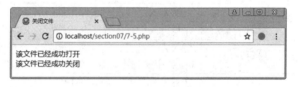

图 7.5　运行结果 5

从程序运行结果可以看出，文件打开和关闭操作都被成功执行了。首先通过 fopen()函数打开指定文件，并且指定对文件的操作模式，然后对文件进行相关的操作，最后通过 fclose()函数关闭当前文件。

7.2.2　读取文件

在实际开发过程中，经常需要对文件进行读写操作。PHP 提供了很多从文件中读取数据的方法，不仅可以一次只读一个字符，还可以一次读取整个文件，如 fread()、fgets()、file()、file_get_contents()等函数，接下来将针对这些函数分别进行讲解。

1．fread()函数

在 PHP 中可以通过 fread()函数来读取指定长度的字符串，其语法格式如下：

```
string fread(resource $handle, int $length)
```

其中，$handle 表示文件系统指针，$length 表示指定读取的字节长度。

接下来演示 fread() 函数的用法，如例 7.6 所示。

【例 7.6】 fread() 函数的用法。

```
1   <?php
2       // 读取文件中指定的字符长度
3       $filename = "D:/wamp64/www/section07/1000phone.txt";
                                      // 读取的目标文件
4       $handle1 = fopen($filename,"r");    // 以只读方式打开文件
5       $result1 = fread($handle1, 5);  // 5 表示读取目标文件中 5 字节长度
6       echo $result1 ."<br/>";
7       fclose($handle1);                   // 关闭文件资源
8       // 一次性读取整个文件
9       $handle2 = fopen($filename,'r');
10      $result2 = fread($handle2, filesize($filename));
11      echo $result2 ."<br/>";
12      fclose($handle2);
13  ?>
```

运行结果如图 7.6 所示。

图 7.6 运行结果 6

从程序运行结果可以看出，第 4 行以只读方式打开文件，第 5 行通过 fread() 函数读取文件中的前 5 字节，第 10 行通过 fread() 函数一次性读取整个文件，在读取整个文件时使用了 filesize() 函数，该函数用于获取文件大小的字节数。

2．fgets() 函数

在 PHP 中 fgets() 函数用于在打开的文件中读取一行，其语法格式如下：

```
string fgets(resource $handle [ ,int $length ])
```

其中，$handle 表示文件系统指针；$length 是可选参数，表示指定读取的字节长度。如果没有指定$length，则默认为 1024 字节。

接下来演示 fgets() 函数的使用，如例 7.7 所示。

【例 7.7】 fgets() 函数的使用。

```
1   <?php
2       $filename = "D:/wamp64/www/hello_1000phone.txt "; // 读取目标文件
```

```
3        $handle = fopen($filename,"r"); // 以只读方式打开文件
4        $result = fgets($handle);     // 如果不指定$length，默认是1024字节
5        echo $result . "<br/>";
6        fclose($handle);              // 关闭文件资源
7    ?>
```

运行结果如图7.7所示。

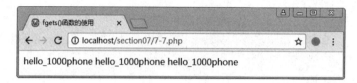

图7.7　运行结果7

从程序运行结果可以看出，fgets()函数读取的是文件第一行的内容。

3．file()函数

在PHP中，file()函数用于将文件读取到数组中，其语法格式如下：

```
array file(string $filename [, int $use_include_path [, resource
$context ]])
```

其中，参数$filename表示要读取的文件名，即该函数不需要使用fopen()函数打开文件；可选参数$use_include_path表示是否需要在include_path中搜索文件；$context表示句柄的环境，如果使用null，则忽略。

接下来演示file()函数的使用，如例7.8所示。

【例7.8】　file()函数的使用。

```
1    <?php
2        $filename = "D:/wamp64/www/section07/qianfeng.txt";
3        $result = file($filename);
4        var_dump(result);
5    ?>
```

运行结果如图7.8所示。

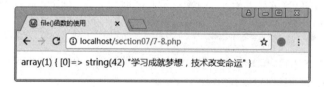

图7.8　运行结果8

从程序运行结果可以看出，使用file()函数可以将读取的结果存入到数组中。值得注意的是，qianfeng.txt文件字符编码格式为UTF-8，如果文本文件字符编码与脚本文件编

码格式不统一，程序执行结果会出现乱码。

4．file_get_contents()函数

在 PHP 中，file_get_contents()函数用于将文件的内容全部读取到一个字符串中，其语法格式如下：

```
string file_get_contents(string $filename [, bool $use_include_path [,
resource $context [, int $offset [, int $maxlen]]]])
```

其中，$filename 表示要读取的文件名；$use_include_path 为可选参数，如果在 include_path 中寻找文件，可以将该参数设为 1；$context 为可选参数，它指定文件指针的上下文，可以用于修改流的行为，若使用 null，则忽略；$offset 为可选参数，指定在文件中开始读取的位置，默认从文件头开始；$maxlen 为可选参数，指定读取的最大字节数，默认为整个文件的大小。

接下来演示 file_get_contents()函数的使用，如例 7.9 所示。

【例 7.9】 file_get_contents()函数的使用。

```
1   <?php
2       $filename = "D:/wamp64/www/section07/file_get_contents.txt";
3       $result = file_get_contents($filename);
4       echo $result;
5   ?>
```

运行结果如图 7.9 所示。

图 7.9 运行结果 9

从程序运行结果可以看出，使用 file_get_contents()函数实现了将文件全部内容读取到字符串的功能。

7.2.3 写入文件

在实际开发过程中，通常将读取文件的结果进行处理后再写入到其他文件中。fwrite()和 file_put_contents()函数用于将数据写入到文件，下面将针对这两个函数进行详细的讲解。

1．fwrite()函数

在 PHP 中，fwrite()函数用于写入文件，其语法格式如下：

```
int fwrite(resource $handle , string $string [,int $length])
```

其中，参数$handle 表示 fopen()函数返回的文件指针；参数$string 表示要写入的字符串；参数$length 为可选参数，指定写入的字节数，如果指定了$length，则写入指定$length 长度的字节，如果省略则写入整个字符串。

接下来演示 fwrite()函数的使用，如例 7.10 所示。

【例 7.10】 fwrite()函数的使用。

```
1   <?php
2       $filename = "D:/wamp64/www/section07/fwrite.txt";
3       $write_contents = "学习成就梦想，技术改变命运，千锋教育欢迎您！ \n";
4       $handle = fopen($filename,'w'); // 打开文件
5       // fwrite($handle,$write_contents) 向文件写入数据
6       if(fwrite($handle,$write_contents)){
                                            // 成功返回true,失败返回false
7           echo "文件写入成功";
8       }else{
9           echo "文件写入失败";
10      }
11      fclose($handle);                    // 关闭文件
12  ?>
```

运行结果如图 7.10 所示。

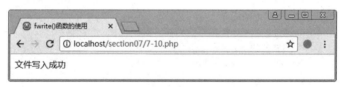

图 7.10 运行结果 10

从程序运行结果可以看出，"学习成就梦想，技术改变命运，千锋教育欢迎您！"这句话已经被成功写入到 fwrite.txt 文件中。第 4 行以写的模式打开文件，如果文件不存在，则在根目录下会自动创建该文件。第 6 行使用 fwrite()函数将字符串写入到 fwrite.txt 中，成功返回 true，失败返回 false，最后执行关闭文件的操作。

2．file_put_contents()函数

在 PHP 中，file_put_contents()函数用于将数据写入文件，而且不需要使用 fopen()函数打开文件，其语法格式如下：

```
int file_put_contents( string $filename , mixed $data [, int $flags
[,resource $context]])
```

其中，参数$filename 表示指定写入的文件；参数$data 表示指定写入的内容；参数$flags

表示指定写入的特征，例如 FILE_USE_INCLUDE_PATH 表示在 include 目录里搜索 filename，FILE_APPEND 表示追加写入；参数$context 表示一个资源。该函数执行成功时返回写入到文件内数据的字节数，失败则返回 false。

接下来演示 file_put_contents()函数的使用，如例 7.11 所示。

【例 7.11】 file_put_contents()函数的使用。

```
1   <?php
2       $filename = "D:/wamp64/www/section07/file_put_contents.txt";
3       $write_contents = "千锋教育欢迎你!千锋教育欢迎您! \n";
4       // 成功返回true,失败返回false
5       if(file_put_contents($filename,$write_contents,FILE_APPEND)){
6           echo "文件写入成功";
7       }else{
8           echo "文件写入失败";
9       }
10  ?>
```

运行结果如图 7.11 所示。

图 7.11 运行结果 11

从程序运行结果可以看出，数据被成功写入到指定的文件中了。第 5 行通过函数 file_put_contents()以追加的模式将字符串中的数据成功写入。

7.2.4 删除文件

在实际开发过程中，如果需要对文件进行删除或销毁操作，则可以使用 unlink()函数，其语法格式如下：

```
    bool unlink(string $filename)
```

其中，参数 $filename 表示文件名称，如果删除成功则返回 true，如果失败则返回 false。

接下来演示 unlink()函数的使用，如例 7.12 所示。

【例 7.12】 unlink()函数的使用。

```
1   <?php
2       // 以追加或者创建的方式打开文件
3       $filename = fopen("D:/wamp64/www/section07/20171014.txt","a");
4       // 向指定文件写入内容 \n 表示换行处理
5       fwrite($filename,"您好!千锋教育 \n");
```

```
6       // 关闭文件
7       fclose($filename);
8       // 成功返回 true,失败返回 false
9       if(unlink("D:/wamp64/www/section07/20171014.txt")){
10          echo "文件删除成功";
11      }else{
12          echo "文件删除失败";
13      }
14  ?>
```

运行结果如图 7.12 所示。

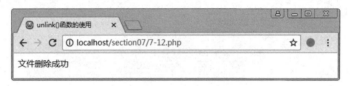

图 7.12　运行结果 12

从程序运行结果可以看出，浏览器显示信息文件删除成功。第 3 行使用 fopen()函数以追加或者自动创建文件的方式打开文件，第 5 行使用 fwrite()函数向指定文件写入数据，第 9 行使用 unlink()函数删除文件。

7.2.5　重命名文件

在实际应用中，如果需要对文件进行重命名操作，则可以使用 rename()函数，其语法格式如下：

```
bool rename(string $oldname, string $newname [,resource $context])
```

其中，参数$oldname 表示指定原始文件名称，$newname 表示指定最新文件名称。如果修改成功则返回 true，失败则返回 false。

接下来演示 rename()函数的使用，如例 7.13 所示。

【例 7.13】　rename()函数的使用。

```
1   <?php
2       // 重命名文件名
3       rename("D:/wamp64/www/section07/1000phone.html","D:/wamp64/www/
4       section07/phone.html");
5       echo "文件重命名成功" . "<br />";
6       // 移动文件
7       rename("D:/wamp64/www/section07/test.txt","D:/test.bak");
8       echo "文件移动成功" . "<br />";
9   ?>
```

运行结果如图 7.13 所示。

图 7.13 运行结果 13

从程序运行结果可以看出，文件重命名和移动文件的操作都执行成功了。第 3 行将 1000phone.html 文件重命名为 phone.html，第 7 行将 test.txt 文件移动到 D 盘下并将名称修改为 test.bak。值得注意的是，在使用 rename()函数时，如果两个文件在同一个目录下，则是执行修改文件名操作；如果两个文件不在相同目录下，则视为移动操作。

7.2.6 复制文件

在实际应用中，如果需要对文件进行复制操作，则可以使用 copy()函数，其语法格式如下：

```
bool copy(string $source, string $dest)
```

其中，参数$source 表示指定原始文件名称，$dest 表示指定目标文件名称。当文件复制成功时则返回 true，若失败则返回 false。

接下来演示 copy()函数的使用，如例 7.14 所示。

【例 7.14】 copy()函数的使用。

```
1   <?php
2       // 原始文件
3       $source = "D:/wamp64/www/section07/hello1000phone.txt";
4       // 指定目标文件
5       $dest = "D:/wamp64/www/section07/hello1000phone.txt.bak";
6       if(copy($source,$dest)){
7           echo '文件复制成功';
8       }else{
9           echo '文件复制失败';
10      }
11  ?>
```

运行结果如图 7.14 所示。

图 7.14 运行结果 14

从程序运行结果可以看出，在根目录下面的 hello1000phone.txt 文件已经被成功复制了，复制后的文件名为 hello1000phone.txt.bak，说明使用 copy()函数可以实现对某一个指定文件的复制操作。

7.3　目　录　操　作

目录是一种比较特殊的文件，PHP 对它的操作有一套自己的方法。常见的目录操作包括创建和删除目录、遍历目录、解析目录等。PHP 提供了许多与目录操作相关的标准函数，本节主要讲解这些函数的使用。

7.3.1　创建和删除目录

在进行文件管理时，经常需要对文件目录进行创建和删除，为此 PHP 提供了 mkdir()和 rmdir()函数来实现文件目录的创建和删除，接下来将针对这两个函数进行详细的讲解。

1．mkdir()函数

在 PHP 中，mkdir()函数用于创建目录，其语法格式如下：

```
Bool mkdir(string $pathname [,int $mode [,bool $recursive [,resource
$context]]])
```

其中，参数 $pathname 表示创建的目录；$mode 为可选参数，表示给指定目录设置访问权限，默认值为 0777；$recursive 为可选参数，表示是否递归创建目录，默认值为 false；$context 为可选参数，指定上下文，通常可以忽略。该函数执行成功则返回 true，失败则返回 false。

接下来演示 mkdir()函数的使用，如例 7.15 所示。

【例 7.15】 mkdir()函数的使用。

```
1    <?php
2        // 创建一级目录
3        $info = mkdir("D:/wamp64/www/section07/1000phone",0777,false);
4        if(!$info){
5            echo "一级目录创建失败" . "<br />";
6        }else{
7            echo "一级目录创建成功" . "<br />";
8        }
9        // 创建多级目录(递归思想)
10       $info2 = mkdir("D:/wamp64/www/section07/
11               QF-study/codingClass",0777,true);
```

```
12        if(!$info2){
13            echo "多级目录创建失败" . "<br />";
14        }else{
15            echo "多级目录创建成功" . "<br />";
16        }
17    ?>
```

运行结果如图 7.15 所示。

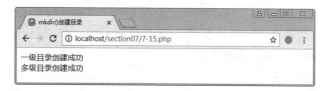

图 7.15 运行结果 15

从程序运行结果来看，mkdir()函数创建一级或多级目录的操作被执行成功了。第 3 行 mkdir()函数中将参数 $recursive 设置为 false，表示不需要递归创建多级目录。第 11 行 mkdir()函数中将参数 $recursive 设置为 true，表示需要递归创建目录。

2．rmdir()函数

在 PHP 中，rmdir()函数用于删除目录，其语法格式如下：

```
bool rmdir(string $dirname )
```

其中，参数 $dirname 表示将要删除的目录名称。该函数执行成功则返回 true，失败则返回 false。

接下来演示 rmdir()函数的使用，如例 7.16 所示。

【例 7.16】 rmdir()函数的使用。

```
1    <?php
2        $info = rmdir("D:/wamp64/www/section07/1000phone");
3        if(!$info){
4            echo "一级目录删除失败" . "<br />";
5        }else{
6            echo "一级目录删除成功" . "<br />";
7        }
8        $info2 = rmdir("D:/wamp64/www/section07/QF-study/codingClass");
9        if(!$info2){
10            echo "二级目录删除失败" . "<br />";
11        }else{
12            echo "二级目录删除成功" . "<br />";
13        }
14    ?>
```

运行结果如图 7.16 所示。

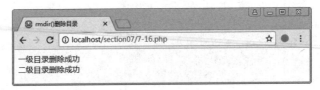

图 7.16　运行结果 16

从程序运行结果可以看出，rmdir()函数实现了删除目录的功能。第 2 行删除指定目录，如果目录存在且为空，则可以删除，否则删除失败。第 8 行只能删除二级目录 codingClass，即 rmdir()函数只能删除空的单层目录。

7.3.2　遍历目录

在实际应用中有时需要对某个目录下的所有的子目录或文件进行遍历，PHP 提供了 opendir()、closedir()、readdir()和 rewinddir()等函数来执行对目录的遍历操作。接下来将针对这些函数进行详细的讲解。

1．opendir()函数

在 PHP 中，opendir()函数用于打开一个目录句柄，其语法格式如下：

```
resource opendir(string $path [, resource $context])
```

其中，参数$path 表示目录路径；$context 是可选参数，表示上下文，通常省略。该函数执行成功则返回 true，失败则返回 false。

2．closedir()函数

在 PHP 中，closedir()函数用于关闭一个目录句柄，其语法格式如下：

```
resource closedir(resource $dir_handle)
```

其中，参数$dir_handle 用于接收一个目录句柄的 $resource。该函数没有返回值。

3．readdir()函数

在 PHP 中，readdir()函数用于从目录句柄中读取条目，其语法格式如下：

```
string readdir(resource $dir_handle)
```

其中，参数$dir_handle 用于接收一个目录句柄的$resource。函数执行成功返回目录中的下一个文件的文件名，否则返回 false。

4．rewinddir()函数

在 PHP 中，rewinddir()函数用于倒回目录句柄，其语法格式如下：

```
void rewinddir(resource $dir_handle)
```

其中，参数$dir_handle 指定 rewinddir()函数打开的目录句柄的$resource。该函数没有返回值。

接下来演示上述函数的使用，如例 7.17 所示。

【例 7.17】 遍历目录。

```
1    <?php
2        $path = "D:/office";
3        $handle = opendir($path);
4        while(false !==($filename = readdir($handle))) {
5            echo "$filename" . "<br />";
6        }
7        closedir($handle);
8    ?>
```

运行结果如图 7.17 所示。

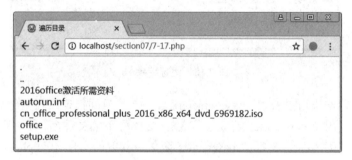

图 7.17 运行结果 17

从程序运行结果可以看出，该程序实现了遍历目录的功能。第 3 行使用 opendir()函数来打开目录句柄，第 4 行通过 while 循环使用 readdir()函数来获取句柄中的条目，第 7 行使用 closedir()函数关闭目录句柄。

值得注意的是，在遍历任何一个目录的时候，都会包括"."".."两个特殊的目录，前者表示当前目录，后者表示上一级目录。

7.3.3 解析目录

PHP 提供了 basename()、dirname()和 pathinfo()三个函数来完成对文件目录的解析操作，接下来将针对这三个函数进行详细的讲解。

1．basename()函数

在 PHP 中，basename()函数用于返回路径中的文件名，其语法格式如下：

```
string basename(string $path [, string $suffix])
```

其中，$path 表示指定路径名；$suffix 是可选参数，如果指定了该参数，且文件名是以 $suffix 结尾的，则返回的结果中会去掉这一部分字符。

接下来演示 basename()函数的使用，如例 7.18 所示。

【例 7.18】 basename()函数的使用。

```php
1    <?php
2        $path = "D:/wamp64/www/section07/1000phone.php";
3        $filename1 = basename($path);
4        echo $filename1 . "<br />";
5        $filename2 = basename($path,".php");
6        echo $filename2;
7    ?>
```

运行结果如图 7.18 所示。

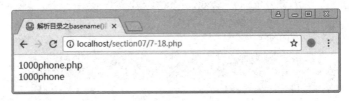

图 7.18　运行结果 18

从程序运行结果可以看出，basename()函数实现了返回指定路径文件名的功能。第 3 行和第 5 行都使用了 basename()函数来获取$path 路径下的文件名，程序运行输出的结果却不相同，这是因为在第 5 行从 basename()函数中获取的文件 1000phone.php 的扩展名和第二个参数相同，所以去掉扩展名部分，输出为 1000phone。

2．dirname()函数

在 PHP 中，dirname()函数用于返回路径中的目录部分，其语法格式如下：

```
string dirname(string $path)
```

其中，参数$path 表示路径名。该函数的返回值为文件的目录。

接下来演示 dirname()函数的使用，如例 7.19 所示。

【例 7.19】 dirname()函数的使用。

```php
1    <?php
2        $path = "D:/wamp64/www/section07/1000phone.php";
3        echo dirname($path);
4    ?>
```

运行结果如图 7.19 所示。

从程序运行结果可以看出，dirname()函数实现了返回路径中目录部分的功能。

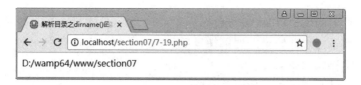

图 7.19 运行结果 19

3．pathinfo()函数

在 PHP 中，pathinfo()函数用于以数组的形式返回路径的信息，包括目录名、文件名、文件基本名和扩展名，其语法格式如下：

```
mixed pathinfo( string $path [ ,int $options ] )
```

其中，参数$path 表示指定的路径名；$options 为可选参数，如果指定了，则返回指定元素（PATHINFO_DIRNAME、PATHINFO_BASENAME 和 PATHINFO_EXTENSION 或 PATHINFO_FILENAME），如果未指定，则返回全部元素。

接下来演示 pathinfo()函数的使用，如例 7.20 所示。

【例 7.20】 pathinfo()函数的使用。

```
1  <?php
2      $path = "D:/wamp64/www/section07/1000phone.php";
3      echo "<pre>";
4      var_dump(pathinfo($path));
5      echo "</pre>";
6  ?>
```

运行结果如图 7.20 所示。

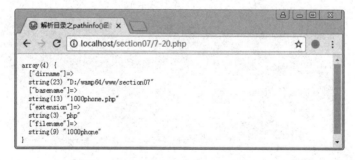

图 7.20 运行结果 20

从程序运行结果可以看出，pathinfo()函数实现了获取文件路径信息的操作。

7.3.4 统计目录下文件大小

在实际开发中，有时需要计算出某个目录下所有文件的大小。其基本思路：首先读取一个目录，然后遍历该目录，对该目录下的每一个文件进行判断，如果是普通文件，则计算其大小并纳入统计结果，如果是目录，则进入该目录重复上述操作，直至遍历完所有的目录和文件。

接下来演示其实现过程，如例 7.21 所示。

【例 7.21】 统计目录下文件大小。

```php
1   <?php
2       // 统计某个目录下所有文件的大小
3       $dirname = 'D:/wamp64/www';
4       echo $dirname . "下所有文件总的大小为" . getDirSize($dirname) . "字节";
5       // 编写一个函数
6       function getDirSize($dirname) {
7           // 定义一个变量,初始化为 0
8           $dirsize=0;
9           // 打开目录
10          $dir=opendir($dirname);
11          // 遍历目录
12          while(false !==($filename=readdir($dir))){
13              $file=$dirname.'/'.$filename;
14              // 如果不是 . 和 .. ,则统计大小
15              if($filename!="." && $filename!=".."){
16                  if(is_dir($file)){
17                      // 如果是目录,则递归计算大小
18                      $dirsize += getDirSize($file);
19                  }else{
20                      // 如果是一个文件,则直接计算大小
21                      $dirsize+=filesize($file);
22                  }
23              }
24          }
25          // 关闭目录
26          closedir($dir);
27          // 返回大小
28          return $dirsize;
29      }
30  ?>
```

运行结果如图 7.21 所示。

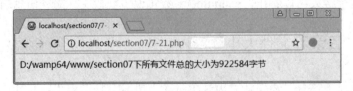

D:/wamp64/www/section07下所有文件总的大小为922584字节

图 7.21　运行结果 21

在例 7.21 中，第 6 行定义了一个 getDirSize() 函数用于统计某个目录中所有文件的大小；第 12 ～ 24 行定义了一个 while 循环，从目录句柄中循环读取条目，并按照顺序返回读取到的文件名，然后对其进行判断，如果是目录，则继续调用 getDirSize() 函数进行递归操作，如果是文件，则将其大小进行累加。

7.4 本 章 小 结

本章首先介绍了文件的基本概念，然后重点讲解了文件操作和目录操作。通过本章的学习，大家应熟练掌握文件的常见操作（打开、关闭、读写等），目录的常见操作（创建、删除、递归处理）等。

7.5 习 题

1. 填空题

（1）文件既可以保存文字，也可以保存_____、_____和声音等。

（2）在 PHP 中打开和关闭文件分别使用的是_____和_____函数。

（3）在 PHP 中提供了_____和_____等函数用于将数据写入文件的操作。

（4）在 PHP 中使用_____函数能够返回路径中的文件名部分。

（5）对文件目录进行创建和删除操作可以使用_____和_____函数。

2. 选择题

（1）下列选项中，（ ）函数用于实现文件复制的操作。

    A．rename()   B．copy()

    C．unlink()   D．fclose()

（2）下列选项中，（ ）函数用于以数组的形式返回文件路径的信息。

    A．opendir()   B．readdir()

    C．pathinfo()   D．rename()

（3）下列选项中，（ ）函数用于关闭目录句柄。

    A．fclose()   B．closedir()

    C．count()   D．curl_close()

（4）下列选项中，（ ）函数用于判断文件是否存在。

    A．file_get_contents()   B．file_put_contents()

    C．file_exists()   D．file()

（5）下列选项中，（ ）函数用于在打开文件时读取指定长度的字符串。

    A．fread()   B．fgets()

C．fgetc()   D．fopen()

3．思考题

简述在 PHP 程序中如何处理中文的文件名乱码的情况。

4．编程题

编写程序，使该程序实现文件复制的功能。

扫描查看习题答案

第8章

字符串操作

本章学习目标

- 了解字符串;
- 掌握去除字符串中空格的方法;
- 掌握获取字符串长度的方法;
- 掌握连接和分割字符串的方法;
- 掌握查找和替换字符串的方法;
- 掌握字符串格式化的方法。

前面的章节介绍过字符串的基础知识,字符串在 PHP 中的应用很广泛,常用于数据存储、传输、文件读写等场合,为此,PHP 提供了一系列能够操作字符串的函数,接下来,本章将主要讲解 PHP 中字符串的操作。

8.1 字符串构成

通常情况下,字符串是指由零个或多个字符构成的一个集合,主要包含以下几种类型:

- 数字类型,如 1、2、3 等;
- 字母类型,如 a、b、c、d 等;
- 特殊字符,如#、$、%、^、&等;
- 不可见字符,如\n(换行符)、\r(回车符)、\t(Tab 字符)等。

其中,不可见字符是比较特殊的一组字符,它用来控制字符串格式化输出,在浏览器上不可见,只能看到字符串输出的结果。接下来演示不可见字符的具体用法,如例 8.1 所示。

【例 8.1】 不可见字符的用法。

```
1    <?php
2        echo "QianFeng\rxiaoqian\nxiaofeng\tqianqianfengfeng";
3    ?>
```

运行结果如图 8.1 所示。

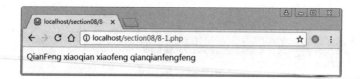

图 8.1　运行结果 1

在例 8.1 中，代码第 2 行\r（回车符）、\n（换行符）、\t（Tab 字符）均为不可见字符，可以实现其指向的效果。

8.2　常用的字符串操作

字符串的操作在 PHP 编程中占有重要的地位，几乎所有 PHP 脚本的输入与输出都要用到字符串。尤其是在 PHP 项目开发过程中，为了实现某项功能，经常需要对某些字符串进行特殊处理，如获取字符串的长度、截取字符串、替换字符串等。在本节中将对PHP 常用的字符串操作技术进行详细的讲解，并通过具体的实例加深读者对字符串操作函数的理解。

8.2.1　去除字符串两边的字符

trim()函数可以去除字符串开始及结束位置的空格和指定的任意特殊字符，其语法格式如下：

```
string  trim(string $str [,string $charlist])
```

其中，第一个参数$str 是被处理的字符串，第二个参数$charlist 是要删除的特殊字符。如果第二个参数为空，则去除字符串$str 首尾处的空白字符。如果想通过该函数过滤掉特殊的字符，可以指定第二个参数，函数最后返回的是一个经过处理的字符串。接下来演示 trim()函数的具体用法，如例 8.2 所示。

【例 8.2】　trim()函数的用法。

```
1   <?php
2       $text = "\t\t p h p \t";       // 设置变量$text
3       echo $text;                    // 输出变量$text
4       echo "a";                      // 输出字符串 a
5       echo "<br>";                   // 输出换行
6       echo trim($text,"\t");         // 去除特殊字符'\t'
7       echo "a";
8       echo "<br>";
9      echo trim($text);
10      echo "a";
11  ?>
```

运行结果如图 8.2 所示。

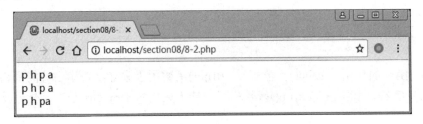

图 8.2 运行结果 2

从程序运行结果可以看出，利用 trim()函数去除字符串"\t\t p h p \t"，然后再去除开始和结束位置的空格。代码第 2 行给变量赋值，第 3 行输出变量值，第 6 行去除特殊字符\t，第 9 行去除字符左边和右边的空格。

8.2.2　去除字符串左边的字符

ltrim()函数用于去除字符串左边的空格和指定的任意特殊字符，其语法格式如下：

```
string  ltrim(string $str [,string $charlist])
```

ltrim()函数有两个参数：第一个参数$str 是被操作的字符串；第二个参数$charlist 是要删除的特殊字符。接下来演示 ltrim()函数的具体用法，如例 8.3 所示。

【例 8.3】　ltrim()函数的用法。

```
1    <?php
2        $text = "  ...It is very easy!...";  // 设置变量$text
3        $left = ltrim($text);                // 删除左边的空格
4        echo $left;                          // 输出变量$left
5        echo "<br>";
6        $lleft = ltrim($text," . ");         // 去除"."
7        echo $lleft;                         // 输出变量 lleft
8    ?>
```

运行结果如图 8.3 所示。

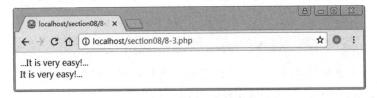

图 8.3 运行结果 3

从程序运行结果可以看出，利用 ltrim()函数可以去除字符串" ...It is very easy!..."左边指定的特殊字符...。代码第 2 行给变量赋值，第 3 行去除字符串左边的空格，第 6 行

去除左边的 "."，第 7 行输出操作结果。

8.2.3 去除字符串右边的字符

rtrim() 函数的作用与 ltrim() 函数相反，rtrim() 函数用于去除字符串右边的空格和指定的任意特殊字符，其用法与 ltrim() 函数相同。接下来演示 rtrim() 函数的具体用法，如例 8.4 所示。

【例 8.4】 rtrim() 函数的用法。

```php
1   <?php
2       $text = "My name is XiaoQian...  ";      // 设置变量$text
3       var_dump($text);                          // 打印$text 数组
4       echo "<br>";
5       $trim_result = rtrim($text);              // 去除右边的空格
6       var_dump($trim_result);                   // 打印结果
7   ?>
```

运行结果如图 8.4 所示。

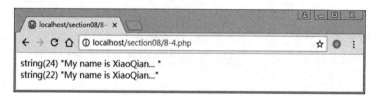

图 8.4　运行结果 4

从程序运行结果可以看出，利用 rtrim() 函数可以去除字符串"My name is XiaoQian..."右边指定的空格。代码第 2 行给变量$text 赋值，第 3 行计算字符个数并输出字符串，第 5 行去除右边指定的空格，第 6 行再次计算字符个数并输出字符串。

8.2.4 将字符串转换为小写

函数 strtolower() 将传入的字符串全部转换为小写，并返回转换后的字符串，其语法格式如下：

```
string  strtolower(string $str)
```

其中，参数$str 为要转换的字符串。该函数的作用是将字符串中的所有字符转换为小写。接下来演示 strtolower() 函数的具体用法，如例 8.5 所示。

【例 8.5】 strtolower() 函数的用法。

```php
1   <?php
2       $str = "I LIKE PHP ";                     // 给变量赋值
```

```
3        $lstr = strtolower($str);        // 全部转换为小写
4        echo $lstr;                      // 输出变量值
5    ?>
```

运行结果如图 8.5 所示。

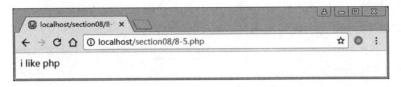

图 8.5　运行结果 5

从程序运行结果可以看出，利用 strtolower()函数将字符串"I　LIKE　PHP"全部转换为小写。

8.2.5　字符串首字母大写转换

函数 ucfirst()的作用是将字符串的首字母转换为大写，并返回转换后的字符串，其语法格式如下：

```
string  ucfirst(string $str)
```

其中，参数$tr 为要转换的字符串。该函数的作用是将该字符串的首字母转换为大写。接下来演示 ucfirst()函数的具体用法，如例 8.6 所示。

【例 8.6】　ucfirst()函数的用法。

```
1    <?php
2        $old = "i like php";            // 给$old 变量赋值
3        $new = ucfirst($old);           // 将首字母转换为大写
4        echo $new . "<br>";             // 输出变量$new
5    ?>
```

运行结果如图 8.6 所示。

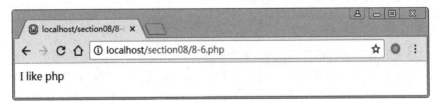

图 8.6　运行结果 6

从程序运行结果可以看出，利用 ucfirst()函数可以将字符串"i like php"中的首字母转换成大写。

8.2.6 单词首字母大写转换

函数 ucwords()的作用是将字符串的每个单词的首字母都转换为大写,其语法格式与 ucfirst()函数相同。接下来演示 ucwords()函数的具体用法,如例 8.7 所示。

【**例 8.7**】 ucwords()函数的用法。

```php
1    <?php
2        $str = "wELCOME to qIANFENG";          // 给$str 变量赋值
3        $new_str_1 = ucwords($str);            // 首字母转大写
4        echo $new_str_1 . "<br>";              // 输出变量值
5        $new_str_2 = ucwords(strtolower($str));
6        echo $new_str_2;
7    ?>
```

运行结果如图 8.7 所示。

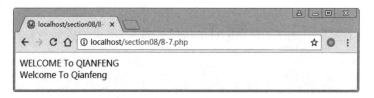

图 8.7   运行结果 7

从程序运行结果可以看出,利用 ucwords()函数可以将字符串"wELCOME to qIANFENG"的每个单词的首字母都转换为大写,其余字母为小写的字符串。代码第 2 行给变量$str 赋值。第 3 行将字符串中每个单词的首字母都转换成大写。第 5 行先将字符串中的所有字母都转换为小写,然后将每个单词的首字母都转换成大写。

8.2.7 字符串的替换

函数 str_replace()用于字符串的替换,其语法格式如下:

```
string str_replace( string $str1 ,string $str2 ,string $str3 )
```

其中,参数$str2 为新字符串,参数$str3 为原字符串。函数的作用是用新字符串$str2 替换原字符串$str3 中的字符串$str1。接下来演示 str_replace()函数的具体用法,如例 8.8 所示。

【**例 8.8**】 str_replace()函数的用法。

```php
1    <?php
2        $str1 = "Java"; // 定义变量
3        $str2 = "PHP";
4        $str3 = "I love Java,Java love me too";
```

```
5      $result = str_replace($str1,$str2,$str3); // 字符串替换
6      echo $result;
7   ?>
```

运行结果如图 8.8 所示。

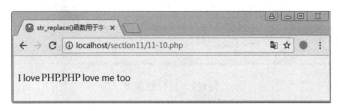

图 8.8 运行结果 8

从程序运行结果可以看出，利用 str_replace()函数将"I love Java,Java love me too"中的
"Java"替换为"PHP"。代码第 2 行给变量$str1 赋值，第 3 行给变量$str2 赋值，第 4 行给
变量$str3 赋值，第 5 行将$str3 中的"Java"替换为"PHP"。

8.2.8 字符串的部分替换

函数 substr_replace()用于把字符串的一部分替换为另一个字符串，其语法格式如下：

```
substr_replace(string$str,string$replacement,int$start[,int$length])
```

其中，参数$str 指定要操作的原始字符串；参数$replacement 指定替换原始字符串的内容；
参数$start 指定字符串开始替换的位置，如果参数$start 是正数，则起始位置从字符串的
开头算起，如果参数$start 是负数，则起始位置从字符串的结尾算起，如果是 0，则在字
符串中的第一个字符处开始替换；参数$length 为可选参数，指定要替换多少个字符。

接下来演示 substr_replace()函数的具体用法，如例 8.9 所示。

【例 8.9】 substr_replace()函数的用法。

```
1   <?php
2      echo substr_replace("abcdefghi","DEF",3);
3      echo "<br>";
4      echo substr_replace("abcdefghi","DEF",3,2);
5      echo "<br>";
6      $var = "AAA5BB";
7      echo "Original-$var<hr />";
8      echo substr_replace($var,'EEEFF',0,0)."<br>";
9      echo substr_replace($var,'EEEFF',8,-1)."<br>";
10     echo substr_replace($var,'EEEFF',-7,-1)."<br>";
11     echo substr_replace($var,'',8,-1)."<br>";
12  ?>
```

运行结果如图 8.9 所示。

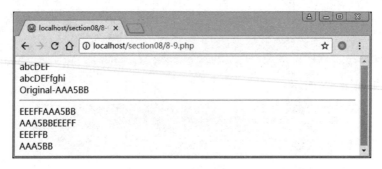

图 8.9　运行结果 9

从程序运行结果可以看出，利用 substr_replace()函数将字符串"abcdefgh"替换成"abcDEF"和"abcDEFfghi"，并对字符串"AAA5BB"做出处理。

8.2.9　获取字符串长度

获取字符串的长度使用的是 strlen()函数。其语法格式如下：

```
int strlen( string $str )
```

其中，参数 str 表示获取指定字符串的长度。接下来演示 strlen()函数的具体用法，如例 8.10 所示。

【例 8.10】　strlen()函数的用法。

```
1    <?php
2        $test = "千锋教育官网：http://www.mobiletrain.org"; // 给变量赋值
3        $result = strlen($test);            // 获取$test 字符串的长度
4        echo $result;                       // 输出字符串长度
5    ?>
```

运行结果如图 8.10 所示。

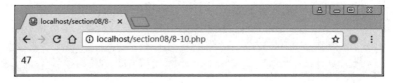

图 8.10　运行结果 10

从程序运行结果可以看出，代码第 2 行给变量$test 赋值，代码第 3 行使用 strlen()函数获取指定字符串$test 的长度，代码第 4 行输出结果。

8.2.10　截取字符串

在 PHP 中有一项非常重要的技术，就是截取指定字符串中指定长度的字符。PHP

对字符串的截取可以采用 PHP 的预定义函数 substr()实现。下面重点介绍 substr()函数的语法及应用。其语法格式如下：

```
string substr( string $str , int $start [, int $length] )
```

其中，参数$str 表示指定字符串对象，参数$start（指定位置从 0 开始计算的，即字符串中的第一个字符的位置表示为 0）表示指定开始截取字符串的位置，如果参数$start 为负数，则从字符串的末尾开始截取；参数$length 为可选参数，表示指定截取字符的个数，如果$length 为负数，则表示取到倒数第 length 个字符。

接下来演示 substr()函数的用法，如例 8.11 所示。

【例 8.11】 substr()函数的用法。

```
1    <?php
2        $test = "I like QianFeng education";      // 给变量$test 赋值
3        $result_1 = substr($test,0);              // 从第 0 个字符开始截取
4        echo $result_1;                           // 输出结果
5        echo "<br>";                              // 执行换行
6        $result_2 = substr($test,4,14); // 从第 4 个字符开始连续截取 14 个字符
7        echo $result_2;
8        echo "<br>";
9        $result_3 = substr($test,-4,4);
                              // 从倒数第 4 个字符开始连续截取 4 个字符
10       echo $result_3;
11       echo "<br>";
12       $result_4 = substr($test,0,-4);
                              // 从第 0 个字符截取,截取到倒数第 4 个字符
13       echo $result_4;
14       echo "<br>";
15   ?>
```

运行结果如图 8.11 所示。

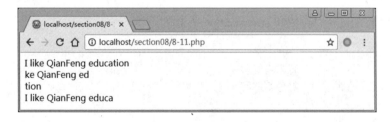

图 8.11 运行结果 11

从程序运行结果可以看出，使用 substr()函数截取字符串中指定长度的字符。代码第 2 行给变量$test 赋值；代码第 3 行使用 substr()函数从第 0 个字符开始截取，截取后的结果为"I like QianFeng education"；代码第 6 行从第 4 个字符开始连续截取 14 个字符，截取后的结果为"ke QianFeng ed"；代码第 9 行从倒数第 4 个字符开始连续截取 4 个字符，

截取后的结果为"tion"；代码第 12 行从第 0 个字符开始截取,截取到倒数第 4 个字符，截取后的结果为"I like QianFeng educa"。

⚠️ **注意：**

在使用 substr()函数截取中文字符串时，如果截取的字符个数是奇数，那么就会导致截取的中文字符串出现乱码，因为一个中文字符由两字节组成，所以 substr()函数适用于对英文字符串的截取，如果想要截取中文字符串，而且要避免出现乱码，最好的方法是使用 substr()函数编写一个自定义函数。

8.2.11　比较字符串

在 PHP 中，对字符串之间进行比较的方法有多种，第一种是使用 strcmp()函数和 strcasecmp()函数按照字节进行比较；第二种是使用 strnatcmp()函数按照自然排序法进行比较；第三种是使用 strncmp()函数指定从源字符串的位置开始比较。下面对前两种方法进行详细讲解。

1. 按字节进行字符串的比较

按字节进行字符串比较的方法有两种，分别是利用 strcmp()和 strcasecmp()函数。这两种函数的区别是 strcmp()函数区分字符的大小写，而 strcasecmp()函数不区分字符的大小写。由于这两个函数的实现方法基本相同，这里只介绍 strcmp()函数。

strcmp()函数用来对两个字符串按字节进行比较。其语法格式如下：

```
int strcmp( string $str1 , string $str2)
```

其中，参数$str1 和参数$str2 指定要比较的两个字符串。如果参数$str1 和参数$str2 相等，则函数返回值为 0；如果参数$str1 大于参数$str2，则函数返回值大于 0；如果参数$str1 小于参数$str2，则函数返回值小于 0。

接下来演示使用 strcmp()函数和 strcasecmp()函数分别对两个字符串按字节进行比较，如例 8.12 所示。

【例 8.12】 strcmp()函数和 strcasecmp()函数的用法。

```
1    <?php
2        $str1 = "千锋教育好程序员";
3        $str2 = "千锋教育好程序员";
4        $str3 = "qianfeng";
5        $str4 = "QIANFENG";
6        echo strcmp($str1,$str2) . "<br>";
7        echo strcmp($str3,$str4) . "<br>";        // 该函数区分大小写
8        echo strcasecmp($str3,$str4) . "<br>";  // 该函数不区分大小写
9    ?>
```

运行结果如图 8.12 所示。

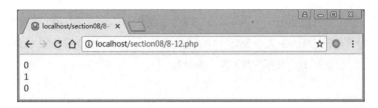

图 8.12 运行结果 12

从程序运行结果可以看出，使用 strcmp()函数可以比较两个字符串字节数的大小。代码第 6 行输出结果为 0，表示$str1 与$str2 相等；代码第 7 行输出结果为 1，表示$str3 大于$str4；代码第 8 行输出结果为 0，表示$str3 与$str4 相等。

2. 按自然排序法进行字符串的比较

在 PHP 中，按照自然排序法进行字符串的比较是通过 strnatcmp()函数来实现的。自然排序法比较的是字符串中的数字部分，将字符串中的数字按照大小进行比较。其语法格式如下：

```
int strnatcmp( string $str1 , string $str2)
```

如果字符串相等则返回 0，如果参数$str1 大于参数$str2，则返回值大于 0；如果参数$str1 小于参数$str2，则返回值小于 0。该函数区分字母大小写。接下来演示 strnatcmp()函数的具体用法，如例 8.13 所示。

【例 8.13】 strnatcmp()函数的用法。

```php
1    <?php
2        $str1 = "hello2.php";
3        $str2 = "hello10.php";
4        $str3 = "qianfeng666";
5        $str4 = "QIANFENG666";
6        echo strcmp($str1,$str2) . "<br>";    // 按字节进行比较,返回1
7        echo strcmp($str3,$str4) . "<br>";    // 按字节进行比较,返回1
8        echo strnatcmp($str1,$str2) . "<br>";// 按自然排序法进行比较,返回-1
9        echo strnatcmp($str3,$str4) . "<br>";// 按自然排序法进行比较,返回1
10   ?>
```

运行结果如图 8.13 所示。

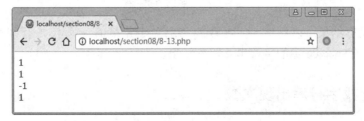

图 8.13 运行结果 13

从程序运行结果可以看出，代码第 6 行返回结果为 1，表示$str1 大于$str2；代码第7 行返回结果为 1，表示$str3 大于$str4；代码第 8 行返回结果为−1，表示$str1 小于$str2；代码第 9 行返回结果为 1，表示$str3 大于$str4。

8.2.12　查找字符串

strstr()函数和 strrchr()函数用于查找字符串，两个函数声明格式如下：

```
string strstr( string $haystack , string $needle )
string strrchr( string $haystack , string $needle )
```

其中，参数$haystack 表示母字符串，即被查找的字符串；参数$needle 表示子字符串，即要查找的字符串。

两个函数除了函数名不同，使用方法完全相同，但是其作用略有不同。strstr()函数用来查找子字符串在母字符串中第一次出现的位置，并返回从此位置开始到母字符串结束的部分。strrchr()函数查找字符串在母字符串中最后一次出现的位置，并返回从此位置开始到母字符串结束的字符串。

接下来，演示 strstr()函数和 strrchr()函数的具体用法，如例 8.14 所示。

【例 8.14】　strstr()函数和 strrchr()函数的用法。

```
1    <?php
2        $needle = "a";                    // 定义变量
3        $str = "name@example.com";        // 定义变量
4        echo strstr($str,$needle)."<br>";
5        echo strrchr($str,$needle);
6    ?>
```

运行结果如图 8.14 所示。

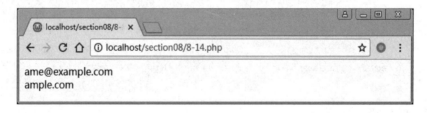

图 8.14　运行结果 14

从程序运行结果可以看出，代码第 2、3 行给变量赋值，第 4、5 行判断字符串变量$str 中是否含有$needle 中的字符串并输出结果。

8.2.13　查找字符串出现次数

函数 substr_count()用于查找字符串出现的次数，其声明格式如下：

```
int substr_count( string $haystack , string $needle [ ,int $offset [ ,int
$length]])
```

substr_count()用来统计参数$needle 在另一个参数$haystack 中出现的次数。可选参数为$offset 和$length，分别表示要查找的起点和长度，该函数返回值是一个整数。接下来演示 substr_count()函数的具体用法，如例 8.15 所示。

【例 8.15】 substr_count()函数的用法。

```
1    <?php
2        $text = "This is a test";                          // 定义变量
3        echo  strlen($text)."<br>";                        // 14
4        echo  substr_count($text,'is')."<br>";             // 2
5        echo  substr_count($text,'is',3)."<br>";           // 1
6        echo  substr_count($text,'is',3,3)."<br>";         // 0
7    ?>
```

运行结果如图 8.15 所示。

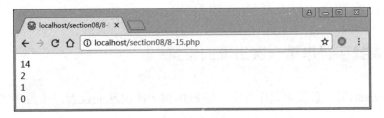

图 8.15 运行结果 15

从程序运行结果可以看出，计算字符串"This is a test"的长度，利用 substr_count()函数查找"is"在字符串"This is a test"中出现的次数。再分别从第 4 个字符开始查找"is"的出现次数和第 4 个字符后面的 3 个字符中是否出现"is"。代码第 3 行计算字符串长度并输出结果；第 4 行统计字符串"is"在变量$text 中出现的次数，第 5 行从第 4 个字符开始统计"is"出现的次数。第 6 行查找第 3 个字符后面的 3 个字符中是否出现"is"。

8.2.14　查找字符串最后一次出现的位置

函数 strrpos()用于查找字符串在另一字符串中最后一次出现的位置，其语法格式如下：

```
int strrpos( string $haystack , mixed $needle [ ,int $offset ] )
```

其中，参数$haystack 表示母字符串，即被查找的字符串；参数$needle 表示子字符串，即要查找的字符串；参数$offset 设置查找字符串的长度，用来限制查找的范围。接下来演示 strrpos()函数的具体用法，如例 8.16 所示。

【例 8.16】 strrpos()函数的用法。

```
1   <?php
2       $mystring = "PHP!PHP";                  // 定义变量
3       echo strrpos($mystring,"P")."<br>";     // 查找字符的位置
4       echo strrpos($mystring,"PH");           // 查找字符的位置
5   ?>
```

运行结果如图 8.16 所示。

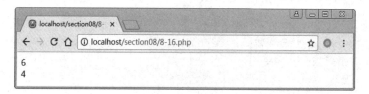

图 8.16　运行结果 16

从程序运行结果可以看出，程序使用 strrpos()函数查找字符"P"和字符串"PH"在字符串"PHP!PHP"中最后一次出现的位置。代码第 2 行定义变量$mystring 并赋值，第 3 行和第 4 行输出结果。

8.2.15　查找字符串第一次出现的位置

函数 strpos()用于查找字符串在另一字符串第一次出现的位置，函数声明格式如下：

```
int strpos( string $haystack , mixed $needle [ ,int $offset ] )
```

其中，参数$haystack 表示母字符串，即被查找的字符串；参数$needle 表示子字符串，即要查找的字符串；参数 offset 设置查找字符串的长度，用来限制查找的范围。接下来演示 strpos()函数的具体用法，如例 8.17 所示。

【例 8.17】 strpos()函数的用法。

```
1   <?php
2       $mystring = "PHP!PHP ";                 // 定义变量
3       echo strpos($mystring,"P")."<br>";      // 查找字符的位置
4       echo strpos($mystring,"PH");            // 查找字符的位置
5   ?>
```

运行结果如图 8.17 所示。

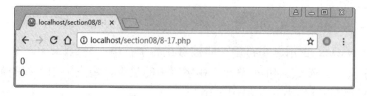

图 8.17　运行结果 17

从程序运行结果可以看出，程序使用 strpos()函数查找字符"P"和字符串"PH"在字符串"PHP!PHP"中第一次出现的位置。代码第 2 行定义变量$mystring 并赋值，第 3 行和第 4 行输出结果。

8.2.16　将字符串分割成小块

函数 str_split()用于将指定字符串，按指定长度分割，并返回一个数组，数组的每个单元就是分割后的字符串，其语法格式如下：

```
array  str_split( string $string [, int $split_length = 1])
```

函数 str_split()最终返回的结果是一个数组，第一个参数是 string 类型，表示要分组的字符串；第二个参数是 int 类型，表示按几个字符来分组，如果没有第二个参数，那么默认按 1 个字符来分组。接下来演示 str_split()函数的具体用法，如例 8.18 所示。

【例 8.18】 str_split()函数的用法。

```
1    <?php
2        $enString = "string";
3        $cnString = "这是测试用字符串";
4        echo "<b>使用默认长度分割字符串</b>";
5        echo "<pre>";
6        print_r(str_split($enString));
7        echo "</pre>";
8        echo "<b>使用指定长度分割字符串</b>";
9        echo "<pre>";
10       print_r(str_split($enString,4));
11       echo "</pre>";
12   ?>
```

运行结果如图 8.18 所示。

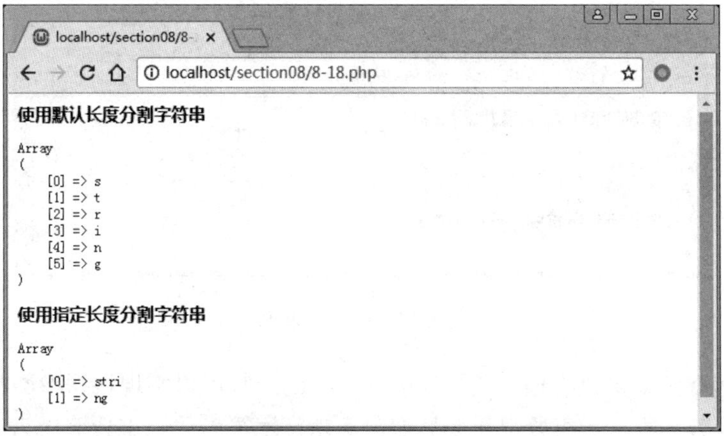

图 8.18　运行结果 18

从程序运行结果可以看出，使用函数 str_split()可以完成对字符串进行小块分割的功能。代码第 2 行设置变量$enString 并赋值；第 6 行打印输出分割后的字符串，返回结果是一个数组；第 10 行打印输出分割后的字符串（按照 3 个字符长度进行分组），返回结果是一个数组。

8.2.17　在字符串中插入字符串

函数 chunk_split()的作用是根据参数指定的长度把字符串分为若干段，然后在每段字符串后面附上指定字符串并重新链接为一个字符串返回，其语法格式如下：

```
string chunk_split( string $string ,int $length ,int $end )
```

其中，参数$string 表示要分割的字符串；$length 表示一个数字，定义字符串的长度，默认为 76；$end 表示一个字符串，定义在每个字符串之后放置的内容，默认为\r\n。

接下来演示 chunk_split()函数的具体用法，如例 8.19 所示。

【例 8.19】 chunk_split()函数的用法。

```
1    <?php
2        $string = "Helloworld!";
3        echo "<b>在字符串的指定长度后，添加默认字符串</b>";
4        echo "<pre>";
5        echo chunk_split($string,4);
6        echo "</pre>";
7        echo "<b>在字符串的指定长度后，使用'-'分割符</b>";
8        echo "<pre>";
9      echo chunk_split($string,4,'-');
10       echo "</pre>";
11   ?>
```

运行结果如图 8.19 所示。

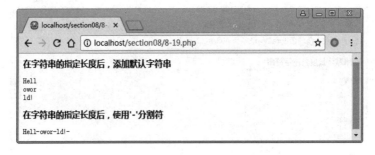

图 8.19　运行结果 19

从程序运行结果可以看出，使用 chunk_split()函数可以实现根据参数指定的长度，把字符串分为若干段，在每段字符串后面附上指定字符串后，重新链接为一个字符串并返回的功能。代码第 2 行定义变量$string 并赋值，第 5 行和第 9 行输出结果。

8.2.18 字符串的分解和合并

explode()函数用于分解字符串，其语法格式如下：

```
array explode( string $pattern , string $str [, int $limit ] )
```

其中，参数$pattern 指定作为分解标识的符号；$str 为特殊的原始串；第 3 个可选参数$limit 为返回子串个数的最大值，如果达到上限，数组的最后一个元素会包含字符串剩余的部分。默认为全部返回，函数的返回值为数组。

implode()函数用于合并字符串，其语法格式如下：

```
string implode( string $pattern , arr $array )
```

其中，参数$pattern 指定子字符串之间放置的内容，参数$array 指定包含字符串元素的数组。

接下来演示 explode()和 implode()函数的具体用法，如例 8.20 所示。

【例 8.20】 explode()和 implode()函数的用法。

```php
1   <?php
2       $time = "12:59:59";             // 给变量赋值
3       $time = explode(':', $time);    // 用":"分割时间
4       echo '<pre>';
5       print_r($time);                 // 打印结果
6       echo '</pre>';
7       $time = implode(':',$time);     // 用":"组合时间
8       echo '<pre>';
9       print_r($time);
10      echo '</pre>';
11  ?>
```

运行结果如图 8.20 所示。

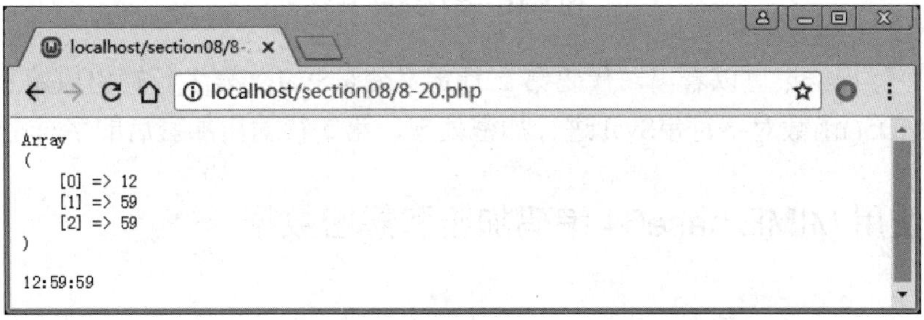

图 8.20 运行结果 20

从程序运行结果可以看出，代码第 2 行给$time 变量赋值为 12:59:59，第 3 行使用 explode()函数将变量$time 以指定符号":"进行分割，第 5 行将分解后的结果打印输出。

第 7 行使用 implode() 函数将变量 $time 以指定符号 "：" 进行合并，第 9 行将合并后的结果打印输出。

8.3　字符串其他操作

8.3.1　MD5 的应用

MD5 的全称是 Message-Digest algorithm（信息-摘要算法）5，其主要功能是消息的完整性保护，常用于数据加密等计算机安全领域。为方便开发人员使用 MD5，PHP 中提供了 MD5() 函数，其语法格式如下：

```
string MD5( string $str)
```

其中，参数 $str 是要加密的字符串。接下来演示 MD5() 函数的使用方法，如例 8.21 所示。

【例 8.21】　MD5() 函数的使用方法。

```php
1   <?php
2       $val = "123456";
3       echo "原始字符串：$val<br>";
4       $md_val = MD5($val);
5       echo "MD5 加密后的值为：$md_val";
6   ?>
```

运行结果如图 8.21 所示。

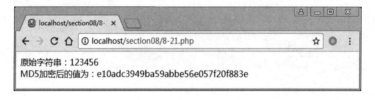

图 8.21　运行结果 21

从程序运行结果可以看出，代码第 2 行定义变量 $val，第 3 行输出原始字符串，第 4 行使用 MD5() 函数对字符串 $val 进行加密处理，第 5 行输出加密后的字符串。

8.3.2　使用 MIME base64 编码加密和解密数据

MIME base64 是一种编码手段，而不是加密手段，字符串按照 base64 编码后，可以使二进制数据通过非纯 8b 的传输层传输，例如电子邮件的主体。

本小节主要介绍利用 base64 的编码与解码函数实现类似的字符串加密、解码操作。base64_encode() 函数可以对指定的字符串进行编码，并返回一个编码的字符串。

base64_decode()函数可以把一个使用 base64_encode()函数编码的字符串进行解码，然后返回解码后的字符串。接下来演示这两个函数的使用方法，如例 8.22 所示。

【例 8.22】 base64_encode()函数和 base64_decode()函数的用法。

```php
1    <?php
2        $string = "千锋 PHP 训练大本营"; // 定义一个字符串变量
3        echo "<b>原字符串: </b>".$string."<br>";
4        $str = base64_encode($string);
                                       // 使用 base64_encode()函数对字符串进行编码
5        echo "<b>使用 base64_encode()编码的字符串: </b>".$str."<br>";
6        $str = base64_decode($str);
7        echo "<b>使用 base64_decode()解码的字符串: </b>".$str."<br>";
8    ?>
```

运行结果如图 8.22 所示。

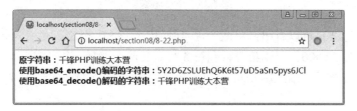

图 8.22 运行结果 22

从程序运行结果可以看出，代码第 2 行定义一个字符串变量$string，第 3 行输出变量$string，第 4 行使用 base64_encode()函数对变量$string 进行编码，编码后的结果赋值给变量$str 来保存结果，第 6 行将编码后的结果$str 使用 base64_decode()函数进行解码，解码后结果赋值给变量$str 来保存（前一个变量$str 会被后一个变量$str 所覆盖），第 5 行和第 7 行分别输出编码和解码后的字符串。

8.3.3 创建格式化输出

PHP 包括两个在格式化输出方面非常有用的函数：print()和 sprintf()。print()函数为打印输出，sprintf()函数将输出作为一个字符串值返回。每个函数通常都使用两个或更多参数，第一个参数是一个名为格式串（format string）的字符串，其指定输出格式，其余参数指定要输出的值。

格式串包含一系列指令和普通字符，指令是以字符%开始的字符序列，其决定了如何格式化相应的参数。一个简单的指令可以包含%及后面的类型说明符（如 d，其指定将参数作为十进制数处理），普通字符是除%之外的任何字符。接下来演示创建格式化输出，如例 8.23 所示。

【例 8.23】 创建格式化输出。

```php
1    <?php
```

```
2        $decimal_1 = 12.3;
3        $decimal_2 = 45.6;
4        $decimal_total = $decimal_1 + $decimal_2;
5        echo $decimal_total."<br>";
6        $format_result = sprintf("%01.3f",$decimal_total);
7        echo $format_result;
8    ?>
```

运行结果如图 8.23 所示。

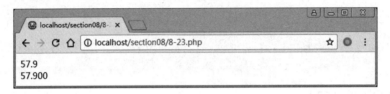

图 8.23　运行结果 23

从程序运行结果可以看出，将两个浮点数 12.3、45.6 相加，利用 sprintf()函数格式化输出的结果为 57.900。代码第 2 行和第 3 行定义两个变量，第 4 行将两个变量相加求和，第 5 行输出求和结果$decimal_total，第 6 行规定输出的格式，第 7 行按规定格式输出。

8.3.4　ASCII 码与字符串

在字符串操作中，可以使用 ord()函数返回字符的 ASCII 码，也可以使用 chr()函数返回 ASCII 码对应的字符。接下来演示这两个函数的使用方法，如例 8.24 所示。

【例 8.24】　ord()函数和 chr()函数的用法。

```
1    <?php
2        echo ord("a");   // 输出 97
3        echo "<br>";
4        echo chr(98);    // 输出 b
5    ?>
```

运行结果如图 8.24 所示。

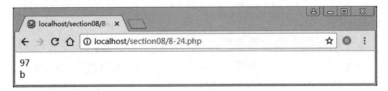

图 8.24　运行结果 24

从程序运行结果可以看出，使用 ord()和 chr()函数输出后的结果分别是：字符"a"对应的 ASCII 编码 97 及 ASCII 编码 98 对应的字符"b"。

8.4 本章小结

字符串是 PHP 中应用最为广泛的数据类型，其操作方法种类繁多。PHP 5 及以上版本提供了六十多种内置的字符串操作函数，熟练地使用这些函数，是学习 PHP 的重要内容。本章主要对常用的字符串操作技术进行了详细的讲解，其中去除字符串首尾空格、获取字符串的长度、连接和分割字符串、截取字符串、查找字符串和替换字符串等都是需要重点掌握的技术。同时，这些内容也是作为一个 PHP 程序员必须熟悉和掌握的知识。相信通过本章的学习，读者能够举一反三，灵活运用。

8.5 习 题

1. 填空题

（1）去除字符串两边的空格或指定的字符使用_____。

（2）计算字符串中某字符出现的次数使用_____。

（3）对字符串中的部分字符进行替换使用_____。

（4）对字符串进行截取使用_____。

（5）将字符串转换为小写使用_____。

2. 选择题

（1）下列选项中，可以将字符串进行分割的函数是（   ）。

    A．strrchr()   B．substr()

    C．str_split()   D．strstr()

（2）下列选项中，（   ）函数可以获取字符串长度。

    A．strncmp()   B．strrpos()

    C．strtok()   D．strlen()

（3）下列选项中，（   ）函数不是对字符串做算法加密处理。

    A．str_rot13()   B．ord()

    C．md5()   D．sha1()

（4）下列选项中，（   ）函数将所给字符串的第一个字母转换为大写。

    A．ucfirst()   B．ucwords()

    C．wordwrap()   D．strtoupper()

（5）下列选项中，（   ）函数可以计算字符串中某字符出现的次数。

    A．substr()   B．strstr()

C．substr_count()   D．strpos()

3．思考题

（1）简述对字符串做加密处理的函数有哪些（至少两个）。

（2）简述哪一个函数可以将一组字符串分割后转换成数组。

4．编程题

编写程序，写一个函数实现字符串分割。

扫描查看习题答案

第 9 章

正则表达式

本章学习目标
- 了解正则表达式的相关概念；
- 掌握正则表达式的语法规则；
- 掌握正则表达式的常见应用。

正则表达式（Regular Express，简称 Regex）又称规则表达式，它是一些用于匹配和处理文本的字符串。大家可以在几乎所有的基于 Linux（或 UNIX）系统的工具中找到正则表达式的身影，例如，Vi 编辑器、Perl 或 PHP 脚本语言以及 Shell 脚本等。由此可见，正则表达式已经超出了某种语言或某个系统的局限，在匹配和处理文本的场景中获得了广泛应用。

9.1 初识正则表达式

9.1.1 正则表达式的概念

正则表达式是一种描述字符串结构的语法规则，是一个特定的格式化模式，可以匹配、替换、截取匹配的字符串。简单一点讲，正则表达式就像一把筛子，筛选出符合用户需要的各种数据，如图 9.1 所示。

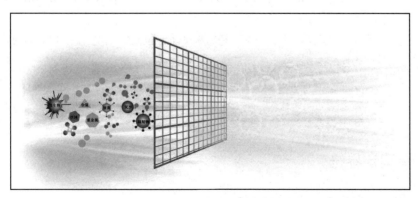

图 9.1 正则表达式和筛子

9.1.2　正则表达式应用场景

使用正则表达式解决问题，离不开一个词语"匹配"，例如，匹配单个字符、匹配一组字符串、匹配（或搜索）某一个大的内容范围里是否有用户需要的信息或数据等。在正式讲解本章内容之前，请大家认真思考以下两个场景。

- 有一张用户注册表单，表单中需要用户输入电子邮件地址。当用户完成邮件地址输入时，程序需要检查用户输入的电子邮件地址是否符合正确的语法格式，即是否是 xxxxxx@xx.com 这种邮箱格式。
- 要搜索一个包含单词 reg（不区分大小写）的文件，但并不要求把包含字符串 reg 的其他单词（如 regular、regret、regression、regressive）也搜索出来。

以上是大家编写程序时经常会遇到的场景，可以通过遍历字符串并在循环体中套用一系列 if 判断语句的方法来解决，但这样做的缺点也很明显，会造成程序性能低下、代码冗余、阅读性差等问题。

除此之外，另外一种较为简单的解决方案是使用正则表达式。正则表达式在字符串的匹配、查找、替换等方面具有很强的优势，上述场景中的需求都可以使用正则表达式实现。

9.2　正则表达式语法规则

一个完整的正则表达式由元字符和文本字符两部分构成。接下来，本节将围绕不同的元字符讲解正则表达式的使用。

9.2.1　行定位符

正则表达式通过行定位符（^和$）支持定位功能。行定位符用来描述字符串的边界，它可以确定字符在字符串中的具体方位。例如，^表示匹配输入字符串开始的位置；$表示匹配输入字符串结尾的位置。

为方便大家记忆和掌握，下面针对^和$两种行定位符做详细介绍，具体示例如下。

```
^QianFeng   // 该表达式表示要匹配以 QianFeng 开头的字符串，如 "QianFeng is the
            // best"可以匹配
QianFeng$   // 该表达式表示要匹配以 QianFeng 结尾的字符串，如"Welcome to QianFeng"
            // 可以匹配
```

9.2.2　单词定界符

单词定界符（\b 和\B）用来描述单词或非单词的边界，如匹配单词和空格间的位置。它有两种表现形式：一种是\b，表示匹配一个单词边界，也就是指单词和空格间的位置；

另一种是\B，表示匹配非单词边界。

为方便大家理解和掌握，下面针对\b 和\B 两种单词定位符做详细介绍，具体示例如下。

```
an\b      // 该表达式表示要匹配以 an 和空格间的位置,如可以匹配"Qian"中的"an",但不能
          // 匹配"Zhang"中的"an"
an\B      // 该表达式表示可以匹配不在边界的 an，如可以匹配"Zhang"中的"an",但不能匹
          // 配"Qian"中的"an"
```

9.2.3　字符类

在使用正则表达式匹配字符串时，有时会遇到忽略字母大小写的情况，此时可以使用方括号表达式（[]）。例如，要匹配字符串"Qf"不区分大小写，其表达式的格式如下所示。

```
[Qq][Ff]
```

上述表达式匹配字符串"Qf"的所有写法，如 qf、Qf、qF、QF 都可以匹配。

针对字符类的常见使用，POSIX 和 PCRE 都使用了一些预定义字符类，但表示的方法略有不同。POSIX 风格的预定义字符类如表 9.1 所示。

表 9.1　POSIX 风格的预定义字符类

预定义字符类	说　　明
[:digit:]	十进制数字集合。等同于[0-9]
[[:alnum:]]	字母和数字的集合。等同于[a-z A-Z 0-9]
[[:alpha:]]	字母集合。等同于[a-z A-Z]
[[:blank:]]	空格和制表符
[[:xdigit:]]	十六进制数字
[[:punct:]]	特殊字符集合。包括键盘上的所有特殊字符，如!、@、#、$、?等
[[:print:]]	所有的可打印字符（包括空白字符）
[[:space:]]	空白字符（空格、换行符、换页符、回车符、水平制表符）
[[:graph:]]	所有的可打印字符（不包括空白字符）
[[:upper:]]	所有大写字母，[A-Z]
[[:lower:]]	所有小写字母，[a-z]
[[:cntrl:]]	控制字符

表 9.1 列举了 POSIX 中的一些预定义字符类，这些字符类都是使用单词来表示的，而 PCRE 的预定义字符类则是使用反斜线表示的，关于 PCRE 预定义字符类的相关知识，将在后面的小节中进行详细讲解。

9.2.4　选择字符

选择字符（|）表示的意义相当于"或"，例如，如果要匹配字符串"qf"并且不区分大

小写，其表达式的格式如下所示。

```
(Q|q)(F|f)
```

上述表达式匹配字符串"Qf"的所有写法，如 qf、Qf 等。除了匹配单个字符外，|也可以匹配字符串。例如，上述表达式也可以写成如下形式。

```
QF|Qf|qf|qF
```

9.2.5　连字符

连字符（-）用于简化结构复杂的正则表达式。当要匹配的字符能够按照字符编码排序时，可以使用连字符。例如，匹配 0～9 的数字，其表达式的格式如下所示。

```
[0-9]
```

此外，匹配 26 个英文字母并且区分大小写，其表达式的格式如下所示。

```
[a-zA-Z]
```

使用连字符简化了表达式的结构，有助于提升编码效率。

9.2.6　反义字符

反义字符（[^]）用于匹配不在字符类指定范围内的任意字符。^字符在 9.2.1 节中出现过，表示行的开始。如果将^放到方括号中，表示反义字符。例如，要匹配除数字以外的任意字符，其表达式的格式如下所示。

```
[^0123456789]
```

此处若不使用反义字符，那么表达式中就要包括除数字外的所有内容，这使得编码变得相对烦琐。

9.2.7　限定符

在使用正则表达式匹配字符时，有时会遇到不明确匹配多少字符的情况，为了能适应这种不确定性，正则表达式支持限定符的概念，限定符可以指定正则表达式的一个给定组件必须要出现多少次才能满足匹配。正则表达式中的限定符主要有 6 种，具体如表 9.2 所示。

表 9.2 列举了 6 种限定符的使用方法，以 Google 搜索页为例，Google 中间字母 o 的个数会随着搜索页的改变而改变，当 Google 搜索结果只有一页时，不显示 Google 标志，只有搜索结果大于或等于 2 页时，才显示 Google 标志，这说明字母 o 最少为 2 个，如果字母 o 最多为 20 个，其正则表达式可以写成：

```
Go{2,20}gle
```

表 9.2　限定符的说明和举例

限　定　符	说　　明	举　　例
?	匹配前面的字符零次或一次	colou?r，该表达式可以匹配 colour 和 color
+	匹配前面的字符一次或多次	go+gle，该表达式可以匹配的范围从 gogle 到 goo…gle
*	匹配前面的字符零次或多次	go*gle，该表达式可以匹配的范围从 ggle 到 goo…gle
{n}	匹配前面的字符 n 次	go{2}gle，该表达式只匹配 google
{ n,}	匹配前面的字符最少 n 次	go{2,}gle，该表达式可以匹配的范围从 google 到 goo…gle
{n,m}	匹配前面的字符最少 n 次，最多 m 次	employe{0,2}，该表达式可以匹配 employ、employe 和 employee 3 种情况

9.2.8　点字符

点字符（.）用于匹配除换行符外的任意单个字符，例如，匹配以 a 开头、c 结尾、中间包含一个字符的字符串，其正则表达式如下所示：

```
^a.c$
```

上述表达式中，点字符表示任意单个字符。

9.2.9　转义字符

正则表达式中的很多字符具有特殊的意义，如果在匹配中要用到它本来的意义，需要进行转义。转义字符是将特殊字符（如.、?、\等）变为普通的字符。例如，匹配以 a 开头、?c 结尾、中间包含一个字符的字符串，其正则表达式如下所示：

```
^a.\?c$
```

由于正则表达式中的?是一个特殊字符，要想将?当作一个普通的字符，需要使用转义字符\。

9.2.10　反斜线

在正则表达式中，\除了可作转义字符外，还可以通过后接字母表示更多的功能，具体如表 9.3～表 9.5 所示。

表 9.3　不可打印字符

字　　符	说　　明
\a	警报，即 ASCII 中的<BEL>字符
\b	退格，即 ASCII 中的<BS>字符
\e	Escape，即 ASCII 中的<Esc>字符

字　　符	说　　明
\f	换页，将当前位置移到下页开头
\n	换行，将当前位置移到下一行开头
\r	回车，即 ASCII 中的<CR>字符（0x0D）
\t	水平制表符，即 ASCII 中的<HT>字符（0x09）
\xhh	十六进制代码
\ddd	八进制代码
\cx	即 control-x 的缩写，匹配由 x 指明的控制字符，其中 x 是任意字符

表 9.4　预定义字符集

预定义字符集	说　　明
\d	任意一个十进制数字，相当于[0-9]
\D	任意一个非十进制数字
\s	任意一个空白字符（空格、换行符、换页符、回车符、水平制表符）
\S	任意后一个非空白字符
\w	任意一个字母、数字或下画线
\W	任意一个非字母、数字、下画线的字符

表 9.5　限定符

限　定　符	说　　明
\b	匹配一个单词边界，也就是指单词和空格间的位置
\B	匹配非单词边界
\A	匹配字符串的起始位置
\Z	匹配字符串的末尾位置或字符串末尾的换行符之前的位置
\z	只匹配字符串的末尾，而不考虑任何换行符
\G	当前匹配的起始位置

9.2.11　括号字符

正则表达式中，括号字符()可以改变优先级，将小原子组合成大原子，同时也可将括号里的匹配项整合为大元素中的小元素。

使用括号字符改变优先级，如下所示。

```
(danc|sing)er
```

上述表达式用于匹配单词 dancer 或 singer，如果不使用括号字符，那么就变成了匹配单词 danc 或 singer 了。

9.2.12　反向引用

反向引用就是依靠表达式的"记忆"功能来匹配连续出现的字符串或字母。如匹配连续两个 it，首先将单词 it 作为分组，然后在后面加上\1 即可。其表达式可以写成：

```
(it)\1
```

上述表达式是反向引用最简单的格式。如果要匹配的字符串不固定，那么就将括号内的字符串写成一个正则表达式。如果使用了多个分组，那么可以用\1、\2 来表示每个分组（顺序是从左到右）。

9.3　正则表达式相关函数

9.3.1　preg_match()函数

在 PHP 中可以通过 preg_match()函数对指定的字符串进行匹配，其语法格式如下：

```
int preg_match(string $pattern, string $subject[,array $matches])
```

其中，参数$pattern 为搜索模式；$subject 表示被搜索的字符串；$matches 为可选参数，如果设置了该参数，它将被填充为搜索结果。该函数在执行完第一次匹配后将会停止搜索，返回值是 0 次（不匹配）或 1 次。接下来演示 preg_match()函数的用法，如例 9.1 所示。

【例 9.1】　preg_match()函数的用法。

```php
1    <?php
2        // 需求：从一组字符串中筛选出 4 个数字
3        $str = 'QianFeng 1000phone 6666Coding 8888好程序员';// 测试数据
4        $reg = '/(\d)(\d)(\d)(\d)/i';                        // 定义匹配规则
5        preg_match($reg,$str,$result);                      // 开始匹配
6        echo '<pre>';
7        print_r($result[0]);
8        echo '</pre>';
9    ?>
```

运行结果如图 9.2 所示。

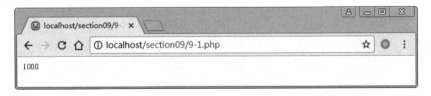

图 9.2　运行结果 1

在例 9.1 中，代码第 3 行定义字符串$str 并给其赋值；第 4 行规定字符串匹配规则，即从指定字符串中筛选出 4 个数字；第 5 行使用函数 preg_match()进行匹配；第 7 行中的$result[0]代表第一个被匹配到的目标。

9.3.2 preg_match_all()函数

在 PHP 中通过 preg_match_all()函数同样也可以对指定的字符串进行匹配，但是，它和 preg_match()函数存在一定区别，preg_match()函数是在第一次匹配成功后停止查找，而 preg_match_all()函数会一直匹配到最后才停止查找，直至获取到所有相匹配的结果。该函数语法格式如下：

```
int preg_match_all(string $pattern, string $subject[,array $matches])
```

其中，参数$pattern 为搜索模式；$subject 表示被搜索的字符串；$matches 为可选参数，如果设置了该参数，它将被填充为搜索结果。接下来演示 preg_match_all()函数的用法，如例 9.2 所示。

【例 9.2】 preg_match_all()函数的用法。

```
1   <?php
2     // 需求：从一组字符串中筛选出连续的数字
3     $str = 'QianFeng 1000Phone 6666Coding 8888 好程序员';// 测试数据
4     $reg = '/(\d)(\d)(\d)(\d)/i';                        // 定义匹配规则
5     preg_match_all($reg,$str,$result);                  // 开始匹配
6     echo '<pre>';                                       // <pre>格式化标签
7     print_r($result);                                   // 打印结果
8     echo '<pre>';
9   ?>
```

运行结果如图 9.3 所示。

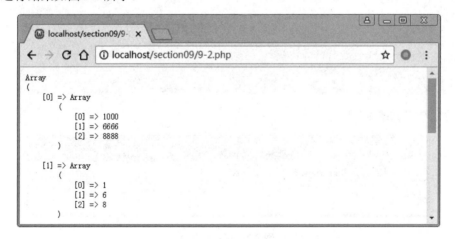

图 9.3　运行结果 2

在例 9.2 中，代码第 3 行定义字符串$str 并给其赋值；第 4 行规定字符串匹配规则，即从指定字符串中筛选出 4 个数字；第 5 行使用函数 preg_match_all()进行表达式全局匹配，其会一直匹配到最后才停止查找，直至获取到所有相匹配的结果。

9.3.3　preg_replace()函数

在程序开发中，如果想通过正则表达式完成字符串的搜索和替换，则可以使用 preg_replace()函数。与字符串处理函数 str_replace()相比，preg_replace()函数的功能更加强大，该函数语法格式如下：

```
mixed preg_replace(mixed $pattern,mixed $replacement,mixed $subject [,int
$limit])
```

其中，参数$pattern 为搜索模式；$replacement 表示指定字符串替换的内容；$subject 表示指定需要进行替换的目标字符串；参数$limit 表示指定在目标字符串上需要进行替换的最大次数，默认值为–1。接下来演示 preg_replace()函数的用法，如例 9.3 所示。

【例 9.3】　preg_replace()函数的用法。

```
1    ?php
2       // 需求：去掉字符串中的所有数字
3       $str = 'qian123feng45';
4       $reg = '/[0-9]/';
5       $new_str = preg_replace( $reg,'',$str);
6       echo $new_str;
7    ?>
```

运行结果如图 9.4 所示。

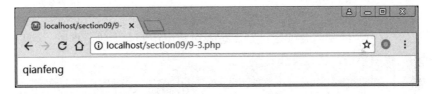

图 9.4　运行结果 3

在例 9.3 中，代码第 5 行使用 preg_replace()函数对字符串进行替换，返回值 string 类型。由于$reg 代表的正则表达式可以匹配 0～9 的任意一个数字，因此，程序将字符串$str 替换成了新的字符串"qianfeng"。

9.3.4　preg_split()函数

在程序开发中，使用函数 preg_split()可以完成复杂的字符串分割操作。例如，将邮箱字符串中出现@和.字符的地方同时进行分割。该函数语法格式如下：

```
array preg_split(string $pattern,string $subject [,int $limit [,int
$flags]])
```

其中，参数$pattern 为搜索模式；$subject 表示被分割的字符串；$limit 和$flags 都是可选参数。接下来演示 preg_split()函数的用法，如例 9.4 所示。

【例 9.4】 preg_split()函数的用法。

```php
1    <?php
2      // 需求：将 Hello,1000 phone 分割成 Hello 1000 phone 一块一块的
3      $str = 'Hello,1000 phone';
4      $reg = '/[\s|,]/';
5      $new_str = preg_split($reg,$str);
6      print_r($new_str);
7    ?>
```

运行结果如图 9.5 所示。

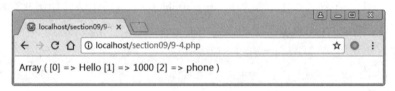

图 9.5 运行结果 4

在例 9.4 中，代码第 3 行定义字符串$str 并给其赋值；第 4 行规定字符串匹配规则，即从指定字符串进行分割；第 5 行使用函数 preg_split()完成对指定字符串的分割操作。

9.3.5 preg_grep()函数

在程序开发中，经常需要使用正则表达式对数组中的元素进行匹配，可以使用函数 preg_grep()，该函数语法格式如下：

```
array preg_grep( string $pattern ,array $input )
```

其中，参数$pattern 用于表示正则表达式模式；$input 用于表示被匹配的数组，包括参数 $input 数组中与给定参数$pattern 模式相匹配的单元。该函数对于输入数组$input 中的每个元素只匹配一次。接下来演示 preg_grep()函数的用法，如例 9.5 所示。

【例 9.5】 preg_grep()函数的用法。

```php
1    <?php
2      // 需求：匹配查找固定电话的数字格式
3      $arr=array('043212345678','0431-7654321','12345678');// 创建一个数组
4      $preg = "/\d{3,4}-?\d{7,8}/"; // 编写固定电话格式表达式
5      $preg_arr = preg_grep($preg,$arr); // preg_grep()函数查找匹配元素
6      echo "<pre>"; // 打印输出匹配后的结果
7      print_r($preg_arr);
8      echo "</pre>";
9    ?>
```

运行结果如图 9.6 所示。

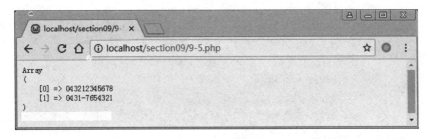

图 **9.6** 运行结果 **5**

在例 9.5 中，代码第 3 行定义数组$arr；第 4 行规定匹配规则，即从指定数组中筛选出符合电话格式的一组数字；第 5 行使用函数 preg_grep()查找匹配元素。

9.4 正则表达式常见应用

9.4.1 手机号码和邮箱验证

当用户在很多站点注册或登录时，经常会遇到输入手机号码或邮箱的情况，为了防止用户输入错误格式的手机号码或邮箱，大部分站点都会对用户输入的手机号码或邮箱的格式进行验证，用户一旦填错，就会给出相应的提示信息。对手机号码或邮箱的验证一般是通过正则表达式实现的，下面直接给出手机号码和邮箱验证的正则表达式供大家参考。

- 手机号码验证。

```
^[1][358]\d{9}$
```

上述表达式匹配一个以 1 开头、第 2 个数字只能是 3 或 5 或 8、后面有 9 个 0~9 的数字字符串。

- 邮箱地址验证。

```
^[\w]+(\.[\w]+)*@[a-z0-9]+(\.[a-z0-9]+)+$
```

上述表达式匹配至少由一个数字、字母或下画线开头，包含小写字母、数字和点结尾的字符串。

为了证实上述正则表达式是否正确，接下来通过一个具体案例来验证，如例 9.6 所示。

【**例 9.6**】 邮箱验证。

```
1    <?php
2        // 需求：编写两个函数,测试输入的手机号码和电子邮箱格式是否正确
3        // 思路: (1)定义一把筛子(规则) $reg = "/...../"
```

```
4         //(2)if-else 判断 preg_match()函数返回值如果等于 1 就是正确,否则错误
5         //(3)给出测试数据，调用封装好的函数
6     function checkPhone($phone){ // 手机号码的验证函数
7         $phone_reg = "/^[1][358]\d{9}$/";
8         if(preg_match($phone_reg,$phone) == 1){
9             echo $phone . "是合法的手机号码" . "<br/>";
10        }else{
11            echo $phone . "不是合法的手机号码" . "<br/>";
12        }
13    }
14    function checkEmail($email){ // 邮箱地址的验证函数
15        $email_reg = "/^[\w]+(\.[\w]+)*@[a-z0-9]+(\.[a-z0-9]+)+$/";
16        if(preg_match($email_reg,$email) == 1){
17            echo $email . "是合法的电子邮箱" . "<br/>";
18        }else{
19            echo $email . "不是合法的电子邮箱" . "<br/>";
20        }
21    }
22    checkPhone("012345678900");// 给出测试数据,调用函数
23    checkEmail("test@.888@.com");
24    checkPhone("13900000000");
25    checkEmail("qfbook@1000phone.com");
26 ?>
```

运行结果如图 9.7 所示。

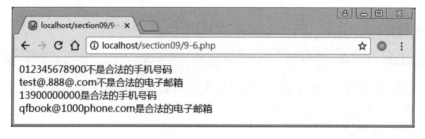

图 9.7　运行结果 6

从程序运行结果可以看出，程序正确验证了指定的手机号码和邮箱地址。由此可见，上述正则表达式是有效的。

9.4.2　验证网址 URL 合法性

URL 是对可以从互联网上得到的资源的位置和访问方法的一种简洁的表示，是互联网上标准资源的地址。具体来说，URL 是按照一定格式组成的字符串，它的结构组成如图 9.8 所示。

图 9.8　URL 组成

- 协议名称，通常是 http://、https://、ftp:// 开头，此处以 http:// 为例。
- 域名，通常是以 cn、com、net 等结尾。
- 文件路径，通常指的是文件的路径。

如果要匹配 URL 字符串，根据 URL 的组成结构，可以得出如下正则表达式。

```
/^(http:\/\/)?[\w]+(\.[\w.\/]+)+$/i
```

上述表达式中，^(http:\/\/)?表示可以匹配"http://"字符串 0 次或者 1 次。域名部分可以是任意字母数字或下画线的组合，文件路径部分可以是任意字母、数字、/、下画线和.的组合。

接下来通过一个具体的案例来验证上述正则表达式是否正确，如例 9.7 所示。

【例 9.7】　验证网址 URL 合法性。

```
1   <?php
2       // 需求：编写函数验证网址 URL 是否合法
3       // 思路步骤
4       // (1) 正则表达式 $reg = "/...../"
5       // (2) if-else 判断 preg_match() 函数的返回值 1 表示正确,0 表示错误
6       // (3) 给出测试数据,调用封装好的函数
7       function checkUrl($url){ //URL 验证函数
8           $url_reg = "/^(http:\/\/)?[\w]+(\.[\w.\/]+)+$/i";
9           if(@preg_match($url_reg,$url) == 1){
10              echo $url . "是合法的 URL 地址" . "<br />";
11          }else{
12              echo $url . " 不是合法的 URL 地址" . "<br />";
13          }
14      }
15      checkUrl("www.mobiletrain.org");// 调用函数
16      checkUrl("www.baidu.com");
17      checkUrl("1000phone/cn");
18  ?>
```

运行结果如图 9.9 所示。

从图 9.9 中可以看出，程序实现了对所有的 URL 地址的判断。由此可见，上述正则表达式是有效的。

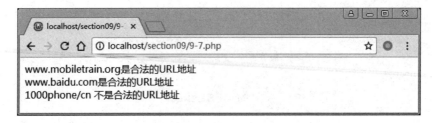

图 9.9　运行结果 7

9.5　正则表达式用法自查表

为了方便大家理解和掌握正则表达式的相关知识，下面对正则表达式的用法做了一些总结，具体如表 9.6 和表 9.7 所示。

表 9.6　正则表达式用法自查表

类　　型	用　法　说　明
//	表示规则（筛子）
/1000phone/	"1000phone"这个字符串就是要筛选或匹配的对象
\w	表示字母、数字、下画线中的任意一个
\d	表示数字 0~9 的任意一个
\s	表示一个空格
\b	表示一个字符边界，独立的单词才会有边界
[]	表示集合中的任意一个，如[a-z]、[A-Z]、[a-z A-Z]
[^]	表示除了，如[^abc] 表示除了 abc 之外的所有内容
^$	表示开始的位置和结束的位置
.	表示除了换行符之外的任意一个字符
		表示或者，如 red|yellow|blue，表示 red、yellow、blue 三者中的任意一个
{num}	表示仅匹配 num 个，如{8}表示仅匹配 8 个
{num，}	表示至少 num 个
{min，max}	表示至少 min 个，至多 max 个
*	表示 0 个或者多个
+	表示至少 1 个
?	表示 0 个或者 1 个
i	表示忽略大小写
u	表示筛选的内容里面有中文可以使用小写 u
s	表示万能点模式
m	表示多行模式

表 9.7　PHP 常用正则表达式

匹　配　内　容	正则表达式
手机号码	/1[358]{1}\d{9}$/
正整数	/^[1-9]\d*$/
中文	/^[\x{4e00}-\x{9fa5}]+$/u
E-mail	^[\w]+(\.[\w]+)*@[a-z0-9]+(\.[a-z0-9]+)+$
URL 地址	/^(http:\/\/)?[\w]+(\.[\w.\/]+)+$/i
字母开头，5～16 位字符， 字母数字下画线	/^[a-zA-Z][a-zA-Z0-9_]{4,15}$/
数字、字母、下画线、中文	/^[\x{4e00}-\x{9fa5}A-Za-z0-9_]+$/u
邮政编码	/^[1-9]\d{5}$/
IP 地址	/^(((1?\d{1,2})|(2[0-4]\d)|(25[0-5]))\.){3}((1?\d{1,2})|(2[0-4]\d)|(25[0-5]))$/
身份证号	/^(\d{15}$\|^\d{18}$|^\d{17}(\d|X|x))$/

9.6　本 章 小 结

本章讲述的主要内容有正则表达式的基本概念、正则表达式的语法规则以及常见的应用案例。通过本章的学习，大家能够熟练掌握正则表达式的书写规则，可以使用正则表达式对简单的字符串进行匹配操作。

9.7　习　　题

1．填空题

（1）正则表达式英文简称_____。

（2）使用正则表达式在字符串的查找、_____和_____等方面具有很强的能力。

（3）正则表达式中的"|"可以理解为_____。

（4）正则表达式中的-，表示指定_____字符和_____字符。

（5）正则表达式中的^，表示_____。

2．选择题

（1）下列选项中，（　　　）函数用于对指定的字符串进行搜索并匹配。

  A．preg_matched()　　　　　　　　　B．preg_matching()

  C．preg_mate()　　　　　　　　　　　D．preg_match()

（2）下列选项中，（　　　）函数用于对数组中的元素进行匹配。

  A．preg_array()　　　　　　　　　　　B．preg_matched()

  C．preg_grep()　　　　　　　　　　　D．preg_greep()

（3）下列选项中，（   ）函数用于字符串的搜索和替换。

    A．preg_match()   B．preg_match_all()

    C．preg_replace()   D．preg_displace()

（4）下列选项中，（   ）函数用于将指定的字符串进行分割。

    A．preg_replace()   B．preg_break()

    C．preg_split()   D．preg_slice()

（5）下列选项中，（   ）是告诉 PHP 正则表达式采用 utf-8 的编码格式进行解析的。

    A．u   B．g

    C．utf-8   D．gbk2312

3．思考题

（1）正则表达式的语法由哪些部分组成？

（2）函数 preg_match()和函数 preg_match_all()两者之间的区别是什么？

扫描查看习题答案

4．编程题

编写程序，自定义一个规则，验证用户名是否合法。

提示：规则仅能由字母、数字、下画线组合，长度为 6～10 位。

第 10 章

PHP 图像处理技术

本章学习目标
- 掌握常见图像的格式;
- 掌握 JpGraph 图表库的安装和使用;
- 掌握验证码的实现以及添加水印等操作。

在 Web 项目开发中,经常遇到这样的需求:如用户登录时,需要动态生成一张验证码或者需要对图片添加水印,又或者打上自己的 Logo 等,这些都需要使用到图像处理技术。本章将针对 PHP 图像处理技术进行详细的讲解。

10.1 PHP 图像基础知识

10.1.1 在 PHP 中加载 GD 库

GD 库是 PHP 处理图像的扩展库,提供了一系列用来处理图片的 API。使用 GD 库可以处理图片,或者生成图片,也可以给图片添加水印。GD 库可以从官方网站 www.boutell.com/gd 下载。目前,GD 库支持 GIF、PNG、JPEG、WBMP 和 XMB 等多种图像格式。

Windows 操作系统下,GD 库在 PHP 7 中是默认安装的,但必须激活 GD 库。此时只需要打开 php.ini 文件,将文件中";extension = php_gd2.dll"选项前的分号";"去掉,如图 10.1 所示,保存修改后的文件并重新启动 Apache 服务器即可启动 GD 函数库。

另外,值得注意的是,如果使用的是 PHP 集成开发环境(如 phpStudy、WampServer 等),就不必担心这个问题,因为在集成开发环境下,默认 GD 函数库已经被加载。

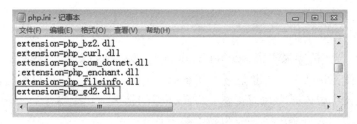

图 10.1 加载 GD 函数库

接下来演示验证 GD 库加载成功的方法。在 D:\wamp64\www\section09 目录下新建 test.php 文件并在文件中写入以下代码：

```php
<?php
    phpinfo();
?>
```

接下来，在浏览器地址栏中输入 localhost/section09/test.php，按下 Enter 键，进入显示 GD 库安装信息的页面，如图 10.2 所示，这说明 GD 库安装成功。

图 10.2　查看 GD 库信息

10.1.2　常见图像格式

图像格式是计算机存储图片的格式，下面简要介绍一下在 PHP 中可以处理的常见图像格式。

1．GIF

GIF 是图形文件格式（Graphics Interchange Format）的缩写，它是无损压缩格式，广泛用于网络，用来存储包含文本、直线和单块颜色的图像。GIF 使用 LZW（Lempel Ziv Welch，一种由 Lempel、Ziv 和 Welch 发明的基于表查询算法的文件压缩方法）无损数据压缩技术进行压缩，这样既减少了文件大小，又不会降低可视质量。

2．JPEG

JPEG 是联合图像专家小组（Join Photographic Experts Group）的缩写，它是目前网络上最流行的图像格式，文件扩展名为 jpg 或 jpeg。 JPEG 压缩后可以保留基本的图像和颜色的层次，所以人眼可以忍受这些图像质量的损失。正是这个原因，JPEG 格式不适合绘制线条、文本或颜色块等较为简单的图片。

3．PNG

PNG 是可以移植的网络图像（Portable Network Graphics）的缩写，它可以看作是 GIF 格式的替代品。PNG 网站将其描述为"一种强壮的图像格式"，并且是无损压缩。由于它是无损压缩，所以该图像格式适合包含文本、直线和单块颜色的图像，如网站 Logo 和各种按钮。

4．WBMP

WBMP 是无线位图（Wireless Bitmap）的缩写，它是专门为无线通信设备设计的文件格式，但是并没有得到广泛应用。

10.1.3　JpGraph 图表库

在 Web 开发中，经常需要以图表的形式来展示数据的统计结果。JpGraph 提供了多种方法创建各种统计图，包括折线图、柱形图和饼状图等。本节将针对 JpGraph 图表库进行详细的介绍。

1．JpGraph 简介

JpGraph 是一个用于图形图像绘制的类库。以前用 PHP 做图时必须掌握复制抽象的画图函数，或者借助一些网上下载的柱形图、饼形图类来实现，没有一个统一的图表类来实现图表的快速开发。而现如今，JpGraph 能够很容易地集成到 PHP 应用程序中。下面是一些使用 JpGraph 绘制的图表，如图 10.3 所示。

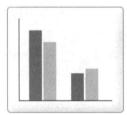

图 10.3　使用 JpGraph 绘制的图表

从图 10.3 中可以看出，使用 JpGraph 可以绘制出各种各样的图表，可以清晰明了地显示数据。

2．安装 JpGraph

JpGraph 目前最新版本是 4.2.0，同时支持 PHP 5 和 PHP 7，可以在官网 jpgraph.net/download/ 上进行下载，下载页面如图 10.4 所示。

单击下载页面中的 jpgraph-4.2.0.tar.gz 进行下载。下载成功后，解压文件可以看到 JpGraph 文件的目录结构，具体如图 10.5 所示。

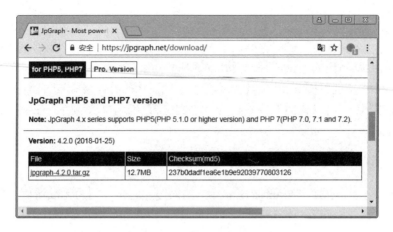

图 10.4　下载 JpGraph

图 10.5　JpGraph 解压后的目录结构

从图 10.5 中可以看出，JpGraph 由两个文件夹和一个文件组成，其中 docs 文件夹是使用文档，src 文件夹是源文件夹，VERSION 是版权声明。在使用 JpGraph 之前，可以根据实际需求对 JpGraph 文件进行配置，具体如下：

- 将 src 文件夹保存到默认站点目录下，并重命名为 JpGraph，编辑 php.ini 文件，修改 include_path 配置项，在该项后增加 JpGraph 库的保存目录，如 include_path=".;默认站点目录\JpGraph"，重启服务器，配置生效。
- 直接将上述 src 文件夹复制到项目目录下，并重命名为 JpGraph 即可。

需要注意的是，在使用 JpGraph 图表库开发程序时，必须确保 PHP 配置文件 php.ini 中开启了 GD 库扩展。

10.2　PHP 绘图的基本步骤

了解 PHP 图像处理的基础知识后，接着就需要学习 PHP 绘图的基本步骤，例如，创建画布、设置颜色、生成图像、释放资源等，PHP 提供了相应函数来完成绘图的基本步骤，本节主要讲解这些函数的使用。

10.2.1　创建画布

创建图像资源首先要创建一张画布，正如绘画需要画纸一样，在没有任何素材的基础上绘画时，首先要创建画布，所有的绘画都需要在画布上进行。在 GD 函数库中创建画布，可以通过 imagecreate()函数来实现。除此以外，在 PHP 的 GD 函数库中提供了专门与创建画布相关的函数，具体如表 10.1 所示。

表 10.1　创建画布相关函数

函 数 声 明	用 法 说 明
resource imagecreate(int $x_size,int $y_size)	创建一幅大小为$x_size、$y_size 的空白图形，单位为像素，通常背景为黑色，它只能支持 256 色
resource imagecreatetruecolor(int $x_size,int $y_size)	创建一幅大小为$x_size、$y_size 的空白图形，单位为像素，可以创建一个真彩色，它支持的色彩比较丰富，但不支持 GIF 格式

10.2.2　设置颜色

现实生活中，单一的颜色并不能满足人们的审美需求。PHP 在绘制图像时，同样也离不开颜色的设置。PHP 提供了 imagecolorallocate()函数设置颜色，该函数的声明方式如下所示：

```
int imagecolorallocate( resource $image ,int $red ,int $green ,int $blue )
```

在上述声明中，$image 是由图像创建函数返回的图像标识符，$red、$green、$blue 分别是颜色的红、绿、蓝成分，这些参数是 0～255 的整数或者十六进制的 0x00～0xFF。

10.2.3　生成图像

使用 GD 函数库中提供的函数动态绘制完图像以后，就需要输出到浏览器或者将图像保存起来。在 PHP 中，可以将动态绘制完成的画布直接生成 GIF、JPEG、PNG 和 WBMP 4 种图像格式。以下是 PHP 生成图像相关的函数，具体如表 10.2 所示。

表 10.2　PHP 生成图像相关的函数

函 数 声 明	用 法 说 明
imagegif(resource $image[,string $filename])	从$image 图像以$filename 为文件名创建一个 GIF 图像
imagepng(resource $image[,string $filename])	从$image 图像以$filename 为文件名创建一个 PNG 图像
imagejpeg(resource $image[,string $filename[,int $quality]])	从$image 图像以$filename 为文件名创建一个 JPEG 图像
imagewbmp(resource $image[,string $filename[,int $foreground]])	从$image 图像以$filename 为文件名创建一个 WBMP 图像

以上 4 个函数的声明方式类似，前两个参数类型是相同的。第一个参数$image 为必选项，是前面介绍的创建一个图像资源。如果不为这些函数提供其他的参数，访问时则直接将原图像流输出，并在浏览器中显示输出的图像。需要注意的是，使用这些函数输出图形之前，需要使用 header()函数发送 HTTP 头消息给浏览器，让其知道发送的是图片而不是文本的 HTML。

10.2.4　释放资源

图像被输出以后，画布中的内容也不再有用。出于节约系统资源的考虑，需要及时清除画布占用的所有内存资源。PHP 提供了 imagedestroy()函数释放资源，该函数的声明方式如下所示：

```
bool imagedestroy( resource $image )
```

在上述声明中，$image 是由图像创建函数返回的图像标识符。

接下来演示 PHP 绘图的四个步骤，具体如例 10.1 所示。

【例 10.1】　PHP 绘图。

```
1   <?php
2       // header 头信息：设置浏览器输出图像的格式(GIF/PNG/JPEG/WBMP 等)
3       header("Content-type:image/jpeg");
4       // 步骤 1：创建画布
5       $img = imagecreate(200, 60);
6       // 步骤 2：设置颜色
7       $white = imagecolorallocate($img, 255, 66, 159);
8       // 步骤 3：生成图像
9       imagejpeg($img);
10      // 步骤 4：释放资源
11      imagedestroy($img);
12  ?>
```

运行结果如图 10.6 所示。

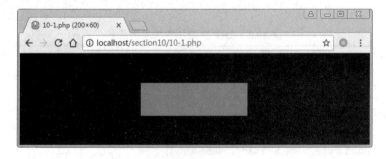

图 10.6　运行结果 1

从程序运行结果可以看出，图像被成功生成。在例 10.1 中，首先使用 imagecreate()

函数创建了一个 200 像素×60 像素的画布，接着使用 imagecolorallocate()函数为该画布设置颜色，然后使用 imagejpeg()函数生成图像，最后使用 imagedestroy()函数释放资源。

10.3 PHP 图像处理的常见应用

在 PHP 中绘制图像的函数非常丰富，包括点、直线、矩形、圆等都可以通过 PHP 中提供的各种画图函数完成。这些图像绘制函数都需要使用画布资源，在画布中的位置是通过坐标（原点是该画布左上角的起始位置，以像素为单位，沿着 X 轴正方向向右延伸，Y 轴正方向向下延伸）决定，而且还可以通过函数中的最后一个参数设置每个图形的颜色。画布中的坐标体系如图 10.7 所示。

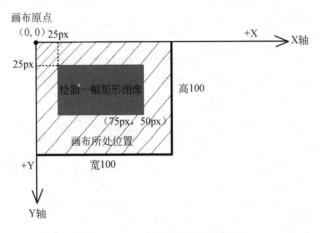

图 10.7 PHP 绘图坐标体系演示图

在绘制图像时，无论多么复杂的图形都离不开一些基本的图形，如，点、直线、圆等。只有掌握了这些最基本图形的绘制方式，才能绘制出各种独特风格的图形。在 GD 函数库中，提供了许多绘制基本图形的函数，具体如表 10.3 所示。

表 10.3 绘制基本图形的函数

函 数 声 明	用 法 说 明
imagesetpixel(resource $image, int $x, int $y, int $color)	绘制一个点，其中参数$x 和$y 用于指定该点的坐标，$color 用于指定颜色
imageline(resource $image, int $xl, int $y1, int $x2, int $y2, int $color)	用$color 颜色在图像$image 中从坐标(x1, y1)到(x2, y2)绘制一条线条
imagerectangle(resource $image, int $x1, int $y1, int $x2, int $y2, int $color)	用$color 颜色在 image 图像中绘制一个矩形，其左上角坐标为(x1, y1)，右下角坐标为(x2, y2)
imageellipse(resource $image, int $cx, int $cy, int $w, int $h, int $color)	$image 图像中绘制一个以坐标(cx, cy)为中心的椭圆。其中，$w 和$h 分别指定了椭圆的宽度和高度，如果$w 和$h 相等，则为正圆。若成功则返回 true，若失败则返回 false

10.3.1 制作水印图

为图片添加水印的目的，是为了保护图片版权、防止图片在未经授权的情况下被肆意使用。有了制作水印的图像处理技术，可以有效地防止图片被滥用、盗用。

在 PHP 程序中，添加水印的应用场景一般出现在用户上传头像时，有的需要在上面加上水印。水印可以分为文字水印和图片水印。在 PHP 的 GD 函数库中提供了专门制作水印的相关函数，具体如表 10.4 所示。

表 10.4　制作水印的相关函数

函 数 声 明	用 法 说 明
resource imagecreatefromgif(string $filename)	将图片载入到程序
array getimagesize(string $filename[,array $imageinfo])	用于获取图片的大小
bool imagecopy(resource $dst_img,resource $src_img,int $dst_x,int $dst_y,int $src_x,int $src_y,int $src_w,int $src_h)	用于复制图片

接下来通过具体案例演示两种添加水印的实现过程，如例 10.2 和例 10.3 所示。

【例 10.2】　添加水印的实现过程。

```php
1    <?php
2        // 设置网页编码
3        header("Content-Type:text/html;Charset=utf-8");
4        // 创建画布
5        $image = imagecreatetruecolor(500, 300);
6        // 设置颜色
7        $green = imagecolorallocate($image, 87, 191, 11);
8        imagefill($image, 0, 0, $green);
9        // 开始绘制
10       // 将目标图片绘制到画布中
11       $new_img = imagecreatefromjpeg('./images/img.jpg');
12       $src_w = imagesx($new_img);
13       $src_h = imagesy($new_img);
14       imagecopy($image, $new_img, 0, 0, 0, 0, $src_w, $src_h);
15       // 给指定图片加上文字水印
16       // 要将"STXINWEI.TTF"文件（或其他字体文件）复制到网站访问的根目录下
17       // 否则,添加的文字水印会无法正常显示
18       $color = imagecolorallocate($image, 255, 0, 0);
19       $text = '&千锋教育&做真实的自己,用良心做教育';
20       imagettftext($image, 20, 0, 8, 70, $color, 'STXINWEI.TTF', $text);
21       // 在浏览器上输出画布
22       // header("Content-Type:image/png");
23       // 生成图像,如果增加第二个参数表示保存到本地
24       $res=imagepng($image, './images/new_img01.png');
25       if($res){
```

```
26              echo  "恭喜你，给 img.jpg 添加文字水印操作成功！";
27      }
28      // 销毁内存中图像资源
29      imagedestroy($image);
30  ?>
```

运行结果如图 10.8 所示。

图 10.8　运行结果 2

在例 10.2 中，第 3 行代码 header()函数用于设置的页面内容是 html，编码格式是 utf-8；第 5 行 imagecreatetruecolor()函数用于创建画布，并设置它的宽度和高度，单位是像素；第 8 行 imagefill()函数用于给画布填充颜色；第 11 行 imagecreatefromjpeg()函数用于将目标图片绘制到画布中，它的参数只有一个，即选择在哪一张图片添加水印 xxx.jpg；第 14 行 imagecopy()函数用于复制图像；第 20 行 imagettftext()函数用于将文字写到目标图片中。

图片水印就是将一张图片加在另外一张图片上，主要使用 GD 函数库中的 imagecopy()和 imagecopymerge()两个函数一起来完成，如例 10.3 所示。

【例 10.3】　图片添加水印。

```
1   <?php
2       //*******给图片添加图片水印*******//
3       $src_path = 'images/logo.png';
4       $dst_path = 'images/img.jpg';
5       // 创建图片的实例
6       $dst = imagecreatefromstring(file_get_contents($dst_path));
7       $src = imagecreatefromstring(file_get_contents($src_path));
8       // 获取水印图片的宽和高
9       list($src_w, $src_h) = getimagesize($src_path);
10      // 将水印图片复制到目标图片上,最后的参数 50 是设置透明度,这里实现半透明效果
11      imagecopymerge($dst, $src, 10, 10, 0, 0, $src_w, $src_h, 50);
12      // 如果水印图片本身带透明色, 则使用 imagecopy 方法
13      //imagecopy($dst, $src, 10, 10, 0, 0, $src_w, $src_h);
14      // 输出图片
```

```
15    list($dst_w, $dst_h, $dst_type) = getimagesize($dst_path);
16    switch($dst_type) {
17    case 1://GIF
18    // header('Content-Type: image/gif');
19    $res=imagegif($dst,'D:\wamp64\www\section10\images\new_img02.png');
20    if($res){
21        echo "恭喜你,添加图片水印操作成功! ";
22    }
23    break;
24    case 2:// JPG
25    // header('Content-Type: image/jpeg');
26    $res=imagejpeg($dst,'D:\wamp64\www\section10\images\new_img02.png');
27    if($res){
28        echo "恭喜你,添加图片水印操作成功! ";
29    }
30    break;
31    case 3:// PNG
32    // header('Content-Type: image/png');
33    $res=imagepng($dst,'D:\wamp64\www\section10\images\new_img02.png');
34    if($res){
35        echo "恭喜你,添加图片水印操作成功! ";
36    }
37    break;
38    default:
39    break;
40    }
41    imagedestroy($dst);
42    imagedestroy($src);
43  ?>
```

运行结果如图 10.9 所示。

图 10.9 运行结果 3

从程序运行结果可以看出，给目标图片添加图片水印的操作已经成功。其实现思路如下：

- 确定背景图和水印图，利用这两个图片创建两个图像资源；
- 确定水印图片的左顶点的坐标（X，Y）；
- 确定好各项参数后，把水印图片和背景图片合在一起；
- 把水印加在背景图上后，输出图像，并将修改后的图片保存到指定目录中。

10.3.2　制作验证码

验证码是 Completely Automated Public Turing test to tell Computers and Humans Apart（CAPTCHA，全自动区分计算机和人类的图灵测试）的缩写，是一种区分用户是计算机还是人类的公共安全的自动程序，它可以有效防止网络粗暴行为，例如，恶意破解密码、注册、刷票、论坛灌水等。

接下来演示验证码的制作过程，具体如下。

（1）封装一个验证码类（Captcha.class.php），用于生成一张图片或一组随机字符串。具体实现代码如例 10.4 所示。

【例 10.4】 Captcha.class.php。

```php
1   <?php
2   /*
3    * 验证码类
4    */
5   class Captcha
6   {
7       // 成员属性
8       private $_width = 100;   // 画布默认的宽度
9       private $_height = 25;   // 画布默认的高度
10      private $_font = 15;     // 验证码字体大小
11      private $_number = 4;    // 默认显示 4 个字符
12      // 成员方法
13      // 生成一张图像，并输出到浏览器
14      public function makeImage()
15      {
16          // 创建一个画布(在内存中创建一个图像资源)
17          $image = imagecreatetruecolor($this->_width,$this->_height);
18          // 给画布填充颜色，否则默认是黑色的很恐怖 allocate 分配
19          $color = imagecolorallocate($image, mt_rand(200,255),
20                  mt_rand(200,255), mt_rand(200,255));
21          imagefill($image, 0, 0, $color);
22          // 创建随机的文字
23          $code = $this -> makeCode();
24          // 将随机的字符输出到图像资源中
```

```php
25          // 让字符串居中显示 思路：（画布的宽高-字符的宽高）/2
26          // 通过 imagefontwidth() 获得一个字符的宽度
27          $src_w = imagefontwidth($this->_font);
28          // imagefontheight(font)获得在 font 这个字体下一个字符的高度
29          $src_h = imagefontheight($this->_font);
30          // 4 个字符的宽度
31          $str_len = $src_w * $this -> _number;
32          // 因为只有一行，所以高度就是一个字符的高度
33          $x =($this->_width - $str_len)/2;
34          $y =($this-> _height - $src_h)/2;
35          // 字体的颜色
36          $color = imagecolorallocate($image,
37                  mt_rand(0,100),mt_rand(0,100),mt_rand(0,100));
38          imagestring($image, $this->_font, $x, $y, $code, $color);
39          // 添加 100 个干扰像素点
40          for($i=0;$i<100;$i++){
41              // 生成随机的颜色
42              $color = imagecolorallocate($image,
43                  mt_rand(100,255),mt_rand(100,255),mt_rand(100,255));
44              // 绘制像素点
45              imagesetpixel($image, mt_rand(0,$this->_width),
46              mt_rand(0,$this->_height), $color);
47          }
48          // 添加 10 条干扰线条
49          for($i=0;$i<5;$i++){
50              $color = imagecolorallocate($image, mt_rand(150,250),
51                      mt_rand(150,250),mt_rand(150,250));
52              imageline($image, mt_rand(0,$this->_width),
53              mt_rand(0,$this->_width), mt_rand(0,$this->_height),
54              mt_rand(0,$this->_height),$color);
55          }
56          // 直接在浏览器输出这个画布
57          header("Content-Type:image/png");
58          // 生成图像,如果增加第二个参数表示保存到本地
59          imagepng($image);
60          // 销毁内存中图像资源
61          imagedestroy($image);
62      }
63      // 产生随机文字的函数 public/private
64      public function makeCode()
65      {
66          // 随机的文字可能是数字、字母
67          // range()会产生一个 a~z 的字符的集合（数组）
68          $upper_str = range('A','Z');
```

```
69        $lower_str = range('a','z');
70        $num = range(1,9);
71        // 把上面三个数组合并
72        $data = array_merge($upper_str,$lower_str,$num);
73        // 为了让产生的数字更随机,先打乱顺序
74        shuffle($data);
75        // 从上面数组中随机取出 4 个
76        $randoms = array_rand($data,4);
77        // 通过下标获得对应的字符
78        $str = '';
79        foreach($randoms as $v){
80            $str .= $data[$v];
81        }
82        // 将生成的随机的字符保存起来，便于将来在其他地方使用
83        session_start();
84        $_SESSION['captcha_code'] = $str;
85        return $str;
86     }
87     // 验证用户输入的验证码和程序生成的是否一致
88     // $code 是调用函数时传递进来的，将传递的验证码和生成的 session 中的比较
89     public function checkCode($code){
90        session_start();
91        $result = strtoupper($code)
92            ==strtoupper($_SESSION['captcha_code']);
93        if($result){
94            return true;
95        }else{
96            return false;
97        }
98     }
99 }
100 ?>
```

（2）编写测试脚本 TestCaptcha.php，具体实现代码如例 10.5 所示。

【例 10.5】　TestCaptcha.php。

```
1    <?php
2       // 加载验证码类
3       require_once 'Captcha.class.php';
4       // 随机生成一张图片
5       $captcha = new Captcha();
6       echo $captcha -> makeImage();
7    ?>
```

运行结果如图 10.10 所示。

图 10.10 运行结果 4

（3）编写一个处理前台输入的 PHP 脚本，判断输入结果是否正确的文件（Captcha.php），具体实现代码如例 10.6 所示。

【例 10.6】 Captcha.php。

```php
1   <?php
2       // 加载验证码类
3       require_once 'Captcha.class.php';
4       $captcha = new Captcha();
5       // 接收地址栏的参数，根据参数做相应的调度
6       if($_GET['act']=='show'){
7           // 显示验证码
8           $captcha -> makeImage();
9       }else if($_GET['act']=='verify'){
10          // 进行验证
11          // 接收提交的验证码
12          $code = $_POST['captcha'];
13          $result = $captcha -> checkCode($code);
14          if($result){
15              echo 'ok，验证通过';
16          }else{
17              echo 'no，验证失败';
18          }
19      }
20  ?>
```

（4）编写一个模拟用户登录时输入验证码的 HTML 文件（Login.html），具体实现代码如例 10.7 所示。

【例 10.7】 Login.html。

```html
1   <!DOCTYPE html>
2   <html>
3   <head>
4   <meta charset="UTF-8">
5   <title>模拟用户登录时输入验证码</title>
6   </head>
7   <body>
```

```
8          <form action="captcha.php?act=verify" method="post">
9        <table>
10          <tr>
11              <td>验证码:<input type="text" name="captcha"></td>
12              <td>
13              <img src=" Captcha.php?act=show" style="cursor:hand"
14              onclick="this.src='captcha.php?act=show&'+Math.random()">
15              </td>
16          </tr>
17          <tr>
18              <td><input type="submit" value="提交"></td>
19          </tr>
20       </table>
21     </form>
22 </body>
23 </html>
```

运行结果如图 10.11 所示。

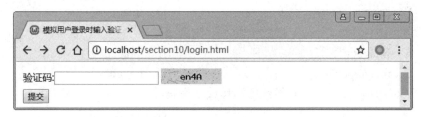

图 10.11　运行结果 5

在文本框中填入右侧所示的验证码，单击"提交"按钮，运行结果如图 10.12 所示。

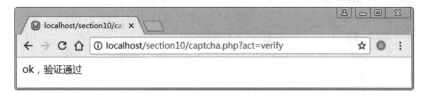

图 10.12　运行结果 6

10.4　本章小结

　　本章首先介绍了 PHP 绘图基础知识，例如，介绍了如何在 PHP 中加载 GD 库，介绍了几种常见的图像格式，以及 JpGraph 的安装和配置。接着介绍了 PHP 绘图的四个基本步骤和 PHP 图像处理相关的常见应用案例。通过本章的学习，大家应该熟练掌握 PHP 绘图的基本步骤，重点掌握如何使用 PHP 绘图技术制作验证码。

10.5 习　　题

1. 填空题

（1）使用 GD 函数库时，_____是实现 PHP 绘图的第一步。

（2）要想激活 GD 库，必须设置 php.ini 文件，将_____前的分号删除。

（3）在 PHP 中绘制图像的基本步骤是_____、_____、_____和_____。

（4）目前，GD 库支持 GIF、_____、_____和_____等多种图像格式。

（5）在 PHP 中可以使用_____和_____函数来创建画布。

2. 选择题

（1）下列选项中，（　　）函数用于给图像设置颜色。

    A．imagecolorallocate()　　　　　　　　B．imagecolormake()

    C．imagecreate()　　　　　　　　　　　D．imagegif()

（2）下列选项中，（　　）函数不能用于输出图像。

    A．imagegif()　　　　　　　　　　　　B．imagepng()

    C．imagejpeg()　　　　　　　　　　　D．image()

（3）下列选项中，（　　）函数用于释放图像资源。

    A．destroy()　　　　　　　　　　　　B．imgdestroy()

    C．imagedestroy()　　　　　　　　　　D．imageclose()

（4）下列选项中，（　　）函数不能用于绘制文本内容。

    A．imagechar()　　　　　　　　　　　B．imagestring()

    C．imagewrite()　　　　　　　　　　　D．imagecharup()

（5）下列选项中，（　　）函数用于复制图像。

    A．imageclone()　　　　　　　　　　　B．imagecopy()

    C．copy()　　　　　　　　　　　　　　D．imagecreate()

3. 思考题

（1）在 PHP 应用程序中，验证码的使用方式有很多种，请列举你所掌握的方式。

（2）请列举 PHP 绘图的基本步骤。

4. 编程题

运用本章所掌握的知识，制作一个简单的图像，图像格式、形状、颜色、大小不做要求。

扫描查看习题答案

第11章

Web 开发基础

本章学习目标
- 理解 HTTP 的概念;
- 理解 HTTP 的工作流程;
- 掌握 HTTP 的请求和响应;
- 理解 HTTP 消息报头的使用;
- 理解表单的概念;
- 掌握表单中常用标记的使用。

在使用 PHP 开发服务器端程序时,首先应掌握一些关于 Web 开发的基础知识,包括 HTTP、HTML 表单等。HTTP 是一种基于客户-服务器模型的协议,HTML 表单是 Web 页面与用户交互的基本方式,同时是实现动态网页的一种主要形式。作为 PHP 开发人员,只有深入理解这些基础知识才能更好地开发 Web 程序。接下来,本章将对 Web 开发相关的基础知识做详细讲解。

11.1 HTTP

HTTP 是 Web 开发的基础,它是一种简单、快速、灵活、可靠的数据传输协议,因而在互联网领域获得广泛应用。如今,大多数 Web 应用都基于 HTTP 提供服务。

11.1.1 HTTP 简介

HTTP 是 HyperText Transfer Protocol(超文本传输协议)的缩写,它定义了客户端和 Web 服务器端相互通信的规则。

作为被 Web 应用广泛采纳的数据传输协议,HTTP 具有以下三个特点。

(1)HTTP 基于标准的客户-服务器模型,主要由请求和响应构成。与其他传输协议相比,它永远都是客户端发起请求,服务器端接收到请求后做出响应。

(2)HTTP 允许传输任意类型的数据。它的传输速度很快,当客户端向服务器端请求服务时,需传送请求方法和路径。常用的请求方法有 GET、POST 等,每种方法都规定了客户端与服务器端联系的类型。

（3）HTTP 是一个无状态的协议。无状态是指 HTTP 对于事务处理没有记忆能力。这意味着如果后续处理需要前面的信息，则它必须重传，这导致每次连接传送的数据量增大。

11.1.2　HTTP 工作流程

由于 HTTP 采用客户-服务器模型，因此它的工作流程围绕请求和响应展开，具体步骤如下。

（1）客户端与服务器端建立连接。

（2）建立连接后，客户端向服务器端发出一个请求，请求内容包括 URL、协议版本号、客户端信息、请求数据等内容。

（3）服务器端接收到请求后，根据请求信息完成处理，然后向客户端发出一个响应，响应信息包括协议版本、响应状态、服务器端信息、响应数据等内容。

（4）客户端接收服务器端返回的信息并显示给用户。

（5）客户端与服务器端断开连接。

11.1.3　HTTP 请求与响应

1．HTTP 请求

HTTP 请求由三部分组成，分别是请求行、消息报头和请求正文，其中请求行以一个方法符号开头，以空格分开，后面跟着请求的 URI 和协议的版本，格式示例如下：

```
Method Request-URI HTTP-Version CRLF
```

- Method 表示请求方法。
- Request-URI 是一个统一资源标识符。
- HTTP-Version 表示请求的 HTTP 版本。
- CRLF 表示回车和换行（除了作为结尾的 CRLF 外，不允许出现单独的 CR 或 LF 字符）。

其中，常用的请求方法及解释如表 11.1 所示。

表 11.1　常用的请求方法及解释

方　　法	解　　释
GET	请求获取 Request-URI 所标识的资源
POST	在 Request-URI 所标识的资源后附加新的数据
HEAD	请求获取由 Request-URI 所标识的资源的响应消息报头
PUT	请求服务器存储一个资源，并用 Request-URI 作为其标识
DELETE	请求服务器删除 Request-URI 所标识的资源
TRACE	请求服务器回送收到的请求信息，主要用于测试或诊断
CONNECT	保留将来使用
OPTIONS	请求查询服务器的性能，或者查询与资源相关的选项和需求

消息报头在 11.1.4 节详细介绍，请求正文是客户向服务器请求的内容主体。

2．HTTP 响应

在接收和解析请求消息后，服务器返回一个 HTTP 响应消息。HTTP 响应也由三个部分组成，分别是状态行、消息报头、响应正文，其中状态行格式如下：

```
HTTP-Version Status-Code Reason-Phrase CRLF
```

- HTTP-Version 表示服务器 HTTP 的版本。
- Status-Code 表示服务器发回的响应状态代码。
- Reason-Phrase 表示状态代码的文本描述。

其中状态代码由三位数字组成，第一个数字定义了响应的类别，且有如下五种可能取值。

- 1xx：指示信息，表示请求已接收，继续处理。
- 2xx：成功，表示请求已被成功接收、理解、接受。
- 3xx：重定向，要完成请求必须进行更进一步的操作。
- 4xx：客户端错误，请求有语法错误或请求无法实现。
- 5xx：服务器端错误，服务器未能实现合法的请求。

常见的状态代码、描述及其说明如表 11.2 所示。

表 11.2　常见的状态码、描述及其说明

状态码	描　述	说　明
200	OK	客户端请求成功
400	Bad Request	客户端请求有语法错误，不能被服务器端所理解
401	Unauthorized	请求未经授权，这个状态代码必须和 WWW- Authenticate 报头域一起使用
403	Forbidden	服务器端收到请求，但是拒绝提供服务
404	Not Found	请求资源不存在
500	Internal Server Error	服务器端发生不可预期的错误
503	Server Unavailable	服务器端当前不能处理客户端的请求，一段时间后可能恢复正常

消息报头将在 11.1.4 节详细介绍，响应正文是服务器返回的资源内容。

11.1.4　HTTP 消息报头

HTTP 消息由客户端到服务器端的请求和服务器端到客户端的响应组成。请求消息和响应消息都是由开始行（请求消息：请求行；响应消息：状态行）、消息报头（可选）、空行（只有 CRLF 的行）、消息正文（可选）组成。

HTTP 消息报头包括普通报头、请求报头、响应报头、实体报头，每一个报头域都是由"名字+:+空格+值"组成，消息报头域的名字是不区分大小写的。接下来详细讲解这四种报头。

1．普通报头

在普通报头中，有少数报头域用于所有的请求和响应消息，但并不用于被传输的实体，只用于传输的消息。

Cache-Control 用于指定缓存指令，缓存指令是单向的（响应中出现的缓存指令在请求中未必会出现），且是独立的（一个消息的缓存指令不会影响另一个消息处理的缓存机制）。请求时的缓存指令包括 no-cache（用于指示请求或响应消息不能缓存）、no-store、max-age、max-stale、min-fresh、only-if-cached；响应时的缓存指令包括 public、private、no-cache、no-store、no-transform、must-revalidate、proxy-revalidate、max-age、s-maxage。

Date 普通报头域表示消息产生的日期和时间。

Connection 普通报头域允许发送指定连接的选项，例如，指定连接是连续的，或者指定 close 选项，通知服务器端，在响应完成后，关闭连接。

2．请求报头

请求报头允许客户端向服务器端传递请求的附加信息以及客户端自身的信息。常用的请求报头如表 11.3 所示。

表 11.3　常用的请求报头

请 求 报 头	报 头 描 述	举　　例	说　　明
Accept	指定客户端接收哪些类型的信息	Accept:image/gif Accept:text/html	客户端接收 GIF 图像格式的资源 客户端接收 HTML 文本
Accept-Charset	指定客户端接收的字符集	Accept-Charset:iso-8859-1,gb2312	如果在请求消息中没有设置这个域，则默认是任何字符集都可以接收
Accept-Encoding	类似于 Accept，但是它是指定可接收的内容编码	Accept-Encoding:gzip.deflate	如果请求消息中没有设置这个域，服务器端假定客户端对各种内容编码都可以接收
Accept-Language	类似于 Accept，但是它是指定一种自然语言	Accept-Language:zh-cn	如果请求消息中没有设置这个报头域，则服务器端假定客户端对各种语言都可以接收
Authorization	证明客户端有权查看某个资源		当浏览器访问一个页面时，如果收到服务器端的响应代码为 401（未授权），可以发送一个包含 Authorization 请求报头域的请求，要求服务器端对其进行验证
Host（发送请求时，该报头域是必需的）	指定被请求资源的 Internet 主机和端口号，它通常是从 HTTP URL 中提取出来的	Host:www.1000phone.com	此处使用默认端口号 80
User-Agent	获取客户端的操作系统、浏览器等的信息		非必需，添加此报头域，服务器端就可获取到相关信息，若不添加，服务器端则获取不了相关信息

请求报头示例如下：

```
GET /form.html HTTP/1.1(CRLF)
Accept:image/gif,image/x-xbitmap,image/jpeg,
```

```
        application/x-shockwave-flash,application/vnd.ms-excel,
        application/vnd.ms-powerpoint,application/msword,*/*(CRLF)
Accept-Language:zh-cn(CRLF)
Accept-Encoding:gzip,deflate(CRLF)
If-Modified-Since:Wed,05 Jan 2007 11:21:25 GMT(CRLF)
If-None-Match:W/"80b1a4c018f3c41:8317"(CRLF)
User-Agent:Mozilla/4.0(compatible;MSIE6.0;Windows NT 5.0)(CRLF)
Host:www.guet.edu.cn(CRLF)
Connection:Keep-Alive(CRLF)
(CRLF)
```

3．响应报头

响应报头允许服务器端传递不能放在状态行中的附加响应信息，以及关于服务器端的信息和对 Request-URI 所标识的资源进行下一步访问的信息。

常用的响应报头如表 11.4 所示。

表 11.4　常用的响应报头

响 应 报 头	报 头 描 述
Location	用于重定向接收者到一个新的位置，常用在更换域名的时候
Server	包含了服务器端用来处理请求的软件信息。与 User-Agent 请求报头域是相对应的，如 Server:Apache-Coyote/1.1
WWW-Authenticate	必须被包含在 401（未授权的）响应消息中，客户端收到 401 响应消息，并发送 Authorization 报头域请求服务器端对其进行验证时,服务器端响应报头就包含该报头域，如 WWW-Authenticate:Basic realm="Basic Auth Test!"，可以看出服务器端对请求资源采用的是基本验证机制

4．实体报头

请求和响应消息都可以传送一个实体。一个实体由实体报头域和实体正文组成，但并不是说实体报头域和实体正文要一起发送，可以只发送实体报头域。实体报头定义了关于实体正文和请求所标识的资源的元信息。

常用的实体报头如表 11.5 所示。

表 11.5　常用的实体报头

实 体 报 头	报 头 描 述
Content-Encoding	媒体类型的修饰符，它的值指示了已经被应用到实体正文的附加内容的编码，因而要采用相应的解码机制来获得 Content-Type 中所引用的媒体类型，如 eg:Content-Encoding: gzip
Content-Language	描述了资源所用的自然语言。如果没有设置该域，则认为实体内容将提供给所有的语言阅读者，如 Content-Language:da
Content-Length	指明实体正文的长度，以字节方式存储的十进制数字来表示
Content-Type	指明发送给接收者的实体正文的媒体类型。如 Content-Type:text/html;charset=ISO-8859-1 Content-Type:text/html;charset=GB2312

实 体 报 头	报 头 描 述
Last-Modified	用于指示资源的最后修改日期和时间
Expires	给出响应过期的日期和时间，为了让代理服务器或浏览器在一段时间以后更新缓存中(再次访问曾访问过的页面时，直接从缓存中加载，缩短响应时间和降低服务器负载)的页面，如 Expires:Tue，15 Nov 2017 16:23:12 GMT

11.2 初识表单

表单是网页上的一个特定区域，这个区域通常用于用户输入信息，如图 11.1 所示。

图 11.1　表单

表单是由一对<form>标记定义的，其程序结构可以通过查看源文件看到，如图 11.2 所示。

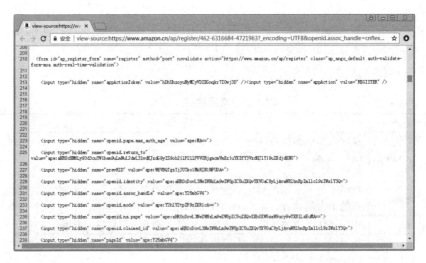

图 11.2　表单源文件

表单的基本结构形式为：

```
<form method="method" action="url" name="name" enctype="文件上传必须属性">
...
</form>
```

其中，method 为表单数据的传送方式，常用的有 GET、POST 两种；action 为处理数据的网页程序文件名；属性 name 为表单名称；如果要进行上传文件等操作，还要使用 enctype 属性指定数据类型。

　　表单以<form>标记开始，以</form>标记结束，在这一对标记之间放入的是表单的对象。单击"提交"按钮，这对标记之间的部分都是要被提交到服务器的，其中包含处理表单的脚本程序位置、提交表单的方法等信息。以上原理类似于学生考试使用的试卷，试卷上标明做完试卷后交到什么地方、怎么交等信息。在<form>标记中，可以包含如表 11.6 所示的 4 个标记。

表 11.6　表单包含标记

标　记	描　述
<input>	输入标记
<select>	下拉列表标记
<option>	菜单和列表项目标记
<textarea>	文字域标记

利用表单包含的标记创建一个含有表 11.6 所列的标记的表单，如下所示。

```
<form>                              <!--表单开始标记-->
    <input.../>                     <!--输入标记-->
    <textarea>...</textarea>        <!--文字域标记-->
    <select>                        <!--下拉列表开始标记-->
        <option>...</option>        <!--下拉列表项目标记-->
    </select>                       <!--下拉列表结束标记-->
</form>                             <!--表单结束标记-->
```

以上代码表示一个完整的表单，自<form>开始，到</form>结束。第 2 行为输入标记，第 3 行为文字域标记，第 4～6 行为下拉列表标记。

11.3　<input >输入标记

用户填写信息时要通过特定的输入标记。<input>即是一个比较常见的输入标记，根据 type 属性的不同，它又分为文本域、密码、按钮等若干类型。

11.3.1　文本域 text

文本域 text 的基本结构形式如下：

```
<input type="text" name="字段名" maxlength="长度" size="宽度"
value="字段值"/>
```

其中，type 的属性值 text 设定为表单的文本域，可输入任何类型的文本、数字和字母，输入的内容单行显示；name 是文本域的名称；maxlength 是文本域的最大输入字符数；size 是文本域的宽度；value 是文本域的默认值。对<input>标签来说，只有 type 和 name 属性是必须设置的，其他的属性可以自由设定。接下来演示文本域的使用方法，如例 11.1 所示。

【例 11.1】 编写个人简历表单，填写姓名、学历、毕业院校、专业特长等内容。

```
1    <!DOCTYPE html>                               <!--文档声明类型-->
2    <html>                                        <!--html 标记开始-->
3    <head>                                        <!--头标记开始-->
4        <meta http-equiv="Content-Type" content="text/html;charset=utf-8">
5                                                  <!--meta 标签用于描述网页-->
6    <title>个人简历</title>                        <!--文件标题-->
7    </head>                                        <!--头标记结束-->
8    <body>                                         <!--body 标签开始-->
9        <h1>个人简历</h1>                           <!--标题标签显示粗体-->
10       <form method="get" action=" http://www.QFedu.com" name="resume">
11                                                 <!--表单开始标记-->
12       姓名：<input type="text" size="20" name="username"/><br>
13                                                 <!--input 输入框-->
14       学历：<input type="text" size="20" name="education" /><br>
15       学校：<input type="text" size="20" name="school" /><br>
16       特长：<input type="text" size="20" name="specialty" /><br>
17       爱好：<input type="text" size="20" name="hobby" /><br>
18       求职：<input type="text" size="20" name="job" /><br>
19       </form>                                   <!--表单结束标记-->
20   </body>                                        <!--body 标签结束-->
21   </html>                                        <!--html 标记结束-->
```

运行结果如图 11.3 所示。

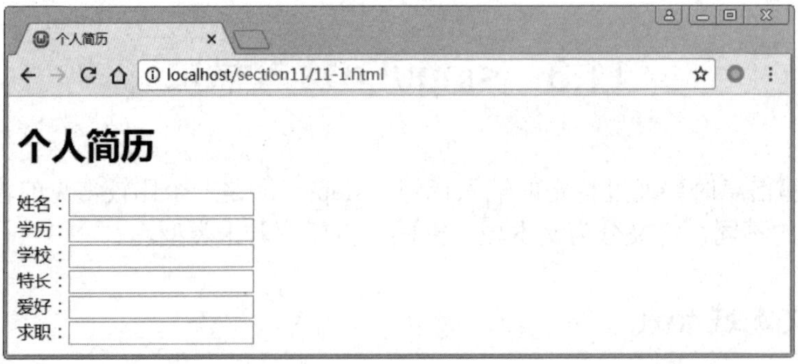

图 11.3　文本域

在例 11.1 中，代码第 10～19 行定义了一个表单。第 12～18 行使用<input>标记，属性值为 text 的文本域，分别输入姓名、学历等。

11.3.2　密码域 password

在表单中，常见的输入到文本域中的文字均以*符号显示，这种形式的文本域称为密码域，其基本结构形式如下：

```
<input type="password" name="field_name">
```

其中，name 为密码域的名字。这些属性的含义同文本域相同，只是在输入显示形式上有所不同，一般是为了不易被外界发现，为保密而使用的。接下来演示密码域的使用方法，如例 11.2 所示。

【例 11.2】　以身份验证为例，填写姓名、学号、邮箱等内容，并设置密码。

```
1    <!DOCTYPE html>                              <!--文档声明类型-->
2    <html>                                       <!--html 标记开始-->
3    <head>                                       <!--头标记开始-->
4        <meta http-equiv="Content-Type" content="text/html;charset=utf-8">
5                                                 <!--meta 标签用于描述网页-->
6        <title>身份验证</title>                   <!--文件标题-->
7    </head>                                       <!--头标记结束-->
8    <body>                                        <!--body 标签开始-->
9        <h1>身份验证</h1>                          <!--标题标签显示粗体-->
10   <form method="get" action="http://www.QFedu.com" name="PHP 宇宙最强音">
11                                                 <!--表单开始标记-->
12       姓名: <input type="text" size="20" name="username" /><br>
13                                                 <!--input 输入框-->
14       学号: <input type="text" size="20" name="number" /><br>
15       邮箱: <input type="text" size="20" name="email" /><br>
16       密码: <input type="password" size="20" name="pwd" /><br>
17   </form>                                       <!--表单结束标记-->
18   </body>                                       <!--body 标签结束-->
19   </html>                                       <!--html 标记结束-->
```

运行结果如图 11.4 所示。

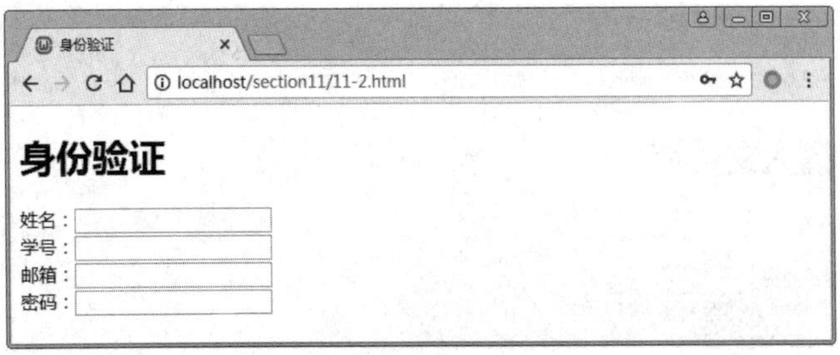

图 11.4　密码域

在例 11.2 中，代码第 10～17 行定义了一个表单。第 12～16 行使用<input>标记，其中第 12～15 行使用属性值为 text 的文本域，第 16 行使用属性值为 password 的密码域。

11.3.3　文件域 file

文件域 file 可以用来浏览查找本地文件路径，其基本结构形式如下：

```
<input type="file" name="file_name">
```

其中，type 的属性值 file 设定为表单的文件域，文件域的外观是一个文本框加一个浏览按钮，用户可以直接将上传文件路径填写在文本框中，也可以单击"浏览"按钮，找到需要上传的文件。

接下来演示文件域的使用方法，如例 11.3 所示。

【例 11.3】　建立一个用户注册表单，输入姓名、密码，并上传个人照片。

```
1   <!DOCTYPE html>                                    <!--文档声明类型-->
2   <html>                                             <!--html 标记开始-->
3   <head>                                             <!--头标记开始-->
4       <meta http-equiv="Content-Type" content="text/html;charset=utf-8">
5                                                      <!--meta 标签用于描述网页-->
6       <title>插入文件域</title>                       <!--文件标题-->
7   </head>                                            <!--头标记结束-->
8   <body>                                             <!--body 标签开始-->
9       <h1>插入文件域</h1>                             <!--标题标签显示粗体-->
10  <form method="get" action="www.QFedu.com" name="PHP 宇宙最强音"
11  enctype="multipart/form-data">
12                                                     <!--表单开始标记-->
13      姓名：<input type="text" size="20" name="username" /><br>
14                                                     <!--input 输入框-->
15      密码：<input type="password" size="20" name="pwd" /><br>
16      确认密码：<input type="password" size="20" name="rpwd" /><br>
17      个人照片：<input type="file" name="photo" />
18  </form>                                            <!--表单结束标记-->
19  </body>                                            <!--body 标签结束-->
20  </html>                                            <!--html 标记结束-->
```

运行结果如图 11.5 所示。

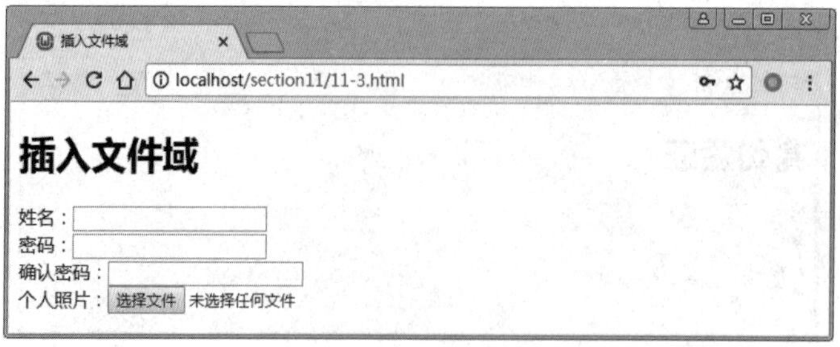

图 11.5　文件域

在例 11.3 中，代码第 10~18 行定义了一个表单。第 13~17 行为文本域，要求输入姓名、密码、确认密码等信息。第 17 行将 type 属性值设置为 file，表示可以浏览本地计算机内的文件并执行上传操作。

11.3.4　"提交"和"重置"按钮

表单一般通过提交动作来处理信息，要提交信息，就要有"提交"按钮，HTML 提供"提交"和"重置"按钮来实现信息的提交和重置，其基本结构形式如下：

```
<input type="submit" value="提交">
<input type="reset" value="重置">
```

其中，submit 是"提交"按钮，将信息发送到指定 URL 地址；reset 是"重置"按钮，重新填写表单信息；value 是显示在按钮上的文字。

接下来演示"提交"和"重置"按钮的使用方法，如例 11.4 所示。

【例 11.4】　建立身份验证表单，填写昵称、年龄、邮箱、密码等信息。

```
1   <!DOCTYPE html>
2   <html lang="en">
3   <head>
4       <meta charset="UTF-8">
5       <title>身份验证</title>
6   </head>
7   <body>
8       <h1>身份验证</h1>
9   <form method="get" action="http://www.QFedu.com" name="student">
10                                                  <!--表单开始标记-->
11      昵称: <input type="text" name="username" /><br>  <!--文本域-->
12      年龄: <input type="text" name="age" /><br>
13      邮箱: <input type="text" name="email" /><br>
14      密码: <input type="password" name="pwd" /><br>    <!--密码域-->
15      确认密码: <input type="password" name="rpwd" /><br>
16      <p>                                          <!--段落标签-->
17          <input type="submit" value="提交" />      <!--"提交"按钮-->
18          <input type="reset" value="重置" /><br> <!--"重置"按钮-->
19      </p>
20   </form>                                         <!--表单结束标记-->
21   </body>
22   </html>
```

运行结果如图 11.6 所示。

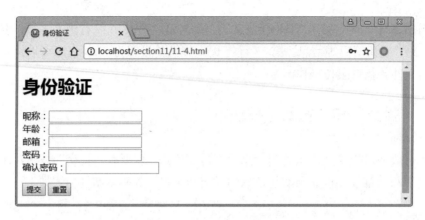

图 11.6　"提交"和"重置"按钮

在例 11.4 中，代码第 9～20 行定义了一个表单。第 11～15 行为文本域，要求输入昵称、年龄、邮箱、密码和确认密码。第 17 行将属性值设置为 submit，表示"提交"按钮。第 18 行将属性值设置为 reset，表示"重置"按钮。

11.3.5　复选框

兴趣爱好往往不止一种，如果要对用户的爱好进行调查，需要用户有多个选择，这种情况称为复选。而复选框 checkbox 可以同时选择多个选项，其基本结构形式如下：

```
<input type="checkbox" name="field_name" value="value">
```

其中，checkbox 为复选框，当属性值设为 checkbox 时，可以同时选择多个项目。

接下来演示复选框的使用方法，如例 11.5 所示。

【例 11.5】 复选框的使用：对用户的爱好进行调查，并提交信息。

```
1    <!DOCTYPE html>
2    <html lang="en">
3    <head>
4        <meta charset="UTF-8">
5        <title>复选框</title>
6    </head>
7    <body>
8        <h1>兴趣爱好</h1>
9        <form action="http://www.1000phone.com" method="get">
10                                              <!--表单开始标记-->
11           您喜欢的编程语言？<br /><br />        <!--换行标记-->
12           <label>                            <!--label 开始标记-->
13             <input name="program" type="checkbox" checked="checked" />PHP
14                                              <!--复选框-->
15           </label>                           <!--label 结束标记-->
16           <label>
```

```
17              <input name="program" type="checkbox" value="" />Java
18          </label>
19          <label>
20              <input name="program" type="checkbox" value="" />Python
21          </label>
22          <label>
23              <input name="program" type="checkbox" value="" />Ruby
24          </label>
25          <label>
26              <input name="program" type="checkbox" value="" />其他
27          </label>
28          <p>
29              <input type="submit" value="提交" />       <!--"提交"按钮-->
30              <input type="reset" value="重置" />        <!--"重置"按钮-->
31          </p>
32      </form>                                           <!--表单结束标记-->
33 </body>
34 </html>
```

运行结果如图 11.7 所示。

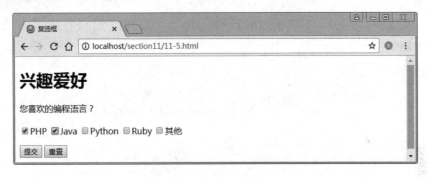

图 11.7　复选框

在例 11.5 中，代码第 9～32 行定义了一个表单。第 12～27 行定义 label 标签，作用是获取绑定 HTML 元素的焦点位置。第 13～26 行定义复选框的选项信息。第 29 行设置"提交"按钮，用来处理信息。第 30 行设置"重置"按钮，用来重置填写信息。

11.3.6　单选按钮

如果在许多选项中只能允许选择一个项目，此种情况称为单选。单选按钮 radio 只允许用户有一个选择，其基本结构形式如下：

```
<input type="radio" name="field_name" value="value">
```

其中，radio 为单选按钮的属性值，当属性值设为 radio 时，一次只能选择一个项目。

接下来演示单选按钮的使用方法，如例 11.6 所示。

【例 11.6】 单选按钮的使用：对用户的爱好进行调查，并提交信息。

```
1   <!DOCTYPE html>
2   <html lang="en">
3   <head>
4       <meta charset="UTF-8">
5       <title>单选按钮</title>
6   </head>
7   <body>
8       <h1>兴趣爱好</h1>
9       <form action="http://www.1000phone.com" method="get">
10                                                  <!--表单开始标记-->
11          您喜欢的编程语言? <br /><br />
12          <label>
13              <input name="program" type="radio" checked="checked" />PHP
14                                                  <!--单选按钮-->
15          </label>
16          <label>
17              <input name="program" type="radio" value="1" />Java
18          </label>
19          <label>
20              <input name="program" type="radio" value="2" />Python
21          </label>
22          <label>
23              <input name="program" type="radio" value="3" />Ruby
24          </label>
25          <label>
26              <input name="program" type="radio" value="4" />其他
27          </label>
28          <p>
29              <input type="submit" value="提交" />  <!--"提交"按钮-->
30              <input type="reset" value="重置" />   <!--"重置"按钮-->
31          </p>
32      </form>                                      <!--表单结束标记-->
33   </body>
34   </html>
```

运行结果如图 11.8 所示。

在例 11.6 中，代码第 9～32 行定义了一个表单。第 12～27 行定义 label 标签，作用是获取绑定 HTML 元素的焦点位置。第 13～26 行定义单选按钮的选项信息。第 29 行设置"提交"按钮，用来处理信息。第 30 行设置"重置"按钮，用来重置填写信息。

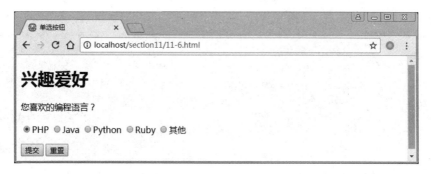

图 11.8　单选按钮

11.4　<select>下拉列表标记

如果可供选择的项目过多时，会在浏览器页面上占据很大空间，影响页面美观度。HTML 提供了另一种选择菜单——下拉列表。下拉列表展示给用户一个菜单选项，用户单击下三角按钮打开列表就能看到全部选项。

列表可以显示一定数量的选项，如果超出了这个数量，会自动出现滚动条，用户可以通过拖动滚动条来查看各选项，其基本结构形式如下：

```
<select name="name" size="value">
    <option value="value" selected="selected">
      选项名称 1
    </option>
    <option value="value" selected="selected">
      选项名称 2
    </option>
    ...
</select>
```

其中，name 为下拉列表的名字；size 设置下拉列表的高度、一次显示的个数，默认为 1；selected 表示当前被默认选中的选项；value 表示该项对应的值，该项被选中后，其值将被发送到服务器上。接下来演示下拉列表标记的使用方法，如例 11.7 所示。

【例 11.7】　创建下拉列表，选择喜欢居住的城市做调查。

```
1    <!DOCTYPE html>
2    <html lang="en">
3    <head>
4        <meta charset="UTF-8">
5        <title>下拉列表 select 标签</title>
6    </head>
7    <body>
8        <h1>用户调查表</h1>
```

```
9          <form action="http://www.1000phone.com" method="get">
10                                                <!--表单开始标记-->
11              请选择你所居住的城市: <br />
12              <select name="province" size="">        <!--下拉列表开始标记-->
13              <option value="beijing" selected="selected"><!--下拉选项开始标记-->
14                北京
15              </option>                             <!--下拉选项结束标记-->
16              <option value="shanghai">
17                上海
18              </option>
19              <option value="tianjing">
20                天津
21              </option>
22              <option value="chongqing">
23                重庆
24              </option>
25              <option value="xian">
26                西安
27              </option>
28              <option value="chengdu">
29                成都
30              </option>
31              </select>                             <!--下拉列表结束标记-->
32              <input type="submit" value="提交" />   <!--"提交"按钮-->
33              <input type="reset" value="重置" />    <!--"重置"按钮-->
34          </form>                                   <!--表单结束标记-->
35      </body>
36  </html>
```

运行结果如图 11.9 所示。

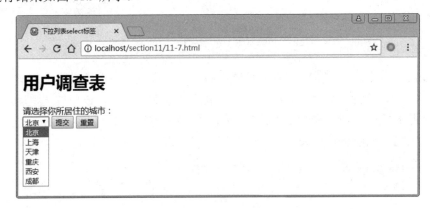

图 11.9 下拉列表

在例 11.7 中，代码第 9~34 行定义了一个表单。第 12~31 行定义了一个下拉列表，其默认高度为 1。第 32 行设置 "提交" 按钮，用来处理信息。第 33 行设置 "重置" 按钮，用来重置填写信息。

11.5　本章小结

本章主要讲述了 HTTP 和表单的相关知识，包括 HTTP 简介、HTTP 工作流程、HTTP 请求与响应、HTTP 消息报头和表单等。通过本章知识的学习，大家要能够深入理解 HTTP 的概念和工作流程，掌握 HTTP 消息报头的使用和表单的使用，为以后的学习奠定基础。

11.6　习　　题

1．填空题

（1）表单元素指的是不同类型的_____、_____、_____和_____等。

（2）表单用于收集用户输入的数据，使用_____元素定义 HTML 表单。

（3）用于定义文本输入的标签是_____。

（4）用于定义单选按钮的标签是_____。

（5）用于定义复选框的标签是_____。

2．思考题

（1）简述 HTML 表单的作用。

（2）简述在 form 表单中哪两个是最重要的元素。

3．编程题

请设计一个用户注册表单，页面效果如图 11.10 所示。

扫描查看习题答案

图 11.10　HTML 表单

第12章

PHP 与 Web 页面交互

本章学习目标

- 理解表单和 PHP 的关系;
- 掌握提交表单信息的方法;
- 掌握 PHP 获取表单信息的方法;
- 掌握对 URL 传递参数编码和解码技术;
- 掌握文件上传和下载。

PHP 是一种专门用于 Web 开发的服务器端脚本语言,在程序运行过程中,PHP 脚本要不断处理来自页面的请求并将处理结果返回到页面,与此同时,Web 程序提供的信息提交、文件上传等功能也都是基于 PHP 脚本与 Web 页面交互实现的。接下来,本章主要讲解 PHP 与 Web 页面的交互操作技术。

12.1 表单与 PHP 的关系

虽然表单是 HTML 页面的一部分,但是表单与 PHP 脚本传递数据的过程是无缝衔接的。PHP 脚本获取表单中的数据并完成处理,然后 PHP 解析器将处理结果以代码的形式嵌入到 HTML 中,最后浏览器解析渲染 HTML 内容并将页面呈现给用户。

PHP 处理表单数据的基本流程如图 12.1 所示。

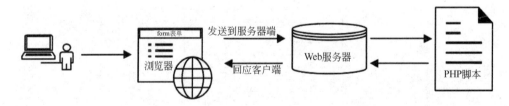

图 12.1 基本流程图

从图 12.1 中可以看出,数据从表单发送到服务器端,PHP 脚本经过处理再生成 HTML 并返回。当 PHP 脚本处理表单时,它会检索 URL、表单数据、上传文件等信息,然后通过 PHP 内置全局变量数组$_GET[]、$_POST[]等获取用户提交的数据。

12.2　提交表单信息

介绍了表单与 PHP 的关系，接下来讲解提交表单信息的方法。提交表单信息最常用的方法是 GET 和 POST，下面将通过实例演示使用 GET 和 POST 方法提交表单。

12.2.1　GET 方法提交表单

GET 方法提交的本质是将数据通过 URL 地址的形式传递到下一个页面，此方法提交的表单不会明显地改变页面状态。GET 方法是最简单的提交方法，主要用于静态 HTML 文档、图像或数据库查询结果的简单检索。接下来演示 GET 方法提交表单，如例 12.1 所示。

【**例 12.1**】　创建用户登录表单，输入用户名和密码，使用 GET 方法提交表单。提交后显示"通过 GET 方法提交的信息"，用户名和密码都为 php。

```
1    <!DOCTYPE html>
2    <html lang="en">
3    <head>
4        <meta charset="UTF-8">
5        <title>用户登录</title>
6    </head>
7    <body>
8    请输入账号和密码：<br><br>
9        <form action="do_get.php" method="get">
10           用户名：<input type="text" name="username" /><br><br>
11           密   码：<input type="password"
12               name="pwd"/><br><br>
13           <input type="submit" value="提交" />   
14           <input type="reset" value="重置" />
15       </form>
16   </body>
17   </html>
```

处理表单的信息 do_get.php 文件代码如下：

```
1    <?php
2        echo "通过 GET 方法提交的信息";
3    ?>
```

运行结果如图 12.2 和图 12.3 所示。

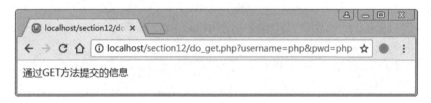

图 12.2　GET 方法提交表单

图 12.3　处理 GET 请求

　　在例 12.1 中，代码第 9～15 行定义一个 form 表单；第 9 行设置为以 GET 方法提交表单，后台处理脚本 do_get.php。单击"提交"按钮后处理表单输入内容，输出"通过 GET 方法提交的信息"，如图 12.3 所示。

　　从图 12.3 中可以看出，通过 GET 方法提交的信息，其参数会显示到浏览器地址栏中。如果用户填写的个人敏感信息都在地址栏中显示，那么以 GET 方法提交安全性较差，在实际开发中，一般较少使用。

12.2.2　POST 方法提交表单

　　与 GET 方法相比，POST 方法具有很多优势。由于 POST 是通过头信息传递数据，所以它在长度上是不受限制的，同时它不会把传递的数据暴露在浏览器的地址栏中，通常情况下，POST 方法被用来提交一些相对敏感或数据量较大的信息。

　　接下来演示 POST 提交表单，如例 12.2 所示。

　　【例 12.2】　POST 方法提交表单。

```
1    <!DOCTYPE html>
2    <html lang="en">
3    <head>
4        <meta charset="UTF-8">
5        <title>用户登录</title>
6    </head>
7    <body>
```

```
8      请输入账号和密码: <br> <br>
9         <form action="do_post.php" method="post">
10            用户名: <input type="text" name="username" /><br><br>
11            密   码: <input type="password" name="pwd"/> <br><br>
12                <input type="submit" value="提交" />   
13                <input type="reset" value="重置" />
14        </form>
15    </body>
16    </html>
```

运行结果如图 12.4 和图 12.5 所示。

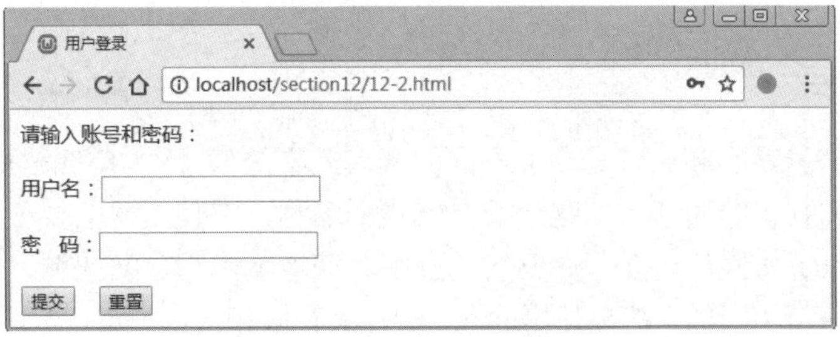

图 12.4　POST 提交表单

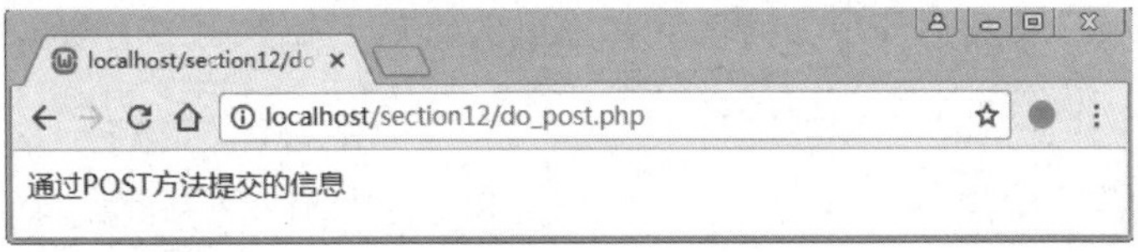

图 12.5　处理 POST 请求

处理表单的信息 do_ post.php 文件代码如下:

```
1    <?php
2        echo "通过 POST 方法提交的信息";
3    ?>
```

在例 12.2 中，代码第 9～14 行定义一个 form 表单；第 9 行设置为以 POST 方法提交表单，后台处理脚本 do_post.php。单击"提交"按钮后处理 do_post.php 文件内容，输出"通过 POST 方法提交的信息"。

从图 12.5 中可以看出，POST 方法不依赖于 URL，不会显示在地址栏，所有提交的信息在后台传输，用户在浏览器端是看不到这一过程的，安全性高。

12.3　PHP 获取表单信息

在 Web 开发过程中，表单提交是数据传输过程中很重要的一部分，作为以 PHP 为后台开发语言的项目，成功接收表单提交的数据是相当重要的一环。PHP 脚本通常使用 $_POST[]、$_GET[]获取表单信息。

　　在 PHP 中，POST 请求被封装到$_POST[]全局变量数组中，GET 请求被封装到 $_GET[]全局变量数组中，因此，$_POST[]、$_GET[]分别对应两种提交表单的方法。当表单以 POST 方法提交时，PHP 脚本需要通过$_POST ["name"]或$_POST ['name']的方式来获取数据；当表单以 GET 方法提交时，PHP 脚本需要通过$_GET["name"]或 $_GET['name']的方式来获取数据。

　　大多数情况下，表单以 POST 方法提交，因此，本节主要讲解如何使用$_POST[]获取表单信息。

12.3.1　获取文本框的值

　　获取表单信息，实际上就是获取不同的表单元素的信息。<form>标签中的 name 是所有表单元素都具备的属性，即这个表单元素的名称，在使用时需要使用 name 属性来获取相应的 value 属性值。在程序开发过程中，获取文本框、密码域、隐藏域、按钮以及文本域的方法是相同的，都是使用 name 属性来获取相应的 value 属性值。本节仅以获取文本框中的数据信息为例，讲解获取表单数据的方法，希望读者能够举一反三，自行完成其他控件值的获取。

　　接下来使用登录案例演示如何获取文本框的信息，如例 12.3 所示。

【例 12.3】　获取文本框的信息。

```
1    <!DOCTYPE html>
2    <html lang="en">
3    <head>
4        <meta charset="UTF-8">
5        <title>获取文本框输入值</title>
6    </head>
7    <body>
8        <form action="" method="post">
9            用户名: <input type="text" name="username" size="20" />
10           密  码: <input type="password" name="userpwd" size="20"
11               />
12           <input type="submit" name="submit" value="提交" />
13       </form>
14   </body>
15   </html>
16   <?php
17       error_reporting(0);
18       if($_POST['username']!=""&&$_POST['userpwd']!=""){
19           $username=$_POST['username'];
20           $userpwd=$_POST['userpwd'];
```

```
21          echo "您输入的用户名为: ".$username."  密码为: ".$userpwd;
22      }
23  ?>
```

运行结果如图 12.6 和图 12.7 所示。

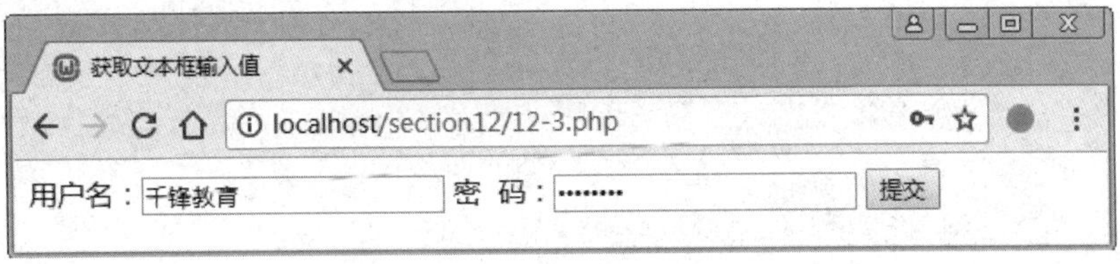

图 12.6　输入界面

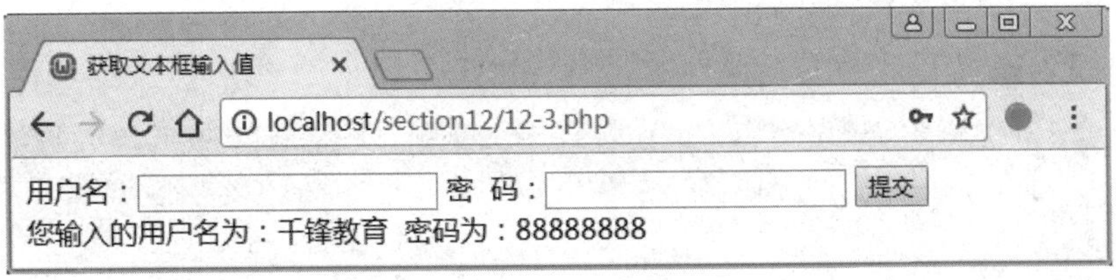

图 12.7　获取信息

在例 12.3 中，第 8～13 行定义一个 form 表单，action 属性值为空，表示默认提交到当前脚本；method 属性值为 post，表示使用 POST 方法向程序后台提交表单数据；第 9 行定义一个 text 类型的文本输入框，name 属性值为 username；第 10 行定义一个 password 类型的密码输入框，name 属性值为 userpwd；第 12 行定义一个 submit 类型的"提交"按钮，name 属性值为 submit，自定义 value 值为"提交"；第 17 行使用 error_reporting(0) 表示关闭错误报告；第 18～20 行使用$_POST[]全局数组获取 input 输入框内的值；第 21 行输出程序运行结果。

12.3.2　获取文件域的值

文件域的作用是实现文件或图片的上传。文件域有一个特有的属性 accept，用于指定上传的文件类型，如果需要限制上传文件的类型，则可以通过设置该属性完成。

接下来演示如何获取文件域相关信息，如例 12.4 所示。

【例 12.4】 获取文件域相关信息。

```
1  <!DOCTYPE html>
2  <html lang="en">
3  <head>
4      <meta charset="UTF-8">
5      <title>获取文件域相关信息</title>
6  </head>
```

```
7   <body>
8       <form action="" method="post">
9           <input type="file" name="file" size="20" />
10          <input type="submit" name="submit" value="上传" />
11      </form>
12  </body>
13  </html>
14  <?php
15      error_reporting(0);
16      if(!empty($_POST["file"])){
17          echo "获取上传图片名称为: ".$_POST["file"];
18      }
19  ?>
```

运行结果如图 12.8 和图 12.9 所示。

图 12.8　上传页面

图 12.9　显示结果

在例 12.4 中，第 8～11 行定义一个 form 表单，action 属性值为空，表示默认提交到当前脚本；method 属性值为 post，表示使用 POST 方法向程序后台提交表单数据；第 9 行定义 file 类型的文件上传域；第 10 行定义一个 submit 类型的"上传"按钮，name 属性值为 submit，自定义 value 值为"上传"；第 15 行使用 error_reporting(0)表示关闭错误报告；第 17 行使用$_POST[]全局数组获取文件上传信息。

12.3.3　获取复选框的值

复选框能够进行项目的多项选择，用户填写表单时，有时需要选择多个项目，例如，在线听歌中需要同时选取多首歌曲等，就会用到复选框。复选框一般都是多个选项同时存在，为了便于传值，name 的名字可以是一个数组形式，格式为：

```
<input type="checkbox" name="checkbox[]" value="" />
```

接下来演示如何获取复选框的信息，如例 12.5 所示。

【例 12.5】 获取复选框的信息。

```
1    <!DOCTYPE html>
2    <html lang="en">
3    <head>
4    <meta charset="UTF-8">
5    <title>获取复选框的值</title>
6    </head>
7    <body>
8    <form action="" method="post">
9    <table width="700" cellspacing="0" cellpadding="0">
10   <tr>
11   <td width="500" height="20"align="left" valign="top">您喜欢的编程技术：
12   <input type="checkbox" name="myLanguage[]" value="PHP" />PHP
13   <input type="checkbox" name="myLanguage[]" value="Java" />Java
14   <input type="checkbox" name="myLanguage[]" value="HTML5" />HTML5
15   <input type="checkbox" name="myLanguage[]" value="Python" />Python
16   <input type="submit" name="submit" value="提交" />
17   </td>
18   </tr>
19   </table>
20   </form>
21   </body>
22   </html>
23   <?php
24   error_reporting(0);                      // 关闭错误报告
25   if($_POST['myLanguage']!=""){            // 判断复选框值是否为空
26       echo "您选择的结果是：";              // 循环输出选中值
27       for($i=0; $i<count($_POST['myLanguage']);$i++) {
28           echo $_POST['myLaguage'][$i]."  ";
29       }
30   }
31   ?>
```

运行结果如图 12.10 和图 12.11 所示。

图 12.10　复选框界面

图 12.11　获取选中结果

在例 12.5 中，第 8～20 行定义一个 form 表单，action 属性值为空，表示默认提交到当前脚本；method 属性值为 post，表示使用 POST 方法向程序后台提交表单数据；第 9～19 行使用 table 标签定义一个表格区域，设置宽度 width 属性；第 12～16 行定义 checkbox 类型的复选框，要特别注意一点，复选框 name 值 mylanguage[]与前面介绍的 name 属性值写法不同，它的后面跟着一对[ ]表示选中的各项值传递到后台 PHP 脚本文件时，会被解析为数组的形式；第 24 行使用 error_reporting(0)表示关闭错误报告；第 27 行使用 for 循环输出选中值。

12.3.4　获取下拉列表的值

获取下拉列表的值的方法非常简单，与获取文本框的值类似。首先需要定义下拉列表的 name 属性值，然后应用$_POST[]全局变量进行获取。

接下来演示如何获取下拉列表的信息，如例 12.6 所示。

【例 12.6】　获取下拉列表的信息。

```
1    <!DOCTYPE html>
2    <html lang="en">
3    <head>
4        <meta charset="UTF-8">
5        <title>获取下拉列表的值</title>
6    </head>
7    <body>
8    <form action="" method="post">
9    <table width="300" cellspacing="0" cellpadding="0">
10   <tr>
11   <td width="80" height="20" align="center">
12   编程技术：
13   </td>
14   <td width="200">
15       <select name="myLanguage" size="1">
16           <option value="" selected="selected">--请选择--</option>
17           <option value="PHP" <?php if(@$_POST['myLanguage']=="PHP"){echo
18           'selected="selected"';}?>>PHP</option>
19           <option value="JAVA"<?php if(@$_POST['myLanguage']=="JAVA"){echo
20           'selected="selected"';}?>>JAVA</option>
```

```
21        <option value=".NET" <?php if(@$_POST['myLanguage']==".NET"){echo
22        'selected="selected"';}?>>.NET</option>
23        <option value="RUBY" <?php if(@$_POST['myLanguage']=="RUBY"){echo
24        'selected="selected"';}?>>RUBY</option>
25        <option value="C++" <?php if(@$_POST['myLanguage']=="C++"){echo
26        'selected="selected"';}?>>C++</option>
27    </select>   
28    <input type="submit" name="submit" value="提交" />
29 </td>
30 </tr>
31 </table>
32 </form>
33 </body>
34 </html>
35 <?php
36    error_reporting(0);// 关闭错误报告
37    if($_POST['myLanguage']!=""){
38        echo "您选择的结果是: ".$_POST['myLanguage'];
39    }
40 ?>
```

运行结果如图 12.12 和图 12.13 所示。

图 12.12　选择界面

图 12.13　获取结果

在例 12.6 中，第 8～32 行定义一个 form 表单，action 属性值为空，表示默认提交到当前脚本；method 属性值为 post，表示使用 POST 方法向程序后台提交表单数据；第 9～31 行定义一个 table 表格；第 15～27 行定义 select 下拉列表，name 值为 myLanguage，第 17 行嵌入 PHP 代码，将选中值反显到选项框内。

12.3.5　获取单选按钮的值

单选按钮（radio）一般成组出现，具有相同的 name 值和不同的 value 值，在一组单选按钮中同一时间只能有一个被选中。

接下来演示如何获取单选按钮的信息，如例 12.7 所示。

【**例 12.7**】　获取单选按钮的信息。

```
1   <!DOCTYPE html>
2   <html lang="en">
3   <head>
4       <meta charset="UTF-8">
5       <title>获取单选按钮的值</title>
6   </head>
7   <body>
8   <form action="" method="post">
9   <table width="300" cellspacing="0" cellpadding="0">
10  <tr>
11  <td width="80" height="20" align="center">
12  选择性别：
13  </td>
14  <td width="200">
15      <input name="sex" type="radio" value="1" <?php
16        if(@$_POST['sex']==1){echo 'checked=checked';}?>/>男
17      <input name="sex" type="radio" value="0" <?php
18        if(@$_POST['sex']==0){echo 'checked=checked';}?>/>女
19      <input type="submit" name="submit" value="提交" />
20  </td>
21  </tr>
22  </table>
23  </form>
24  </body>
25  </html>
26  <?php
27  error_reporting(0);// 关闭错误报告
28  if($_POST['sex']!=""){
29      if($_POST['sex']==1){
30          echo "您选择的性别是：男";
31      }else{
32          echo "您选择的性别是：女";
33      }
34  }
35  ?>
```

运行结果如图 12.14 和图 12.15 所示。

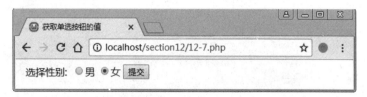

图 12.14 选中按钮

图 12.15 选中结果

在例 12.7 中，第 8～23 行定义一个 form 表单，action 属性值为空，表示默认提交到当前脚本；method 属性值为 post，表示使用 POST 方法向程序后台提交表单数据；第 9～22 行定义一个 table 表格；第 15 行定义 radio 类型的单选按钮；第 16 行嵌入 PHP 代码，使用 if 判断获取选中的 value 值并将它反显，让单击按钮呈现选中状态。

12.3.6 使用$_GET[]获取表单信息

前面几个小节主要讲解了使用$_POST[]获取表单信息，除了$_POST[]外，当表单以 GET 方法提交时，可以通过$_GET[]获取表单信息。

接下来通过一个实例讲解如何使用$_GET[]获取表单信息，如例 12.8 所示。

【例 12.8】 使用$_GET[]获取表单信息。

```
1   <!DOCTYPE html>
2   <html lang="en">
3   <head>
4       <meta charset="UTF-8">
5       <title>获取文本框输入值</title>
6   </head>
7   <body>
8       <form action="" method="get">
9           用户名: <input type="text" name="username" size="20" />
10          密  码: <input type="password" name="userpwd"
11              size="20"/>
12          <input type="submit" name="submit" value="提交" />
13      </form>
14  </body>
```

```
15    </html>
16    <?php
17       error_reporting(0);
18       if($_GET['username']!=""&&$_GET['userpwd']!=""){
19          $username=$_GET['username'];
20          $userpwd=$_GET['userpwd'];
21          echo "您输入的用户名为: ".$username."  密码为: ".$userpwd;
22       }
23    ?>
```

运行结果如图 12.16 和图 12.17 所示。

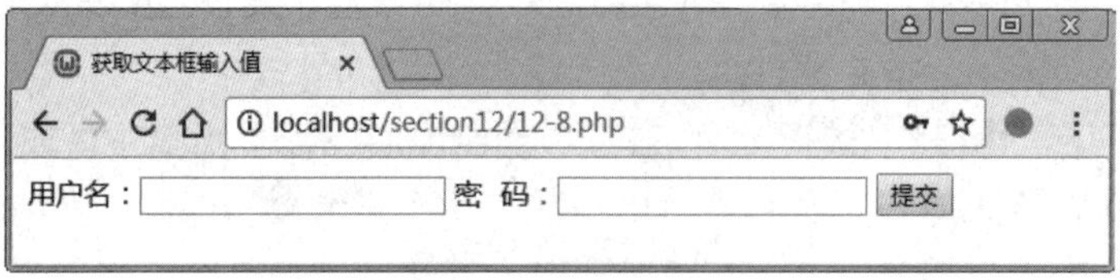

图 12.16　输入界面

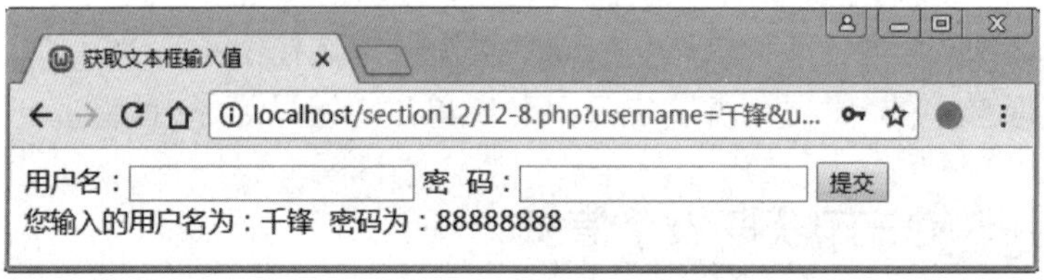

图 12.17　获取信息

在例 12.8 中，表单采用 GET 方法提交，PHP 脚本使用$_GET[]全局数组获取文本框内输入的值并输出。

由于实际开发中表单多以 POST 方法提交，并且$_GET[]与$_POST[]的使用方法基本类似，因此本节不再对如何通过$_GET[]获取表单信息做进一步讲解。

12.4   URL 操作

12.4.1　获取 URL 传递的参数

除了利用表单向服务器提交信息之外，还可以直接使用 URL 传递参数。URL 传递参数采用的是 GET 方法，其传递的参数的值可以通过$_GET[]获取。

接下来通过一个实例演示通过$_GET[]获取 URL 传递的参数，如例 12.9 和例 12.10所示。

【例 12.9】 通过$_GET[]获取 URL 传递的参数。

```
1    <!DOCTYPE html>
2    <html lang="en">
3    <head>
4        <meta charset="UTF-8">
5        <title>GET 方法传递数据</title>
6    </head>
7    <body>
8    <a href="12-10.php?info=PHP">GET 方法传递数据</a>
9    </body>
10   </html>
```

【例 12.10】　通过$_GET[]获取 URL 传递的参数。

```
1    <?php
2        echo $_GET["info"];
3    ?>
```

运行结果如图 12.18 和图 12.19 所示。

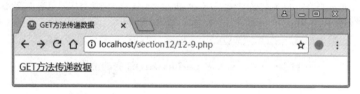

图 12.18　传递数据

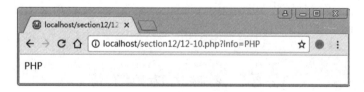

图 12.19　接收数据

在例 12.9 中，第 8 行定义 a 标签超链接，其 href 属性值除了指明要跳转的 URL 地址之外，还追加了 info 参数。在例 12.10 中，PHP 脚本程序通过$_GET[]获取 URL 中传递的参数信息。

12.4.2　URL 的编码与解码

使用 urlencode()函数可以把字符串除"-""_"符号与字母以外的字符，转换为十六进制数的形式，空格转换为"+"符号。而使用 urldecode()函数，可以还原使用 urlencode()函数编码的字符串。

下面演示这两个函数的具体用法，如例 12.11 所示。

【例 12.11】　urlencode()函数和 urldecode()函数的用法。

```php
1  <?php
2      echo "<b>显示 URL 传递过来的变量：</b>";
3      // 定义一个变量
4      $var="带有-空格_和 word 及特殊符号<>的变量";
5      echo "<br><b>使用 urlencode()编码字符串：</b>";
6      echo $enStr=urlencode($var);
7      echo "<br><b>使用 urldecode()解码字符串：</b>";
8      echo $deStr=urldecode($var);
9  ?>
```

运行结果如图 12.20 所示。

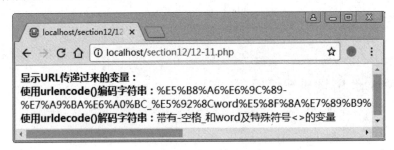

图 12.20　urlencode()与 urldecode()函数的使用方法

从图 12.20 中可以看出，字符串中除了"-""_"符号与字母以外的字符，都被转换成了 URL 编码的字符串，而空格转换成了"+"符号。实际上，在浏览网页时，浏览器会自动对提交的表单变量进行 URL 编码。而把 URL 编码的字符串显示在浏览器上时，被编码的字符串会自动被解码。

12.5　文件上传和下载

文件的上传和下载是 Web 项目开发中必不可少的模块，大多数 PHP 框架中都封装了关于上传和下载的功能，不过对于原生的上传和下载仍需了解。基本思路是通过 POST 方式提交 form 表单来实现文件上传，通过流输出的方式实现文件下载。本节将针对文件上传和下载进行详细讲解。

12.5.1　文件上传

文件上传从本质上讲，就是将表单数据的一部分提交到服务器端。只是因为其数据类型（字节流或二进制流）不一样，从而导致在服务器上的处理不一样而已。在讲解文件上传前，首先理解文件上传的基本原理和流程，如图 12.21 所示。

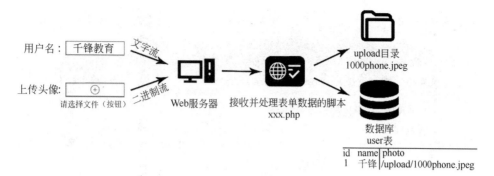

图 12.21　文件上传的基本原理和流程

在图 12.21 中，用户选择文件，单击"上传文件"按钮，触发 HTTP 请求，服务器端程序（xxx.php）接收数据信息，响应客户端请求。如果文件成功上传，服务器端程序会将上传的文件保存到指定的目录中，同时将文件的路径存入到数据库中。

1．开发文件上传表单页面

在实现文件上传时，首先需要设置文件上传表单，这个表单的提交方式必须为 POST。另外，还需要增加上传的属性 enctype = "multipart/form-data"，该属性说明浏览器可以提供文件上传功能。

接下来编写 form 表单页面，如例 12.12 所示。

【例 12.12】　form 表单页面。

```
1   <!DOCTYPE html>
2   <html lang="en">
3   <head>
4       <meta charset="UTF-8">
5       <title></title>
6   </head>
7   <body>
8       <form enctype="multipart/form-data" method="post" action="12-13.php"
9        name="myform">
10      <table>
11      <tr>
12          <td>上传文件: </td>
13          <td><input type="file" name="myfile" /></td>
14      </tr>
15      <tr>
16          <td><input type="submit" value="上传文件" /></td>
17      </tr>
18      </table>
19      </form>
20  </body>
21  </html>
```

运行结果如图 12.22 所示。

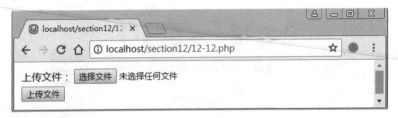

图 12.22　表单页面效果

在例 12.12 中，第 8 行为 form 头信息，凡是涉及文件上传的程序设计都必须写上文件上传的属性 enctype = "multipart/form-data"，否则在浏览器端将无法进行文件上传操作。另外，method 表示浏览器向服务器提交数据的方式，action 表示提交到服务器的地址。

2．编写处理表单提交的 PHP 脚本

当用户通过上传表单选择一个文件并提交后，PHP 会自动生成一个 $_FILES[] 的二维数组，该数组保存了上传文件的信息。

接下来是处理表单的 PHP 脚本，如例 12.13 所示。

【例 12.13】 处理表单。

```
1    <?php
2       echo '<pre>';
3       // 当用户上传一个文件时,该文件的所有信息将会封装到$_FILES 中
4       // 得到文件上传的信息
5       $file_info = $_FILES['myfile'];
6       // 指定一个上传目录
7       $upload_path = './upload/';
8       // 判断指定的目录是否存在
9       if(!is_dir($upload_path)){
10          // 若指定目录不存在,创建该目录
11          mkdir($upload_path);
12      }
13      // 获取上传文件名
14      $upload_filename = $file_info['name'];
15      // 转换编码，防止中文名乱码
16      $upload_filename = iconv("UTF-8","gb2312",$upload_filename);
17      // 给上传文件名加上前缀，保证文件名唯一
18      $upload_filename = date('YmdHis').'_'.$upload_filename;
19      if($file_info['error'] == 0){
20          // 使用 move_uploaded_file()函数将临时文件转移到指定的目录
21          $info = move_uploaded_file($file_info['tmp_name'],
22              $upload_path.$upload_filename);
23          if($info){
```

```
24              echo '<br>上传成功';
25          }else{
26              echo '<br> 上传失败!';
27          }
28      }else{
29          echo '<br>上传失败!';
30      }
31  ?>
```

运行结果如图 12.23 所示。

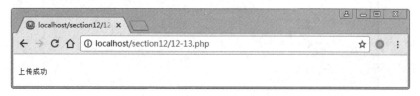

图 12.23　PHP 脚本运行结果

从程序运行结果可以看出，完成文件上传功能需要有两个程序文件：一个是显示在浏览器上的表单页面；另一个是后台接收处理表单数据的服务器脚本。

12.5.2　文件下载

与文件上传相比，文件下载要简单得多。在讲解文件下载前，首先介绍 header()函数的相关用法，具体如下所示：

```
header("Content-type:text/html;charset=utf-8");
header("Content-type:application/octet-stream");
header("Content-Disposition:attachment;filename=".$filename);
```

在上面的代码中，header()函数用于向客户端发送 HTTP 报头信息，其中，Content-type 用于指定文件类型，常见的有 TEXT/HTML、IMAGE/JPEG、IMAGE/GIF 等；Content-Disposition 用于文件描述，attachment 表明这是一个附件，filename 表示指定下载后的文件名称。

接下来通过一个案例来演示如何开发一个文件下载的程序，具体如下。

1. 编写文件下载页面

编写一个文件下载的前台页面，如例 12.14 所示。

【例 12.14】 文件下载的前台页面。

```
1   <!DOCTYPE html>
2   <html lang="en">
3   <head>
4       <meta charset="UTF-8">
```

```
5        <title></title>
6    </head>
7    <body>
8        <img src="./01.jpg"  width="200px"><br>
9        <a href="12-15.php?filename=01.jpg">本地下载</a>
10   </body>
11   </html>
```

运行结果如图 12.24 所示。

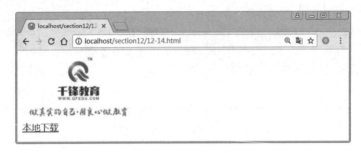

图 12.24   文件下载展示页面

2．编写处理文件下载的 PHP 脚本

【**例 12.15**】   文件下载的后台实现。

```
1    <?php
2        // 获取下载的文件名
3        $filename = isset($_GET['filename']) ? $_GET['filename'] : '';
4        if($filename == ''){
5               echo '文件名称为空,无法下载！';
6               return;
7        }
8        // 处理文件名的编码 utf-8 => gbk2312
9        $filename = iconv('utf-8','gb2312',$filename);
10       // 找到文件的全路径
11       define('DOWNLOAD_PATH', __DIR__ . '/');
12       // 拼接文件的全路径
13       $file_full_path = DOWNLOAD_PATH . $filename;
14       if(!file_exists($file_full_path)){
15              echo '文件不存在,无法下载！';
16              return;
17       }
18       // 判断文件大小
19       $file_size = filesize($file_full_path);
20       if($file_size > 2 * 1024 * 1024){
21              echo '文件过大,不提供下载！';
```

```
22          return;
23      }
24      // 设置 HTTP 响应头
25      header("Content-type:application/octet-stream");
26      header("Accept-Ranges:bytes");
27      header("Content-Disposition:attachment;filename=" . $filename);
28      // 打开文件读取数据,返回数据给浏览器
29      $fp = fopen($file_full_path,'r');
30      // 循环读取,一次读取 1024 字节
31      $buffer = 1024;
32      while(!feof($fp)){
33          $fdata = fread($fp,$buffer);
34          // 将读取到的数据返回给浏览器
35          echo $fdata;
36      }
37      // 关闭文件
38      fclose($fp);
39  ?>
```

单击"本地下载"超链接，浏览器弹出一个下载提示框，如图 12.25 所示。

图 12.25　单击下载后的效果

在图 12.25 中，单击"本地下载"链接即可完成文件的下载。需要注意的是，如果浏览器中安装了某些特殊插件，可能不会弹出文件下载的对话框，而是直接开始下载文件。

12.6　综合应用案例

账号注册是一个 Web 程序的基础功能，也是 PHP 脚本与 Web 页面交互的经典应用，接下来，本节将通过一个案例来模拟实际开发中账号注册功能，具体如下。

创建前台表单文件 12-16.html 和后台处理文件 12-17.php，如例 12.16 和例 12.17 所示。

【例 12.16】 前台展示注册表单。

```
1   <!doctype html>
2   <html>
3   <head>
4   <meta charset="UTF-8">
5   <title>注册账号</title>
6   <style>
7   div{
8       background:#009FCC;
9       font-size:24px;
10      padding:5px;
11      color:white;
12  }
13  form{
14      background: #F8F8FF ;
15      border:#357FC4 solid 1px;
16      color:#575454;
17      width:400px;
18      margin:20px auto;
19      font-size:15px;
20  }
21  table{
22      margin:10px auto;
23  }
24  a{
25      text-decoration:none;
26  }
27  input[type="submit"]{
28      background:#228B22;
29      color:white;
30      font-size:15px;
31      font-weight:bold;
32      width:120px;
33      height:40px;
34  }
35  td:first-child{
36      text-align:right;
37      padding:0 5px;
38  }
39  td:only-child{
40      text-align:center;
41      font-size:12px;
42  }
```

```
43    span:before{
44        content:"* ";
45        color:red;
46    }
47    input[type="text"]:read-only{
48        border:#888484 solid 2px;
49        background:#888484;
50        font-weight:bold;
51    }
52    input[type="text"]:hover{
53        background:#EFD9AC;
54    }
55    </style>
56    </head>
57    <body>
58    <form action="12-17.php" method="post" name="form1">
59    <div>注册账号</div>
60    <table>
61        <tr><td><span>用户名</span></td><td><input type="text"
62        name="content[user_name]" /></td></tr>
63        <tr><td><span>email</span></td><td><input type="text"
64        name="content[user_email]" /></td></tr>
65        <tr><td><span>密码</span></td><td><input type="password"
66        name="content[user_password]" /></td></tr>
67        <tr><td><span>确认密码</span></td><td><input type="password"
68        name="content[user_confirm_password]" /></td></tr>
69        <tr><td>性别</td><td><input type="radio" id="male"
70        name="content[user_sex]" value="1" checked />男<input type="radio"
71        id="female" name="content[user_sex]" value="0" />女</td></tr>
72        <tr><td>手机号码</td><td><input type="text" name="content[user_phone]"
73        /></td></tr>
74        <tr><td colspan="2"><input type="checkbox" checked/>我已看过并接受<a
75        href="#">《用户协议》</a></td></tr>
76        <tr><td colspan="2"><input type="submit"name="submit"value="立即注册"
77        /></td></tr>
78    </table>
79    </form>
80    </body>
81    </html>
```

【例 12.17】 后台处理用户注册提交的数据。

```
1    <?php
2        if($_POST['submit']!=""){
3            $arr=$_POST['content'];// 将所有 name 值统一放到 content 数组中保存
```

```
4          echo "<br />用户名："•$arr['user_name'];
5          echo "<br />邮箱:"•$arr['user_email'];
6          echo "<br />密码: "•md5($arr['user_password']);
7          echo "<br />确认密码: "•md5($arr['user_confirm_password']);
8          if($arr['user_sex']==1){
9              echo "<br />性别：男";
10         }else{
11             echo "<br />性别：女";
12         }
13         echo "<br />手机号码: "•$arr['user_phone'];
14     }
15 ?>
```

运行结果如图 12.26 和图 12.27 所示。

图 12.26　注册界面

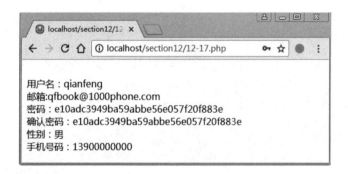

图 12.27　获取数据

在例 12.16 中，第 58~79 行定义一个 form 表单，action 提交到服务器地址为
12-17.php，method 提交方式为 POST；第 61~72 行定义 input，有多个类型输入框，注
意本例中给 name 赋值的方式与前面小节讲解的赋值方式有些不同，虽然代码写法不尽
相同，但是，最终实现效果是一致的。这里给每一个 name 值赋值为 content[*]的形式，

表示将所有 name 值统一保存至 content[ ]数组里，即后台程序使用$_POST['content']可以获取前台提交的全部数据信息。

12.7　本章小结

本章首先讲解了表单和 PHP 的关系，然后分别讲解了提交表单信息的方法、PHP 脚本获取表单信息的方法、PHP 脚本操作 URL 的方法、文件的上传和下载方法，最后通过一个综合案例演示了 PHP 与 Web 页面的交互。通过本章的学习，大家要掌握表单的应用方法，能够使用 PHP 脚本处理表单页面提交信息、URL 操作及实现文件上传和下载等业务功能。

12.8　习　题

1. 填空题

（1）PHP 通常使用_____和_____全局变量数组获取页面提交的数据。

（2）当页面通过_____方式提交信息时，其参数会显示到浏览器地址栏中。

（3）当页面通过_____方式提交信息时，其信息提交不依赖于 URL。

（4）在 PHP 脚本中，一般使用_____函数实现 URL 的编码。

（5）在实现文件上传功能时，一般使用_____方式提交表单。

2. 思考题

简述文件上传的原理。

扫描查看习题答案

3. 编程题

编写程序，制作一个简单的文件存储系统，实现上传文件的功能。

chapter *13*

PHP 会话技术

本章学习目标

- 理解会话控制的概念;
- 理解 Cookie 机制;
- 掌握 Cookie 的操作方法;
- 理解 Session 机制;
- 掌握 Session 的操作方法。

HTTP 是一种无状态的协议,它无法直接将本次请求中传递的信息维持到下一次请求,因此,Web 开发中引入了会话技术。通过会话技术,当用户通过浏览器访问 Web 应用时,服务器会对用户的状态进行跟踪。接下来,本章将针对 PHP 中的会话技术进行详细讲解。

13.1 会话技术概述

客户端和服务器端的交互是通过 HTTP 实现的,而 HTTP 是无状态协议,即 HTTP 没有一个内建机制维护两个事务之间的状态,当一个用户请求一个页面以后,再请求同一个网站上的另外页面时,HTTP 并不能告诉服务器这两个请求是来自同一个用户,因此服务器不会将这两次请求联系在一起。

会话控制的思想就是允许服务器端跟踪一个客户端做出的连续请求,这样,用户就可以很容易地做到用户登录的支持,而不是在每浏览一个网页时都去重复执行登录的动作。当然,除了使用会话控制在同一个网站中跟踪 Web 用户之外,对同一个访问者的请求可以在多个页面之间为其共享数据。

Cookie 和 Session 是目前最常用的两种会话技术。其中,Cookie 是一种在客户端存储数据并以此来跟踪和识别用户的机制,而 Session 则是将信息存放在服务器端的会话技术。接下来,本章将对 Cookie 和 Session 的相关知识进行详细讲解。

13.2 Cookie 技术

13.2.1 Cookie 概述

在 Cookie 出现之前,浏览 Web 网站是一种没有历史可言的"旅程"。虽然浏览器会跟踪所访问的页面，允许使用后退（Back）按钮返回到之前访问过的页面，并且使用不同的颜色标记已经访问过的链接，但是服务器并不会记录访问过什么内容。如果站点不使用 Cookie，或者用户在 Web 浏览器禁用了 Cookie，那么服务器也不会记录任何内容。

　　Cookie 是服务器在用户计算机上保存用户信息的一种方式，以便服务器能够在访问过程中或者多次访问中记住用户。Cookie 就像一个名称标签，用户计算机告知服务器用户名称，并且给予一个名称标签，然后服务器能够通过名称标签获知用户是谁。

　　服务器端向客户端发送 Cookie 时，会在 HTTP 响应头中增加 Set-Cookie 响应头字段。Set-Cookie 头字段中设置的 Cookie 遵循一定的语法格式，具体示例如下：

```
Set-Cookie: City=Beijing; path=/;
```

其中，City 表示 Cookie 的名称，Beijing 表示 Cookie 的值，Path 表示 Cookie 的属性。需要注意的是，Cookie 必须以键值对的形式存在，其属性可以有多个，但这些属性之间必须用分号（;）和空格分隔。

　　接下来通过一张图来描述 Cookie 在 Web 浏览器（客户端）和服务器端的传输过程，如图 13.1 所示。

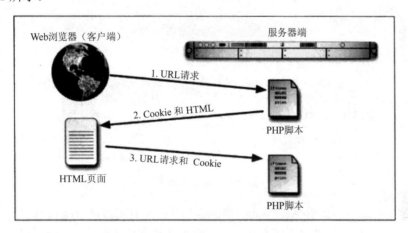

图 13.1　Cookie 在 Web 浏览器（客户端）和服务器端的传输过程

　　Cookie 存储在浏览器中，只有最初发送 Cookie 的站点才能够读取它。同时，Cookie 在浏览器对服务器端发出请求时被服务器端读取。换句话说，当用户在地址栏中输入 URL 地址并单击转到（GO 或者类似的其他按钮）时，站点就会读取所有它能访问的 Cookie 并且处理所有请求的页面。

13.2.2　创建 Cookie

　　创建 Cookie 是使用 Cookie 的第一步，PHP 脚本程序通过 setcookie() 函数来创建 Cookie，其语法格式如下：

```
bool setcookie(string $name [, string $value [,int $expire = 0 [, string
```

```
$path [, string $domain [,bool $secure]]]]])
```

其中，参数$name 表示名称，为必选参数；参数$value 表示 Cookie 的值；参数$expire 表示 Cookie 的有效期；参数$path 表示 Cookie 在服务器端的有效路径；参数$domain 表示 Cookie 的有效域名；参数$secure 表示指定 Cookie 是否通过更安全的 HTTPS 连接来传输。

接下来演示 setcookie()函数的用法，如例 13.1 所示。

【例 13.1】 setcookie()函数的用法。

```
1    <?php
2        header("Content-type:text/html;Charset=utf-8");
3        // 创建 Cookie,并设置 Cookie 的有效期为 3600 秒,一个小时
4        $result = setcookie("address","北京市海淀区天丰利",time() + 3600);
5        if($result){
6            echo "cookie 创建成功! ";
7        }else{
8            echo "cookie 创建失败! ";
9        }
10   ?>
```

运行结果如图 13.2 所示。

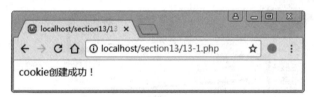

图 13.2　运行结果 1

从程序运行结果可以看出，Cookie 创建成功了，此时可以通过浏览器查看本次生成的 Cookie 信息。在浏览器工具栏中单击"自定义及控制"按钮，单击"设置"选项，在弹出的页面中单击"高级"选项，在"隐私设置和安全性"选项下选择"内容设置"选项进入内容设置页面，选择 Cookie→"查看所有 Cookie 和网站数据"→localhost，可以看到名称为 address 的 Cookie 信息。

13.2.3　读取 Cookie

与表单数据被存储在数组$_POST[]或$_GET[]中类似，setcookie()函数生成的 Cookie 数据存放在数组$_COOKIE[]中，PHP 脚本可以通过$_COOKIE []来获取 Cookie 数据，具体语法格式如下：

```
$value = $_COOKIE["name"];
```

其中，$value 表示一个变量，用于存储从 Cookie 中获取的数据；name 是一个字符串，

表示 Cookie 信息的 name 值。接下来，通过一个案例来演示$_COOKIE[]的用法，如例 13.2 所示。

【例 13.2】 $_COOKIE[]的用法。

```
1    <?php
2        header("Content-type:text/html;Charset=utf-8");
3        // 读取$_COOKIE[]中的信息
4        $address = $_COOKIE["address"];
5        echo "地址: " . $address;
6    ?>
```

运行结果如图 13.3 所示。

图 13.3　运行结果 2

从程序运行结果可以看出，PHP 脚本成功获取 Cookie 中保存的信息。在例 13.2 中，数组$_COOKIE[]封装了所有的 Cookie 信息，在代码第 4 行中，通过$_COOKIE[]获取指定的 Cookie，然后输出。

13.2.4　删除 Cookie

PHP 脚本通过 setCookie()函数删除 Cookie，删除 Cookie 有两种实现方式：第一种方式是只传入 setcookie()函数的第一个参数，通过传入 string 类型的$name 值删除对应的 Cookie 信息；第二种方式是利用 setcookie()函数把 Cookie 设定为失效状态。

接下来通过一个案例演示如何使用 setcookie()函数删除 Cookie，如例 13.3 所示。

【例 13.3】 使用 setcookie()函数删除 Cookie。

```
1    <?php
2        header("Content-type:text/html;Charset=utf-8");
3        // 删除名为"address"的 Cookie
4        $result = setcookie("address"," ",time() - 3600);
5        if($result){
6            echo "名为 address 的 Cookie 删除成功";
7        }else{
8            echo "名为 address 的 Cookie 删除失败";
9        }
10   ?>
```

运行结果如图 13.4 所示。

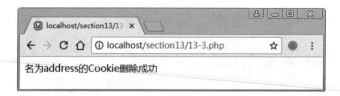

图 13.4　运行结果 3

从程序运行结果可以看出，名为 address 的 Cookie 被删除了。与此同时，查看浏览器下的 Cookie 信息，可以发现指定 Cookie 信息已被删除。

13.2.5　Cookie 应用案例

Cookie 已成为主流浏览器的标配功能，它在 Web 开发中获得广泛应用。一些 Web 站点中的常用功能，例如，统计每个用户的访问次数，都可以通过设置 Cookie 来实现。接下来，本节将通过一个具体案例来演示如何使用 Cookie 实现显示用户访问次数的功能，具体如例 13.4 所示。

【例 13.4】　使用 Cookie 实现显示用户的访问次数。

```php
1   <?php
2       header("Content-type:text/html;Charset=utf-8");
3       // 第一次访问，Cookie 不存在，创建 Cookie
4       if(!isset($_COOKIE['visits'])) {
5           $visits = 1;
6           setcookie('visits',$visits,time()+3600*24*365);
7       }else{
8           // 后续的访问，每次访问次数加1，修改 Cookie 信息中的值
9           $visits = $_COOKIE['visits'] + 1;
10          setcookie('visits',$visits,time()+3600*24*365);
11      }
12      if($visits > 1) {
13          echo("这是您第 $visits 次访问");
14      }else {
15          echo('欢迎您首次访问！');
16      }
17  ?>
```

在例 13.4 中，当首次访问时，使用 setcookie() 函数创建一个名称为 visits 的 Cookie，当后续再次访问时，每次访问次数加 1，最后通过 echo 语句输出访问次数，如果是首次访问，输出"欢迎您首次访问！"，如果是后续访问，输出本次访问的次序。

运行程序，由于是第一次访问地址 localhost/13-4.php，程序会提示用户"欢迎您首次访问！"，如图 13.5 所示。

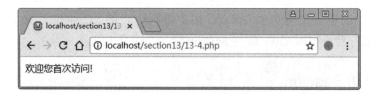

图 13.5　第一次访问 1

连续单击"刷新"按钮 2 次，可以发现浏览器显示出了本次访问的次序，如图 13.6 所示。

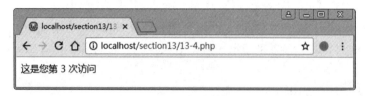

图 13.6　第三次访问

从程序运行结果可以看出，Cookie 信息可以记录用户访问 Web 站点的次数。此时，清理浏览器下的 Cookie 信息，重启浏览器，再次访问地址 localhost/13-4.php，运行结果如图 13.7 所示。

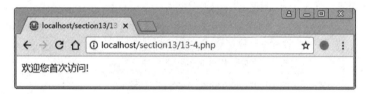

图 13.7　第一次访问 2

从程序运行结果可以看出，由于 Cookie 信息被清理，程序会提示用户"欢迎您首次访问！"。

13.3　Session 技术

13.3.1　Session 概述

和 Cookie 功能相同，Session 也是一种跟踪和识别用户的解决方案，但从某些应用场景来看，Session 要比 Cookie 功能更强大一些。Session 和 Cookie 之间的区别在于，Cookie 将数据保存在客户端（浏览器），而 Session 则将数据保存在服务器端。因为有这个区别，Session 拥有比 Cookie 更多的优势。

Session 是一种服务器端的技术，它的生命周期从用户访问站点开始。Web 服务器在运行时可以为每个用户的浏览器创建一个供其独享的 Session 文件。当开启一个 Session

时，PHP 将会创建一个随机的 session_id。每个用户的 Session 都会有一个自己的 session_id，服务器根据 session_id 将 Session 信息与用户关联。

13.3.2 启动 Session

启动 Session 是使用 Session 的第一步，PHP 中使用 session_start()函数启动 Session，其语法格式如下：

```
bool session_start()
```

其中，bool 是 session_start()函数的返回值类型。如果 Session 启动成功，该函数返回值为 true，否则返回 false。接下来演示如何使用 session_start()函数启动 Session，如例 13.5 所示。

【例 13.5】 使用 session_start()函数启动 Session。

```
1   <?php
2       session_start(); // 启动 session
3       echo "当前 Session 的 ID: " . session_id();
4   ?>
```

运行结果如图 13.8 所示。

图 13.8 运行结果 4

从程序运行结果可以看出，浏览器页面输出当前 session_id，这就说明，Session 启动成功了。此处需要注意的是，因为 session_start()函数中已经封装了发送 Cookie 的操作，发送 Cookie 是通过 HTTP 请求消息头进行的，而 HTTP 规定，HTTP 请求消息头必须在 HTTP 请求的内容之前发送，因此在调用 session_start()之前不能有任何的输出，否则就会报错。

13.3.3 向 Session 中添加数据

PHP 中提供了一个超全局数组$_SESSION[]用于保存用户特定的数据。在向 Session 中添加数据时，首先使用 session_start()函数启动 Session，然后向$_SESSION[]数组中添加元素。

接下来演示使用$_SESSION[]向 Session 中添加数据，如下所示：

```
<?php
    session_start();
    $_SESSION["name"] = "张三"; // 向$_SESSION[]数组中添加数据
```

```
        $_SESSION["address"] = "北京海淀";
    ?>
```

在上述代码中，首先使用 session_start()函数启动 Session，然后向$_SESSION[]数组中添加了两个元素，它们的 key 依次是 name 和 address，值依次是 "张三" 和 "北京海淀"。

13.3.4　读取 Session 中的数据

由于 Session 中的数据都保存在超全局数组$_SESSION[]中，因此，从 Session 中读取数据就要操作超全局数组$_SESSION[]。通过$_SESSION[]读取 Session 中数据的方式如下所示：

```
$value = $_SESSION["key"];
```

在上述语法格式中，$value 表示一个变量，用来存储从$_SESSION[]中获取的数据。key 是$_SESSION[]数组中元素所对应的字符串下标。接下来通过一个案例来演示如何向 Session 中添加数据并从 Session 中读取添加的数据，如例 13.6 所示。

【例 13.6】　向 Session 中添加数据并从 Session 中读取添加的数据。

```
1    <?php
2        session_start();
3        $_SESSION["name"] = "小千";
4        $_SESSION["address"] = "北京海淀";
5        $value_1. = $_SESSION['name'];
6        $value_2 = $_SESSION['address'];
7        echo "姓名: " . $value_1 . "<br />" . "位置: " . $value_2;
8    ?>
```

运行结果如图 13.9 所示。

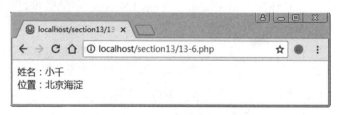

图 13.9　运行结果 5

在例 13.6 中，使用 session_start()函数启动 Session，然后通过超全局数组$_SESSION[]向 Session 中添加数据，最后通过超全局数组$_SESSION[]读取添加的数据并输出。

13.3.5　删除 Session 中的数据

在实际开发过程中，由于业务需要，有时需要将 Session 中的数据删除。PHP 中有三种删除 Session 中数据的方式，它们分别是删除单个数据、删除所有数据以及结束当前会话，下面对它们分别进行介绍。

1．删除单个数据

删除单个数据通过 unset()函数来完成，具体语法格式如下：

```
unset($_SESSION['key']);
```

其中，unset()函数有一个参数，该参数是$_SESSION[]数组中的指定元素。执行 unset()函数后，对应的 Session 单个数据将被删除。

2．删除所有数据

如果想一次删除 Session 中的所有数据，只需要将一个空的数组赋值给$_SESSION[]即可，具体语法格式如下：

```
$_SESSION = array();
```

其中，array()表示空数组，将空数组赋值给左边$_SESSION[]数组，相当于覆盖了$_SESSION[]数组中原有内容，这样便一次删除了 Session 中所有的数据。

3．结束当前会话

结束当前会话通过 session_destroy()函数完成，session_destroy()函数会注销当前会话，并且删除会话中的全部数据，具体语法格式如下：

```
bool session_destroy();
```

其中，bool 表示该函数的返回值为布尔类型，销毁成功时会返回 true，失败时返回 false。

调用该函数后，如果需要再次使用 Session，必须重新调用 session_start()函数重新启动新会话。接下来通过具体的案例来演示如何删除 Session 中的数据，如例 13.7 所示。

【例 13.7】 删除 Session 中的数据。

```
1   <?php
2       session_start();
3       // 指定删除 Session 中的某一个数据
4       unset($_SESSION['name']);
5       // 清空 Session 的值
6       $_SESSION = array();
7       // 销毁 Session
8       session_destroy();
9       echo " sessionId = " . session_id();
10  ?>
```

运行结果如图 13.10 所示。

图 13.10　运行结果 6

从程序运行结果可以看出，sessionId 已经不存在，说明 Session 被成功删除了。在示例 13.7 中，首先调用 session_start()函数启动 Session，接着删除$_SESSION[]中键名为 name 对应的数据，然后将空数组赋值给$_SESSION[]数组，用于删除 Session 中所有的数据，最后调用 session_destroy()函数结束当前会话。

13.3.6　Session 应用案例

1. 需求分析

用户登录是大部分 Web 应用必备的功能，一般由以下几个步骤组成：当用户进入站点首页时，如果未登录，则页面会提示用户完成登录并提供跳转到登录页面的链接；当用户登录时，如果用户名和密码都正确，则登录成功，否则提示登录失败并自动跳转到登录页面。登录成功后，还可以单击"退出"超链接退出登录。

通常情况下，用户登录是通过 Session 实现的，同时，登录状态的保持离不开 Session 功能的支持。

2. 编码实现

明确业务需求之后，接下来按照需求进行编码，这里通过网站首页 index.php、用户登录页面 login.html、用户登录脚本 login.php、用户退出脚本 logout.php 对用户登录功能进行实现，具体如下。

（1）编写用户访问网站首页 index.php，具体实现代码如例 13.8 所示。

【例 13.8】　网站首页的实现。

```php
1   <?php
2       session_start();
3       // 判断 Cookie 是否已经记录用户信息
4       if(isset($_COOKIE['username'])){
5           $_SESSION['username'] = $_COOKIE['username'];
6           $_SESSION['status'] = 1;
7       }
8       if(isset($_SESSION['status'])){
9           // 如果为真则表示已经登录
10          echo $_SESSION['username'] . "，您好,欢迎来到会员中心!<br />";
11          echo "<a href='logout.php'>退出</a>";
12      }else{
```

```
13              // 没有登录则给出提示语句
14              echo "您还未登录，请先<a href='login.html'>登录</a>";
15          }
16  ?>
```

（2）编写用户登录页面 login.html，具体实现代码如例 13.9 所示。

【例 13.9】 用户登录页面的实现。

```
1   <!DOCTYPE html>
2   <html lang="en">
3   <head>
4       <meta charset="UTF-8">
5       <title>用户登录页面</title>
6       <style type="text/css">
7           ul,li{margin:0;padding: 0;}
8           form{margin:40px 30px 0;}
9           form li {list-style: none;padding: 5px 0;}
10          form li label{float: left;width: 70px;text-align: right;}
11          form li a{font-size: 12px;color: #999;text-decoration: none;}
12          .login_btn{border:none;background: #01A4F1;color: #fff;
13          font-size: 14px;font-weight: bold;height: 28px;line-height: 28px;
14          padding: 0 10px;cursor: pointer;}
15          form li img{vertical-align: top;}
16      </style>
17  </head>
18  <body>
19      <form action="login.php" method="post">
20          <fieldset>
21              <legend>用户登录</legend>
22              <ul>
23                  <li>
24                      <label>用户名: </label>
25                      <input type="text" name="username" />
26                  </li>
27                  <li>
28                      <label>密码: </label>
29                      <input type="password" name="password" />
30                  </li>
31                  <li>
32                      <label> </label>
33                      <input type="checkbox" name="remember" value="ok"/>7
34                          天内自动登录
35                  </li>
36                  <li>
37                      <label> </label>
```

```
38                        <input type="submit" name="login" class="login_btn"
39                            value="登录" />
40                        </li>
41                    </ul>
42                </fieldset>
43        </form>
44    </body>
45    </html>
```

（3）编写处理用户登录脚本 login.php，具体实现代码如例 13.10 所示。

【例 13.10】　处理用户登录的实现。

```
1    <?php
2        session_start();
3        // 获取用户提交的数据
4        if(isset($_POST['login'])){
5            $username = trim($_POST['username']);
6            $password = trim($_POST['password']);
7            if(($username == '') ||($password == '')){
8                // 用户名或密码不为空
9                header("refresh:3;url=login.html");
10               echo "您输入的用户名或密码不能为空，3 秒后跳转到登录页面";
11               exit;
12           }elseif(($username != '1000phone') ||($password != '8888')) {
13               // 用户名或密码输入错误
14               header("refresh:3;url=login.html");
15               echo "您输入的用户名或密码错误，3 秒后跳转到登录页面";
16           }elseif(($username == '1000phone') &&($password == '8888')) {
17               // 登录成功,将用户信息保存到 Session 中
18               $_SESSION['username'] = $username;
19               $_SESSION['status'] = 1;
20               // 如果勾选 7 天自动登录,则将其保存到 Cookie 中
21               if($_POST['remember'] == 'ok'){
22                   setcookie("username",$username,time() + 7*24*3600);
23                   setcookie("code",md5($username.md5($password)),time()+
24                   7*24*3600);
25               }else{
26                   // 没有勾选则删除 Cookie
27                   setcookie("username",'',time()-1);
28                   setcookie("code",'',time()-1);
29               }
30               // 跳转到用户首页
31               header("location:index.php");
32           }
33       }
```

```
34  ?>
```

（4）编写处理用户退出脚本 logout.php，具体实现代码如例 13.11 所示。

【例 13.11】　处理用户退出的实现。

```
1   <?php
2       session_start();
3       // 清空 Session
4       $username = $_SESSION['username'];
5       $_SESSION = array();
6       session_destroy();
7       // 清除 Cookie
8       setcookie("username",'',time()-1);
9       setcookie("code",'',time()-1);
10      echo $username . "欢迎下次光临！";
11      echo "重新<a href='login.html'>登录</a>";
12  ?>
```

3．测试体验

（1）在浏览器地址栏中输入地址 localhost/section13/index.php 访问网站首页，浏览器显示结果如图 13.11 所示。

图 13.11　运行结果 7

（2）单击"登录"超链接，进入登录页面，输入用户名 1000phone、密码 8888，浏览器显示结果如图 13.12 所示。

图 13.12　运行结果 8

（3）单击"登录"按钮，浏览器显示结果如图 13.13 所示。

图 13.13　登录成功

（4）如果输入错误的用户名和密码，浏览器显示结果如图 13.14 所示。

图 13.14　登录失败

从图 13.13 和图 13.14 中可以看出，如果用户登录成功，提示信息为"1000phone，您好，欢迎来到会员中心！"。如果用户想退出登录，可以单击"退出"超链接，则会重新跳转到登录页面。但是，如果用户登录失败，提示信息为"您输入的用户名或密码错误，3 秒后跳转到登录页面"。

13.4　本章小结

本章首先介绍了 Cookie 的基本概念，Cookie 的创建、读取、删除，然后介绍了 Session 的概念，Session 的启动，Session 中数据的读取和删除，并分别将 Cookie 和 Session 应用到实际开发中，从而加强对它们的认识和理解。通过本章的学习，大家应该熟悉会话机制的相关概念，重点掌握 Cookie 和 Session 的使用、运行机制，以及它们之间的区别。

13.5　习　题

1. 填空题

（1）目前最常用的两种会话技术是 _____ 和 _____ 。
（2）在 PHP 中使用 _____ 函数创建 Cookie。
（3）在 PHP 中使用 _____ 函数启动 Session。
（4）要想获取 Cookie 中的信息，可以使用超全局数组 _____ 来读取。

（5）当 Session 启动成功后，Web 服务器会声明一个超全局数组_____。

2．选择题

（1）下列选项中，（   ）函数用于启动 Session。

    A．$_SESSION[]   B．$_COOKIE[]

    C．session_start()   D．ob_start()

（2）下列选项中，（   ）方式不能用于删除 Session 中的数据。

    A．unset()   B．$_SESSION=array()

    C．session_destroy()   D．session_delete()

（3）下列选项中，（   ）函数用于结束当前会话。

    A．session_decode()   B．session_close()

    C．session_start()   D．session_destroy()

（4）下列选项中，（   ）类型的数据不能添加到 Session 中。

    A．string   B．resource

    C．integer   D．array

（5）下列选项中，（   ）属于 session_start()函数的返回值类型。

    A．boolean   B．object

    C．string   D．array

3．思考题

（1）Cookie 在什么地方存储数据？Session 在什么地方存储数据？哪个更安全？

（2）如果要创建或访问 Session 数据，页面必须调用哪个函数？

4．编程题

编写程序，模拟会员登录系统。

扫描查看习题答案

第14章

MySQL 数据库基础

本章学习目标

- 了解 MySQL 的特点;
- 掌握启动、停止、登录和退出 MySQL 的方法;
- 掌握操作 MySQL 数据库的方法;
- 掌握操作 MySQL 数据表的方法;
- 掌握操作 MySQL 数据表中数据的方法。

程序的运行离不开数据库的支持,PHP 只有与数据库相结合,才能充分发挥动态网页编程语言的优势,因此,网络上的众多 PHP 应用都是基于数据库来支撑它们的应用服务。PHP 支持多种数据库,尤其与 MySQL 被称为黄金组合。接下来,本章将详细介绍 MySQL 的基础知识以及操作 MySQL 数据库需注意的问题。

14.1 数据库简介

数据库(Database)是存储信息的表的集合。简单来说,数据库可被视为电子化的文件柜——存储电子文件的地方,用户可以对文件中的数据进行添加、删除、更新、查询等操作。与普通的文件存储相比,MySQL 具有安全性高,支持海量数据存储,利于数据信息的查询和管理,支持高并发访问等优点。

关系数据库是当前商业开发中使用最多的数据库种类,它是建立在关系模型基础上的数据库。关系模型实际上是一个二维表格模型,它可以映射现实世界中各种实体以及实体之间的联系,因此,一个关系数据库是由二维表及其之间的联系组成的一个数据组织。

实际开发中经常使用数据库管理系统(Database Management System,DBMS)来完成对数据库的操作,MySQL 是一种开放源代码的关系数据库管理系统,它使用结构化查询语言(Structured Query Language,SQL)进行数据库管理,是 Web 领域最流行的数据库管理系统之一。

14.2　MySQL 的使用

在使用 MySQL 之前，首先要在操作系统中安装 MySQL。本书在附录部分详细讲解了 MySQL 的安装，此处不再赘述。接下来讲解 MySQL 的基本使用，包括如何启动和停止服务、登录和退出数据库等。

14.2.1　启动和停止 MySQL 服务

此处以 Windows 操作系统为例，右击"计算机"，在弹出的快捷菜单中选择"管理"，打开"计算机管理"界面，如图 14.1 所示。

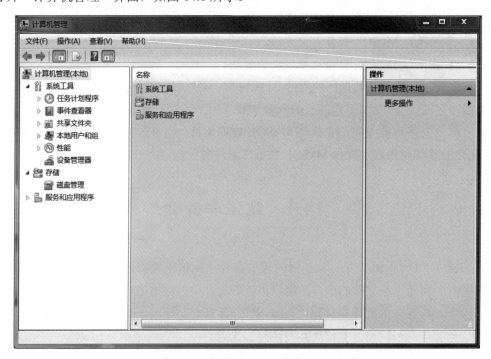

图 14.1　计算机管理界面

在界面的左侧导航栏中，展开"服务和应用程序"，单击"服务"，会出现 Windows 的所有服务，找到 MySQL，如图 14.2 所示。

右击 MySQL，可以在快捷菜单中找到"启动"和"停止"，如图 14.3 所示。

图 14.3 所示的右键菜单选项中就是启动和停止 MySQL 服务的方法，因为此时已经处于启动状态，所以"启动"选项为灰色。

另外，还可以通过 DOS 命令启动和停止 MySQL 服务。打开 DOS 命令行窗口，输入 net stop mysql 命令停止 MySQL 服务，如图 14.4 所示。

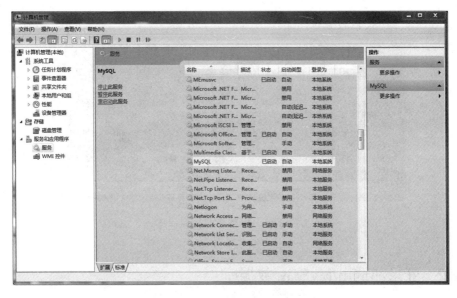

图 14.2　服务管理界面 1

图 14.3　服务管理界面 2

图 14.4　DOS 命令行窗口 1

需要启动 MySQL 服务时，输入 net start mysql 命令，如图 14.5 所示。

图 14.5　DOS 命令行窗口 2

14.2.2　登录和退出 MySQL 数据库

启动 MySQL 服务后，就可以登录并使用 MySQL 数据库。登录和退出 MySQL 数据库有两种方式，用户可以选择通过命令行登录和退出，也可以通过 Command Line Client 登录和退出。

1．使用命令行登录和退出

打开 DOS 命令行窗口，输入 mysql –uroot –p 命令，再输入密码，成功登录 MySQL 数据库，如图 14.6 所示。

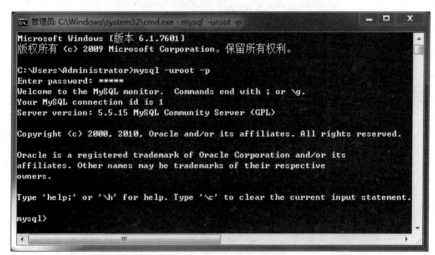

图 14.6　登录 MySQL 数据库

此时可以输入"show databases;"命令查看数据库中所有的库，如图 14.7 所示。
使用完毕后，可以输入"exit;"命令退出 MySQL 数据库，如图 14.8 所示。

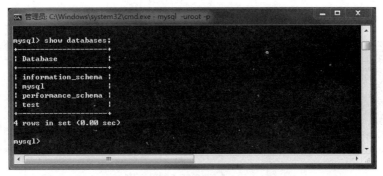

图 14.7　查看所有的库

图 14.8　退出 MySQL 数据库

2．使用 Command Line Client 登录和退出

使用 DOS 命令行窗口登录和退出 MySQL 比较烦琐，可以使用更简单的方式登录，单击"开始"菜单中的"程序"，单击 MySQL，然后单击 MySQL Server 5.5，如图 14.9 所示。

图 14.9　"开始"菜单

打开 MySQL 5.5 Command Line Client，如图 14.10 所示。

图 14.10　Command Line Client

输入 MySQL 的登录密码，然后按 Enter 键，这时就成功登录 MySQL 数据库了，如图 14.11 所示。

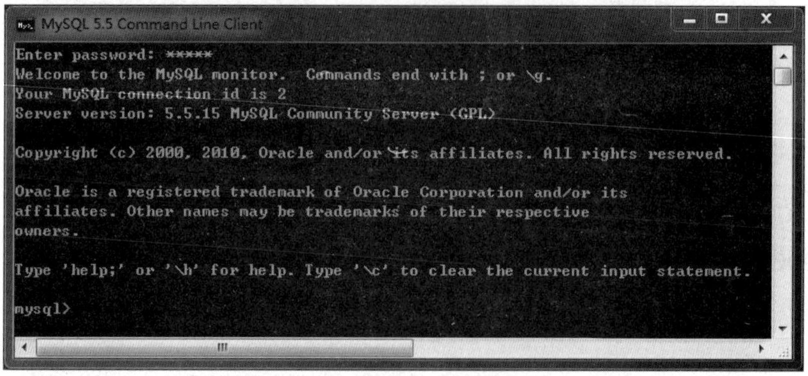

图 14.11　登录 MySQL 数据库

使用完毕后，退出 MySQL 数据库与 DOS 命令行的退出方式一致，此处就不再演示。

14.3　MySQL 支持的数据类型

学习如何操作 MySQL，首先要了解其支持的数据类型。MySQL 支持所有标准的 SQL 数据类型，主要包括数值类型、字符串类型及日期和时间类型。接下来详细讲解这三种数据类型。

14.3.1　数值类型

MySQL 支持所有标准 SQL 中的数值类型，其中包括严格数据类型（例如 INTEGER、SMALLINT、DECIMAL 和 NUMBERIC），近似数值数据类型（例如 FLOAT、REAL 和 DOUBLE PRESISION）。作为 SQL 标准的扩展，MySQL 也支持整数类型 TINYINT、MEDIUMINT 和 BIGINT。MySQL 中不同数值类型所对应的字节大小和取值范围是不同的，具体如表 14.1 所示。

表 14.1　MySQL 数值类型

数 据 类 型	字 节 数	无符号数的取值范围	有符号数的取值范围
TINYINT	1	0~255	−128~127
SMALLINT	2	0~65535	−32768~32767
MEDIUMINT	3	0~16777215	−8388608~8388607
INT/INTEGER	4	0~4294967295	−2147483648~2147483647
BIGINT	8	0~18446744073709551615	−9223372036854775808~9223372036854775807
FLOAT	4	0 和 1.175494351E−38~3.402823466E+38	0 和−3.402823644E+38~−1.175494351E−38,1.175494351E−38~3.402823466351E+38
DOUBLE	8	0 和 2.2250738585072014E−308 ~ 1.7976931348623157E+308	0 和−1.7976931348623157E+308~−2.2250738585072014E−308，2.2250738585072014E−308~1.7976931348623157E+308
DECIMAL(M,D)	如果 M>D，为 M+2，否则为 D+2	依赖于 M 和 D 的值	依赖于 M 和 D 的值

表 14.1 列举了 MySQL 支持的数值类型，其中占用字节最小的是 TINYINT。

14.3.2　字符串类型

MySQL 提供了 8 种基本的字符串类型，分别为 CHAR、VARCHAR、BINARY、VARBINARY、BLOB、TEXT、ENUM 和 SET，可以存储的范围从简单的一个字符到巨大的文本块或二进制字符串数据。常见的字符串类型所对应的字节大小和取值范围如表 14.2 所示。

表 14.2　MySQL 字符串类型

数 据 类 型	字 节 数	类 型 描 述
CHAR	0~255	定长字符串
VARCHAR	0~65535	可变长字符串
TINYBLOB	0~255	不超过 255 个字符的二进制字符串
TINYTEXT	0~255	短文本字符串
BLOB	0~65535	二进制形式的长文本数据
TEXT	0~65535	长文本数据
MEDIUMBLOB	0~16777215	二进制形式的中等长度文本数据
MEDIUMTEXT	0~16777215	中等长度文本数据
LOGNGBLOB	0~4294967295	二进制形式的极大文本数据
LONGTEXT	0~4294967295	极大文本数据
VARBINARY(M)	0~M	允许长度为 0~M 字节的变长字节字符集
BINARY(M)	0~M	允许长度为 0~M 字节的定长字节字符集

表 14.2 列出了常见的字符串类型，其中有些类型比较相似，接下来详细讲解一些容易混淆的类型。

1．CHAR 和 VARCHAR 类型

CHAR 类型用于定长字符串，并且必须在圆括号内用一个大小修饰符来定义。这个大小修饰符的字节数为 0～255。CHAR 类型的一个变体是 VARCHAR 类型。它是一种可变长度的字符串类型，并且也必须带有一个字节数为 0～65535 的指示器。

CHAR 和 VARCHGAR 的不同之处在于 MySQL 数据库处理这个指示器的方式，CHAR 把这个大小视为值的大小，在长度不足的情况下就用空格补足，而 VARCHAR 类型把它视为最大值并且只使用存储字符串实际需要的长度（增加一个额外字节来存储字符串本身的长度）来存储值，所以短于指示器长度的 VARCHAR 类型不会被空格填补，但长于指示器的值仍然会被截断。VARCHAR 类型可以根据实际内容动态改变存储值的长度，因此在不能确定字段需要多少字符时使用 VARCHAR 类型可以大大地节约磁盘空间，提高存储效率。

2．TEXT 和 BLOB 类型

对于字段长度超过 255 的情况下，MySQL 提供了 TEXT 和 BLOB 两种类型。根据存储数据的大小，它们都有不同的子类型。这些大型的数据用于存储文本块或图像、声音文件等二进制数据类型。

TEXT 类型和 BLOB 类型有如下相同点：在 TEXT 或 BLOB 列的存储或检索过程中，不存在大小写转换；BLOB 和 TEXT 列都不能有默认值；当保存或检索 BLOB 和 TEXT 列的值时不删除尾部空格；对于 BLOB 和 TEXT 列的索引，必须指定索引前缀的长度。

TEXT 类型和 BLOB 类型有如下不同点：TEXT 是大小写不敏感的，而 BLOB 是大小写敏感的；TEXT 被视为非二进制字符串，而 BLOB 被视为二进制字符串；TEXT 列有一个字符集，并且根据字符集的校对规则对值进行排序和比较，而 BLOB 列没有字符集；可以将 TEXT 列视为 VARCHAR 列，在大多数情况下，可以将 BLOB 列视为足够大的 VARBINARY 列；BLOB 可以储存图片，而 TEXT 不可以，TEXT 只能储存纯文本文件。

14.3.3　日期和时间类型

MySQL 提供了 5 种日期和时间类型，这些日期和时间类型有对应的字节数和取值范围等，具体如表 14.3 所示。

表 14.3 中，每种日期和时间类型都有一个有效范围。如果插入的值超过这个范围，系统会报错，并将 0 值插入到数据库中，不同的日期与时间类型有不同的 0 值。接下来详细讲解表 14.3 中的几种数据类型。

表 14.3　MySQL 日期和时间类型

数 据 类 型	字 节 数	取 值 范 围	日期和时间格式	零 值
YEAR	1	1901～2155	YYYY	0000
TIME	3	−838:59:59～838:59:59	HH:MM:SS	00:00:00
DATE	4	1000-01-01～9999-12-3	YYYY-MM-DD	0000-00-00
DATETIME	8	1000-01-01 00:00:00～9999-12-31 23:59:59	YYYY-MM-DD HH:MM:SS	0000-00-00 00:00:00
TIMESTAMP	4	1970-01-01 00:00:01～2038-01-19 03:14:07	YYYY-MM-DD HH:MM:SS	0000-00-00 00:00:00

1．YEAR 类型

YEAR 类型使用 1 字节来表示年份，MySQL 中以 YYYY 的形式来显示 YEAR 类型的值，为 YEAR 类型的字段赋值表示方法如下。

- 使用 4 位字符串和数字表示。其值为 1901～2155。输入格式为'YYYY'或 YYYY。例如，输入'2008'或者 2008，可直接保存 2008。如果超过了范围，就会插入 0000。
- 使用 2 位字符串表示。'00'～'69'转换为 2000～2069，'70'～'99'转换为 1970～1999。例如，输入'35'，YEAR 值会转换成 2035，输入'90'，YEAR 值会转换成 1990。
- 使用 2 位数字表示。1～69 转换为 2001～2069，70～99 转换为 1970～1999。

另外，在对 YEAR 类型字段进行相关操作的时候，最好使用 4 位字符串或者数字表示，不要使用 2 位的字符串和数字。有时可能会插入 0 或者'0'，此处要严格区分 0 和'0'。如果向 YEAR 类型的字段插入 0，存入该字段的年份是 0000；如果向 YEAR 类型的字段插入'0'，存入的年份是 2000。

2．TIME 类型

TIME 类型使用 3 字节来表示时间。MySQL 中以 HH:MM:SS 的形式显示 TIME 类型的值，其中，HH 表示时（取值为 0～23），MM 表示分（取值为 0～59），SS 表示秒（取值为 0～59）。

TIME 类型的值可以为'−838:59:59'～'838:59:59'。虽然小时的取值是 0～23，但是为了表示某种特殊需要的时间间隔，将 TIME 类型的范围扩大了，而且还支持了负值。TIME 类型的字段赋值表示方法如下。

- 表示'D HH:MM:SS'格式的字符串。其中，D 表示天数（取值为 0～31）。保存时，小时的值等于（D*24+HH）。例如，输入'2 11:30:50'，TIME 类型会转换为 59:30:50。当然，输入时可以不严格按照这个格式，可以是'HH:MM:SS'、'HH:MM'、'D HH:MM'、'D HH'、'SS'等形式。例如，输入'30'，TIME 类型会自动转换为 00:00:30。
- 表示'HHMMSS'格式的字符串或 HHMMSS 格式的数值，例如，输入'123456'，TIME 类型会转换成 12:34:56。如果输入 0 或者'0'，那么 TIME 类型会转换为 0000:00:00。

- 使用 current_time 或者 current_time()输入当前系统时间。

还需注意的是，一个合法的 TIME 值，如果超出了 TIME 的范围，将被截取为范围最接近的端点。例如，'880:00:00'将会被转换为 838:59:59。另外，无效的 TIME 值，在命令行下无法被插入到表中。

3．DATE 类型

DATE 类型使用 4 字节来表示日期。MySQL 中是以 YYYY-MM-DD 的形式显示 DATE 类型的值，其中，YYYY 表示年，MM 表示月，DD 表示日。DATE 类型的字段赋值表示方法如下。

- 表示'YYYY-MM-DD'或'YYYYMMDD'格式的字符串。例如，输入'4008-2-8'，DATE 类型将转换为 4008-02-08；输入'40080308'，DATE 类型将转换为 4008-03-08。
- MySQL 中还支持一些不严格的语法格式，任何标点都可以用来做间隔符。如 'YYYY/MM/DD'、'YYYY@MM@DD'和'YYYY.MM.DD'等分隔形式。例如，输入'2011.3.8'，DATE 类型将转换为 2011-03-08。
- 表示'YY-MM-DD'或者'YYMMDD'格式的字符串，其中，对于'YY'的取值，'00'～'69'转换为 2000～2069，'70'～'99'转换为 1970～1999，与 YEAR 类型类似。例如，输入'35-01-02'，DATE 类型将转换为 2035-01-02；输入'800102'；DATE 类型将转换为 1980-01-02。
- 使用 current_date 或 current_date ()输入当前系统日期。

在实际开发中，如果只需要记录日期，选择 DATE 类型是最合适的，因为 DATE 类型只占用 4 字节。需要注意的是，虽然 MySQL 支持 DATE 类型的一些不严格的语法格式，但是，在实际应用中，最好还是选择标准形式。日期中使用 "-" 作为分隔符，时间用 ":" 作为分隔符，中间用空格隔开，格式如 2016-03-17 16:27:55。

4．DATETIME 类型

DATETIME 类型使用 8 字节来表示日期和时间。MySQL 中以'YYYY-MM-DD HH:MM:SS'的形式来显示 DATETIME 类型的值。从其形式上可以看出，DATETIME 类型可以直接用 DATE 类型和 TIME 类型组合而成。DATETIME 类型的字段赋值表示方法如下。

- 表示'YYYY-MM-DD HH:MM:SS'或'YYYYMMDDHHMMSS'格式的字符串。这种方式可以表达的范围是'1000-01-01 00:00:00'～'9999-12-31 23:59:59'。例如，输入 '2008-08-08 08:08:08'，DATETIME 类型会自动转换为 2008-08-08 08:08:08；输入 '20080808080808'，同样转换为 2008-08-08 08:08:08。
- DATETIME 类型可以使用任何标点作为间隔符，这与 TIME 类型不同，TIME 类型只能用 ':' 隔开。例如，输入'2008@08@08 08*08*08'，数据库中 DATETIME 类型统一转换为 2008-08-08 08:08:08。

- 表示'YY-MM-DD HH:MM:SS'或'YYMMDDHHMMSS'格式的字符串。其中，对于'YY'的取值，'00'～'69'转换为 2000～2069，'70'～'99'转换为 1970～1999，与 YEAR 类型和 DATE 类型相同。例如，输入'69-01-01 11:11:11'，数据库中插入 2069-01-01 11:11:11，输入'70-01-01 11:11:11'，数据库中插入 1970-01-01 11:11:11。
- 使用 now()来输入当前系统日期和时间。

DATETIME 类型用来记录日期和时间，其作用等价于 DATE 类型和 TIME 类型的组合。但是如果需要同时记录日期和时间，选择 DATETIME 类型是个不错的选择。

5. TIMESTAMP 类型

TIMESTAMP 类型使用 4 字节来表示日期和时间。TIMESTAMP 类型的取值是 1970-01-01 08:00:01～2038-01-19 11:14:07。MySQL 中也是以'YYYY-MM-DD HH:MM:SS' 的形式显示 TIMESTAMP 类型的值。从其形式可以看出，TIMESTAMP 类型与 DATETIME 类型显示的格式是一样的。给 TIMESTAMP 类型的字段赋值的表示方法基本与 DATETIME 类型相同。值得注意的是，TIMESTAMP 类型的范围比较小，没有 DATETIME 类型的范围大，因此输入值时需要保证在 TIMESTAMP 类型的有效范围内。

14.4　数据库的基本操作

前面讲解了 MySQL 支持的数据类型，接下来详细讲解数据库的相关操作。

14.4.1　创建和查看数据库

创建数据库就是在数据库系统中划分一块存储数据的空间，其语法格式如下所示。

```
CREATE DATABASE 数据库名称;
```

以上示例是创建数据库的语法，此处需注意，数据库名称是唯一的，不能重复。
接下来通过具体案例演示数据库的创建，如例 14.1 所示。
【例 14.1】　创建一个名为 qianfeng 的数据库，SQL 语句如下所示。

```
CREATE DATABASE qianfeng;
```

执行结果如下所示。

```
mysql> CREATE DATABASE qianfeng;
Query OK, 1 row affected (0.01 sec)
```

以上执行结果证明 SQL 语句运行成功。为了验证数据库系统中是否创建了名为 qianfeng 的数据库，需要查看数据库，查看数据库的 SQL 语句如下所示。

```
SHOW DATABASES;
```

接下来通过具体案例演示数据库的查看，如例 14.2 所示。

【例 14.2】 查看所有已存在的数据库，SQL 语句如下所示。

```
mysql> SHOW DATABASES;
+--------------------+
| Database           |
+--------------------+
| information_schema |
| mysql              |
| performance_schema |
| qianfeng           |
| test               |
+--------------------+
5 rows in set (0.00 sec)
```

从以上执行结果中可看出，数据库系统中总共存在 5 个数据库，其中有 4 个是 MySQL 自动创建的数据库，还有一个名为 qianfeng 的数据库是例 14.1 创建的。

14.4.2 使用数据库

创建数据库后，如果想在此数据库中进行操作，则需要切换到该数据库，具体语法格式如下。

```
USE 数据库名;
```

接下来通过具体案例演示数据库的切换，如例 14.3 所示。

【例 14.3】 切换到数据库 qianfeng，SQL 语句如下所示。

```
mysql> USE qianfeng;
Database changed
```

当出现 Database changed 提示时，证明已经切换到了数据库 qianfeng。另外，在使用数据库时，还可以查看当前使用的是哪个数据库，SQL 语句如下所示。

```
mysql> SELECT database();
+------------+
| database() |
+------------+
| qianfeng   |
+------------+
1 row in set (0.00 sec)
```

从执行结果可看出，此时使用的是数据库 qianfeng。

14.4.3　修改数据库

前面讲解了如何创建和查看数据库，数据库创建完成后，编码也就确定了，若想修改数据库的编码，可以使用 ALTER DATABASE 语句实现，具体语法格式如下。

```
ALTER DATABASE 数据库名称 DEFAULT CHARACTER
SET 编码方式 COLLATE 编码方式_bin;
```

接下来通过具体案例演示数据库编码的修改，如例 14.4 所示。

【**例 14.4**】 将数据库 qianfeng 的编码修改为 gbk，SQL 语句如下所示。

```
mysql> ALTER DATABASE qianfeng DEFAULT CHARACTER
SET gbk COLLATE gbk_bin;
Query OK, 1 row affected (0.01 sec)
```

修改完成后，查看是否修改成功，SQL 语句如下所示。

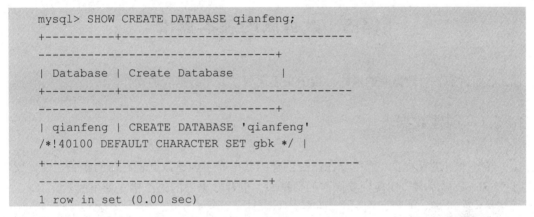

从以上执行结果可看出，数据库 qianfeng 的编码为 gbk，说明数据库的编码修改成功。

14.4.4　删除数据库

删除数据库就是将数据库系统中已经存在的数据库删除，删除后，数据库中所有数据会被清除，为数据库分配的空间也将被回收。删除数据库的语法格式如下。

```
DROP DATABASE 数据库名称;
```

接下来通过具体案例演示数据库的删除，如例 14.5 所示。

【**例 14.5**】 将数据库 qianfeng 删除，SQL 语句如下所示。

```
mysql> DROP DATABASE qianfeng;
Query OK, 0 rows affected (0.01 sec)
```

为了验证删除数据库的操作是否成功，可以查看数据库系统中的所有库，SQL 语句如下所示。

```
mysql> SHOW DATABASES;
+--------------------+
| Database           |
+--------------------+
| information_schema |
| mysql              |
| performance_schema |
| test               |
+--------------------+
4 rows in set (0.00 sec)
```

从以上执行结果可看出，数据库系统中已经不存在名称为 qianfeng 的数据库，证明数据库的删除操作成功。

14.5　数据表的基本操作

前面讲解了对数据库的操作，接下来还需要学习对数据表的操作。

14.5.1　创建数据表

数据库创建成功后，就可以在已经创建的数据库中创建数据表。在创建表之前，使用 "USE 数据库名" 切换到要操作的数据库。创建数据表的语法格式如下所示。

```
CREATE table 表名(
    字段名1 数据类型,
    字段名2 数据类型,
    ...
    字段名n 数据类型
);
```

以上示例中，表名表示创建数据表的名称，字段名表示数据表的列名。

接下来通过具体案例演示数据表的创建，如例 14.6 所示。

【例 14.6】　在数据库 qianfeng 中创建一个学生表 stu，如表 14.4 所示。

表 14.4　stu 表

字 段 名 称	数 据 类 型	说　　明
stu_id	INT(10)	学生编号
stu_name	VARCHAR(50)	学生姓名
stu_age	INT(10)	学生年龄

首先，创建数据库 qianfeng，SQL 语句如下所示。

```
CREATE DATABASE qianfeng;
```

然后使用该数据库，SQL 语句如下所示。

```
mysql> USE qianfeng;
Database changed
```

创建数据表 stu，SQL 语句如下所示。

```
mysql> CREATE TABLE stu(
    -> stu_id INT(10),
    -> stu_name VARCHAR(50),
    -> stu_age INT(10)
    -> );
Query OK, 0 rows affected (0.08 sec)
```

此时查看数据表是否创建成功，使用 SHOW TABLES 语句即可，SQL 语句如下所示。

```
mysql> SHOW TABLES;
+--------------------+
| Tables_in_qianfeng |
+--------------------+
| stu                |
+--------------------+
1 row in set (0.00 sec)
```

从执行结果中可看出，数据库中已经成功创建 stu 表。

14.5.2　查看数据表

创建完成数据表后，可以通过使用 DESC 语句查看数据表的具体信息，语法格式如下所示。

```
DESC 表名;
```

接下来通过具体案例演示 DESC 语句的使用，如例 14.7 所示。

【例 14.7】　使用 DESCRIBE 语句查看 stu 表，SQL 语句如下所示。

```
mysql> DESC stu;
+----------+-------------+------+-----+---------+-------+
| Field    | Type        | Null | Key | Default | Extra |
+----------+-------------+------+-----+---------+-------+
| stu_id   | int(10)     | YES  |     | NULL    |       |
| stu_name | varchar(50) | YES  |     | NULL    |       |
```

```
| stu_age   | int(10)     | YES  |     | NULL     |       |
+----------+------------+------+-----+---------+-------+
3 rows in set (0.01 sec)
```

执行结果中列出了表中所有字段的相关信息。

14.5.3　修改数据表

前面讲解了如何创建和查看数据表，在实际开发中，数据表创建完成后，可能会对数据表的表名、表中的字段名、字段的数据类型等进行修改，接下来对数据表的修改进行详细讲解。

1. 修改表名

在 MySQL 中，修改表名的语法格式如下所示。

```
ALTER TABLE 原表名 RENAME [TO] 新表名;
```

以上示例中，关键字 TO 是可选的，是否写 TO 关键字不会影响 SQL 语句的执行。接下来通过具体案例演示表名的修改，如例 14.8 所示。

【例 14.8】　将例 14.6 创建的 stu 表的表名修改为 student，SQL 语句如下所示。

```
mysql> ALTER TABLE stu RENAME student;
Query OK, 0 rows affected (0.15 sec)
```

以上执行结果证明表名修改完成。为了进一步验证，使用 SHOW TABLES 查看库中的所有的表，SQL 语句如下所示。

```
mysql> SHOW TABLES;
+--------------------+
| Tables_in_qianfeng |
+--------------------+
| student            |
+--------------------+
1 row in set (0.00 sec)
```

从以上执行结果可看出，stu 表名成功修改为 student。

2. 修改字段

数据表中的字段也时常有变更的需求，修改字段的语法格式如下所示。

```
ALTER TABLE 表名 CHANGE 原字段名 新字段名 新数据类型;
```

接下来通过具体案例演示字段的修改，如例 14.9 所示。

【例 14.9】　将 student 表中的 stu_age 字段修改为 stu_sex，数据类型为 VARCHAR(10)，SQL 语句如下所示。

```
mysql> ALTER TABLE student CHANGE stu_age stu_sex VARCHAR(10);
Query OK, 0 rows affected (0.24 sec)
Records: 0  Duplicates: 0  Warnings: 0
```

以上执行结果证明字段修改完成。为了进一步验证，使用 DESC 查看 student 表，SQL 语句如下所示。

```
mysql> DESC student;
+----------+-------------+------+-----+---------+-------+
| Field    | Type        | Null | Key | Default | Extra |
+----------+-------------+------+-----+---------+-------+
| stu_id   | int(10)     | YES  |     | NULL    |       |
| stu_name | varchar(50) | YES  |     | NULL    |       |
| stu_sex  | varchar(10) | YES  |     | NULL    |       |
+----------+-------------+------+-----+---------+-------+
3 rows in set (0.01 sec)
```

从以上执行结果可看出，student 表中的 stu_age 字段成功修改为 stu_sex。

3．修改字段的数据类型

上面讲解了如何修改表中的字段，但有时并不需要修改字段，只需修改字段的数据类型，修改表中字段数据类型的语法格式如下所示。

```
ALTER TABLE 表名 MODIFY 字段名 数据类型;
```

接下来通过具体案例演示字段数据类型的修改，如例 14.10 所示。

【例 14.10】 将 student 表中的 stu_sex 字段的数据类型修改为 CHAR，SQL 语句如下所示。

```
mysql> ALTER TABLE student MODIFY stu_sex CHAR;
Query OK, 0 rows affected (0.17 sec)
Records: 0  Duplicates: 0  Warnings: 0
```

以上执行结果证明字段数据类型修改完成。为了进一步验证，使用 DESC 语句查看 student 表，SQL 语句如下所示。

```
mysql> DESC student;
+----------+-------------+------+-----+---------+-------+
| Field    | Type        | Null | Key | Default | Extra |
+----------+-------------+------+-----+---------+-------+
| stu_id   | int(10)     | YES  |     | NULL    |       |
| stu_name | varchar(50) | YES  |     | NULL    |       |
| stu_sex  | char(1)     | YES  |     | NULL    |       |
+----------+-------------+------+-----+---------+-------+
3 rows in set (0.01 sec)
```

从以上执行结果可看出，student 表中的 stu_sex 字段数据类型成功修改为 CHAR 类型。

4．添加字段

在实际开发中，可能随着需求的扩展，表中需要添加字段，MySQL 中添加字段的语法格式如下所示。

```
ALTER TABLE 表名 ADD 新字段名 数据类型;
```

接下来通过具体案例演示字段的添加，如例 14.11 所示。

【例 14.11】 在 student 表中添加 stu_hobby 字段，数据类型为 VARCHAR(50)，SQL 语句如下所示。

```
mysql> ALTER TABLE student ADD stu_hobby VARCHAR(50);
Query OK, 0 rows affected (0.18 sec)
Records: 0  Duplicates: 0  Warnings: 0
```

以上执行结果证明字段添加成功。为了进一步验证，使用 DESC 语句查看 student 表，SQL 语句如下所示。

```
mysql> DESC student;
+-----------+-------------+------+-----+---------+-------+
| Field     | Type        | Null | Key | Default | Extra |
+-----------+-------------+------+-----+---------+-------+
| stu_id    | int(10)     | YES  |     | NULL    |       |
| stu_name  | varchar(50) | YES  |     | NULL    |       |
| stu_sex   | char(1)     | YES  |     | NULL    |       |
| stu_hobby | varchar(50) | YES  |     | NULL    |       |
+-----------+-------------+------+-----+---------+-------+
4 rows in set (0.01 sec)
```

从以上执行结果可看出，student 表中添加了 stu_hobby 字段，并且该字段的数据类型为 VARCHAR(50)。

5．删除字段

删除表中某一字段也是很可能出现的需求，MySQL 中删除字段的语法格式如下所示。

```
ALTER TABLE 表名 DROP 字段名;
```

接下来通过具体案例演示字段的删除，如例 14.12 所示。

【例 14.12】 将 student 表中 stu_hobby 字段删除，SQL 语句如下所示。

```
mysql> ALTER TABLE student DROP stu_hobby;
Query OK, 0 rows affected (0.20 sec)
```

```
Records: 0  Duplicates: 0  Warnings: 0
```

以上执行结果证明字段删除成功。为了进一步验证，使用 DESC 查看 student 表，SQL 语句如下所示。

```
mysql> DESC student;
+-----------+-------------+------+-----+---------+-------+
| Field     | Type        | Null | Key | Default | Extra |
+-----------+-------------+------+-----+---------+-------+
| stu_id    | int(10)     | YES  |     | NULL    |       |
| stu_name  | varchar(50) | YES  |     | NULL    |       |
| stu_sex   | char(1)     | YES  |     | NULL    |       |
+-----------+-------------+------+-----+---------+-------+
3 rows in set (0.01 sec)
```

从以上执行结果可看出，student 表中删除了 stu_hobby 字段。

14.5.4 删除数据表

删除数据表是从数据库将数据表删除，同时删除表中存储的数据。在 MySQL 中使用 DROP TABLE 语句删除数据表，语法格式如下所示。

```
DROP TABLE 表名;
```

接下来通过具体案例演示数据表的删除，如例 14.13 所示。

【例 14.13】 将 student 表删除，SQL 语句如下所示。

```
mysql> DROP TABLE student;
Query OK, 0 rows affected (0.09 sec)
```

以上执行结果证明 student 表删除成功。为了进一步验证，使用 SHOW TABLES 语句查看数据库中所有的表，SQL 语句如下所示。

```
mysql> SHOW TABLES;
Empty set (0.00 sec)
```

从以上执行结果可看出，数据库为空，student 表删除成功。

14.6 数据表中数据的基本操作

前面讲解了如何对数据库和表进行操作，如果想操作表中的数据，还需要通过 MySQL 提供的数据库操作语言实现，本节将详细讲解对表中数据的插入、查询、更新和删除。

14.6.1 插入数据

MySQL 中使用 INSERT 语句向数据表中插入数据，语法格式如下所示。

```
INSERT INTO 表名(字段名1,字段名2,…) VALUES(值1,值2,…);
```

以上语法格式中，"字段名 1，字段名 2"是数据表中的字段名称，可以为表中所有字段，也可以是部分字段；"值 1，值 2"是对应字段需要添加的数据，每个值的顺序、类型必须与前面的字段名对应。当为表中所有字段插入数据时，字段名可以省略，此时每个值的顺序、类型必须与表中字段的顺序和类型都对应。

在开始案例讲解之前，先按照本章例 14.6 新建一张数据表 stu，后面的操作将基于该数据表进行。

接下来通过具体案例演示使用 INSERT 语句向表中插入数据，如例 14.14 所示。

【例 14.14】 通过 INSERT 语句向数据表 stu 插入数据，SQL 语句如下所示。

```
INSERT INTO stu VALUES(1, 'liuYi',20);
INSERT INTO stu VALUES(2, 'chenEr', 21);
INSERT INTO stu VALUES(3, 'zhangSan', 20);
INSERT INTO stu VALUES(4, 'liSi',19);
INSERT INTO stu VALUES(5, 'wangWu', 20);
```

以上执行结果证明插入数据完成。为了进一步验证，使用 SELECT 语句查看 stu 表中的数据，SQL 语句如下所示。

```
mysql> SELECT * FROM stu;
+--------+----------+---------+
| stu_id | stu_name | stu_age |
+--------+----------+---------+
|      1 | liuYi    |      20 |
|      2 | chenEr   |      21 |
|      3 | zhangSan |      20 |
|      4 | liSi     |      19 |
|      5 | wangWu   |      20 |
+--------+----------+---------+
5 rows in set (0.00 sec)
```

从以上执行结果可看出，stu 表中的数据成功插入。

14.6.2 查询数据

MySQL 中使用 SELECT 语句从数据库中查询数据。在 SELECT 语句中，可根据自已对数据的需求，使用不同的查询条件。SELECT 语句的具体语法格式如下所示。

```
SELECT 字段名1,字段名2,…,字段名n FROM 表名 WHERE 条件表达式;
```

以上语法格式中，"字段名 1，字段名 2"是数据表中的字段名称，当需要查询表中所有字段时，可以使用通配符"*"取代所有字段名；FROM 后表名是查询数据的表名称；WHERE 后条件表达式是指筛选数据的条件。MySQL 提供了一系列关系运算符和关键字，这些关系运算符和关键字可以作为条件表达式过滤数据，具体如表 14.5 和表 14.6所示。

表 14.5　关系运算符

关系运算符	含　义
=	等于
!=	不等于
<>	不等于
<	小于
<=	小于或等于
>	大于
>=	大于或等于

表 14.5 中列出了常见的关系运算符，其中需要注意的是"!="和"<>"都表示不等于，有个别数据库不支持"!="，所以建议使用"<>"。

表 14.6　关键字

关　键　字	含　义
AND	多个条件同时满足
OR	多个条件满足一个即可
IN 或 NOT IN	判断某个字段的值是否在指定集合中
IS　NULL 或 IS NOT NULL	判断某个字段的值是否为空值
BETWEEN…AND…	判断某个字段的值是否在指定范围内
LIKE 或 NOT LIKE	通常用于模糊查询

表 14.6 中列出了常见的关键字，大家可以在开发中根据具体需求酌情使用。

接下来通过具体案例演示使用 SELECT 语句查询数据，如例 14.15 所示。

【例 14.15】　查询 stu 表中年龄大于或等于 20 的学生的姓名和年龄信息，SQL 语句如下所示。

```
mysql> SELECT stu_name,stu_age FROM stu WHERE stu_age >=20;
+----------+---------+
| stu_name | stu_age |
+----------+---------+
| liuYi    |      20 |
| chenEr   |      21 |
| zhangSan |      20 |
```

```
| wangWu    |    20 |
+----------+---------+
4 rows in set (0.03 sec)
```

除了 ">=" 关系运算符之外，还可以使用 OR 关键字完成上述查询，SQL 语句如下所示。

```
mysql>  SELECT stu_name,stu_age FROM stu WHERE stu_age >20 OR stu_age =20;
+----------+---------+
| stu_name | stu_age |
+----------+---------+
| liuYi    |    20 |
| chenEr   |    21 |
| zhangSan |    20 |
| wangWu   |    20 |
+----------+---------+
4 rows in set (0.00 sec)
```

14.6.3   更新数据

MySQL 中使用 UPDATE 语句更新表中的数据，语法格式如下所示。

```
UPDATE 表名
SET 字段名 1=值 1 [,字段名 2=值 2,…]
[WHERE 条件表达式];
```

以上语法格式中，"字段名"用于指定需要更新的字段名称；"值"用于表示字段更新的新数据，如果要更新多个字段的值，可以用逗号分隔多个字段和值；WHERE 条件表达式是可选的，用于指定更新数据需要满足的条件。

接下来通过具体案例演示更新数据，如例 14.16 所示。

【例 14.16】 将 stu 表中 stu_id 为 5 的学生姓名改为 zhaoLiu、年龄修改为 21，SQL 语句如下所示。

```
mysql> UPDATE stu
    -> SET stu_name ='zhaoLiu',stu_age = 21
    -> WHERE stu_id =5;
Query OK, 1 row affected (0.06 sec)
Rows matched: 1  Changed: 1  Warnings: 0
```

从以上执行结果可看到执行完成后提示了 "Changed:1"，说明成功更新了一条数据。为了进一步验证，使用 SELECT 语句查看 stu 表中的数据，SQL 语句如下所示。

```
mysql> SELECT * FROM stu;
+--------+----------+---------+
| stu_id | stu_name | stu_age |
+--------+----------+---------+
```

```
|      1 | liuYi    |      20 |
|      2 | chenEr   |      21 |
|      3 | zhangSan |      20 |
|      4 | liSi     |      19 |
|      5 | zhaoLiu  |      21 |
+--------+----------+---------+
5 rows in set (0.00 sec)
```

从以上执行结果可看到，stu 表中 stu_id 为 5 的学生姓名改为 zhaoLiu、年龄修改为 21。

14.6.4　删除数据

MySQL 中使用 DELETE 语句删除表中数据，语法格式如下所示。

```
DELETE FROM 表名 [WHERE 条件表达式];
```

以上语法中，WHERE 条件语句是可选的，用于指定删除数据满足的条件，如果不指定条件，那么默认删除表中全部的数据。

接下来通过具体案例演示删除数据，如例 14.17 所示。

【例 14.17】 将 stu 表中 stu_id 为 5 的学生记录删除，SQL 语句如下所示。

```
mysql> DELETE FROM stu WHERE stu_id=5;
Query OK, 1 row affected (0.03 sec)
```

以上执行结果说明成功删除了一条数据。为了进一步验证，使用 SELECT 语句查看 stu 表中的数据，SQL 语句如下所示。

```
mysql> SELECT * FROM stu;
+--------+----------+---------+
| stu_id | stu_name | stu_age |
+--------+----------+---------+
|      1 | liuYi    |      20 |
|      2 | chenEr   |      21 |
|      3 | zhangSan |      20 |
|      4 | liSi     |      19 |
+--------+----------+---------+
4 rows in set (0.00 sec)
```

从以上执行结果可看到，stu 表中 stu_id 为 5 的学生记录已经删除。

14.7　本　章　小　结

本章主要介绍 MySQL 的基础知识和操作方法，包括 MySQL 的基本使用、MySQL 支持的数据类型、数据库的基本操作、数据表的基本操作、数据表中数据的基本操作。

通过本章的学习，大家要理解 MySQL 的基本概念，掌握 MySQL 的基本操作技能，为以后学习 PHP 操作 MySQL 打下坚实的基础。

14.8 习　题

思考题

（1）简述 SQL 的优点。

（2）简述 MySQL 支持的日期和时间类型有哪些。

（3）简述 MySQL 支持的数值类型有哪些。

（4）简述如何创建和查看数据库。

（5）简述如何创建数据表。

扫描查看习题答案

第15章

PHP 操作 MySQL 数据库

本章学习目标
- 熟悉 PHP 访问 MySQL 数据库的一般步骤;
- 掌握 PHP 操作 MySQL 数据库的方法;
- 掌握选择 MySQL 数据库的方法;
- 掌握添加动态用户信息的方法;
- 掌握查询数据信息的方法。

任何一种编程语言都需要对数据库进行操作,PHP 语言也不例外。现在流行的数据库有很多,如 MySQL、Oracle、SQL Server、Sybase 等。在各种数据库中,MySQL 由于其免费、跨平台、使用方便、访问效率较高等优点而获得了广泛应用,很多中型网站都使用 PHP+MySQL 进行开发。本章将开始学习使用 PHP 操作 MySQL 数据库的各种函数和技巧。

15.1 PHP 访问 MySQL 数据库的一般步骤

MySQL 是一款广受欢迎的数据库,由于它是开源的半商业软件,所以市场占有率高,备受 PHP 开发者的青睐,一直被认为是 PHP 的最佳组合。同时,PHP 也具有强大的数据库支持能力,本节主要讲解 PHP 访问 MySQL 数据库的一般步骤。

PHP 访问 MySQL 数据库的一般步骤如图 15.1 所示。

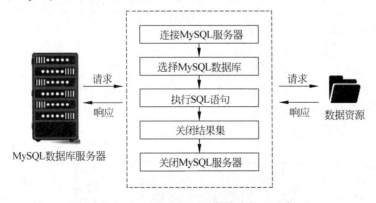

图 15.1 PHP 访问 MySQL 数据库的一般步骤

从图 15.1 中可以看出，通过 Web 访问数据库的工作过程一般分为以下几个步骤。

（1）用户使用浏览器对某个页面发出 HTTP 请求。

（2）服务器端接收请求并发送给 PHP 程序进行处理。

（3）PHP 程序中包含连接 MySQL 以及请求 MySQL 中特定数据库的 SQL 命令。根据这些代码，PHP 程序打开一个和 MySQL 的连接，并且发送 SQL 命令到 MySQL。

（4）MySQL 接收到 SQL 命令之后加以执行并将执行结果返回到 PHP 程序。

（5）PHP 程序根据 MySQL 返回的数据生成特定格式的 HTML 文件，并把 HTML 文件响应给浏览器，浏览器渲染 HTML 文件并展示给用户。

15.2　PHP 操作 MySQL 数据库的方法

PHP 和 MySQL 数据库是开发动态网站的最佳组合，本节将具体讲述 PHP 如何访问 MySQL 数据库。

15.2.1　数据准备

首先使用命令提示符窗口创建一个名称为 section15 的数据库，SQL 语句如下所示。

```
CREATE DATABASE section15;
```

接着将当前使用的数据库切换为 section15，SQL 语句如下所示。

```
USE section15;
```

然后创建一张名称为 student 的数据表，SQL 语句如下所示。

```
DROP TABLE IF EXISTS 'student';
CREATE TABLE 'student' (
  'id' INT(4) NOT NULL  AUTO_INCREMENT,
  'name' VARCHAR(24) DEFAULT NULL,
  'age' VARCHAR(24) DEFAULT NULL,
  'course' VARCHAR(24) DEFAULT NULL,
   PRIMARY KEY ('id')
)  DEFAULT CHARSET=utf8;
```

向 student 表中插入数据，SQL 语句如下所示。

```
INSERT INTO student('name', 'age', 'course') VALUES('Zhangsan','21','PHP');
INSERT INTO student('name', 'age', 'course') VALUES('LiSi','20','Java');
INSERT INTO student('name', 'age', 'course') VALUES('WangWu','19','PHP');
```

15.2.2　连接数据库

PHP 使用 mysqli_connect()函数与 MySQL 数据库建立连接，该函数语法格式如下。

```
resource mysql_connect ([ string $server [, string $username [, string
$password [, bool $new_link [, int $client_flags ]]]]]);
```

其中，参数$server 指 MySQL 服务器的主机名（或 IP 地址），如果省略端口号，默认为 3306；$username 指登录 MySQL 数据库服务器的用户名；$password 指 MySQL 服务器的用户密码。如果连接成功，则函数返回一个资源，为以后执行 SQL 指令做准备。

接下来是演示 mysqli_connect()函数连接数据库成功的案例，如例 15.1 所示。

【例 15.1】 mysqli_connect()函数连接数据库成功。

```
1    <?php
2        $link = mysqli_connect("127.0.0.1","root","") or die("连接失败! ");
3        if($link){
4            echo "数据库连接成功";
5        }
6    ?>
```

运行结果如图 15.2 所示。

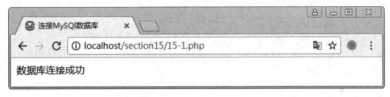

图 15.2　运行结果 1

在例 15.1 中，第 2 行使用函数 mysqli_connect()连接数据库，其中，127.0.0.1 表示连接的服务器地址（本地环境测试使用）；root 表示登录数据库用户名；第 3 个参数为空，表示登录数据库密码为空密码；第 3 行将函数 mysqli_connect()执行后返回的资源结果集赋值给变量$link，判断该变量，如果为真，说明数据库连接成功，否则连接失败（提示：WampServer 集成环境用户名默认为 root，密码默认为空）。

接下来是演示 mysqli_connect()函数连接数据库的失败的案例，如例 15.2 所示。

【例 15.2】 mysqli_connect()函数连接数据库失败。

```
1    <?php
2        $link = mysqli_connect("127.0.0.1","user01","6666") or die("
3                连接失败! ");
4        if($link){
5            echo "数据库连接成功";
6        }
7    ?>
```

运行结果如图 15.3 所示。

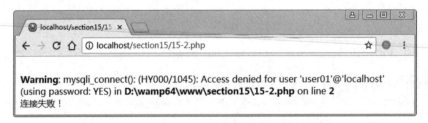

图 15.3　运行结果 2

在例 15.2 中，由于代码中使用了错误的 MySQL 登录用户名和密码，浏览器显示出警告信息。在警告信息中，提示 Access denied for user 'user01'@'localhost'为非法用户，并且该警告不会阻止脚本的继续执行。由此可见，该提示信息会暴露数据库连接的敏感问题，不利于数据库的安全性。如果想提高安全性，避免错误信息的输出，可以在函数 mysqli_connect()前面加上@符号屏蔽错误信息，然后结合函数 die()进行屏蔽的错误处理机制，具体代码如例 15.3 所示。

【**例 15.3**】　@符号及 die()函数的使用。

```
1    <?php
2        $link = @mysqli_connect("127.0.0.1"," user01","6666") or die("
3            连接失败,用户名或密码错误,请重新输入...");
4        if($link){
5            echo "数据库连接成功";
6        }
7    ?>
```

运行结果如图 15.4 所示。

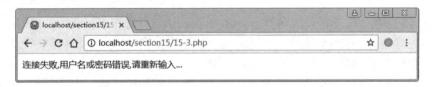

图 15.4　处理后的结果

15.2.3　选择数据库

在连接 MySQL 数据库服务器之后，使用 mysqli_select_db()函数选择数据库，该函数的语法格式如下。

```
boolean mysqli_select_db( resource $link_identifier , string $db_name );
```

其中，$link_identifier 表示 MySQL 服务器连接标识；$db_name 表示传入 MySQL 服务器

的数据库名称。如果没有指定连接标识符 link_identifier，则使用上一个打开的连接。函数如果执行成功则返回 TURE，如果失败则返回 FALSE。

接下来演示 mysqli_select_db()函数的使用方法，如例 15.4 所示。

【例 15.4】 mysqli_select_db()函数的用法。

```
1    <?php
2        $link = mysqli_connect("127.0.0.1","root","") or die("连接数据库失败,
3            请检查数据库用户名或密码是否正确");
4        $db_result = mysqli_select_db($link,"section15");
5        if($db_result){
6            echo "section15 数据库选择成功";
7        }
8        mysqli_close($link);                                    // 关闭资源
9    ?>
```

运行结果如图 15.5 所示。

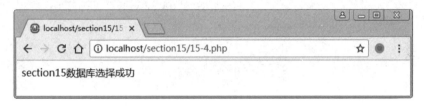

图 15.5　选择数据库

在例 15.4 中，第 2 行使用函数 mysqli_connect()连接数据库，$link 表示函数执行成功后获得资源集；第 4 行使用函数 mysqli_select_db()选择数据库，如果成功则返回 TRUE，如果失败则返回 FALSE。

15.2.4　执行 SQL 语句

在选择数据表之后，使用 mysqli_query()函数执行 SQL 语句，该函数的语法格式如下。

```
boolean  mysqli_query( resource $link_identifier , string $sql );
```

其中，$link_identifier 表示 MySQL 服务器连接标识；$sql 表示传入的 SQL 语句。该函数是执行 SQL 指令的专门函数，所有的 SQL 语句都通过它执行，并返回结果集。此处需要注意的是，在 mysqli_query()函数中执行的 SQL 语句不应以分号 ";" 结尾。

接下来演示使用函数 mysqli_query()执行 SQL 插入和更新操作，如例 15.5 所示。

【例 15.5】 mysqli_query()函数执行 SQL 插入和更新操作。

```
1    <?php
2        $link = @mysqli_connect("127.0.0.1","root","","section15") or die("
```

```
3                    连接数据库失败,请检查数据库用户名或密码是否正确");  // 连接数据库
4        mysqli_set_charset($link,"utf8");                        // 设置字符集
5        // 执行插入数据操作
6        $sql = "insert into student(`name`,`age`,`course`) values('ZhaoLiu
7             ', '20','PHP')";                                    // 编写 SQL 语句
8        $result = mysqli_query($link,$sql);                      // 发送 SQL 指令
9        if($result){
10           echo "数据插入成功<br>";                              // 输出正确提示
11       }else{
12           echo "数据插入失败<br>";                              // 输出错误提示
13       }
14       // 执行更新数据操作
15       $sql = "update student set `name` = 'ZhangSanSan' where `id` = 1";
16       $result = mysqli_query($link,$sql);
17       if($result){
18           echo "数据更新成功<br>";
19       }else{
20           echo "数据更新失败<br>";
21       }
22       mysqli_close($link);                                     // 关闭资源
23   ?>
```

运行结果如图 15.6 所示。

图 15.6　执行插入和更新 SQL 操作

在例 15.5 中，第 2 行使用函数 mysqli_connect()连接数据库；第 4 行使用函数 mysqli_set_charset()设置数据库字符编码类型；第 6 行和第 7 行编写 SQL 语句；第 8 行使用函数 mysqli_query()执行发送 SQL 指令；第 9～13 行判断变量$result 的返回值类型，如果成功则返回 TRUE，如果失败则返回 FALSE。此处需要注意的是，本例使用简写方式，将 15.2.1 节和 15.2.2 节所讲函数合并成一个函数连接数据库。

下面演示使用函数 mysqli_query()执行 SQL 删除和查询操作，如例 15.6 所示。

【例 15.6】 qli_query()函数执行 SQL 删除和查询操作。

```
1    <?php
2        $link = @mysqli_connect("127.0.0.1","root","","section15") or die("
3                连接数据库失败,请检查数据库用户名或密码是否正确");  //连接数据库
4        mysqli_set_charset($link,"utf8");                        //设置字符集
```

```
5            // 执行删除数据操作
6            $sql = "delete from student  where id = 1";      // 编写 SQL 语句
7            $result = mysqli_query($link,$sql);              // 发送 SQL 指令
8            if($result){                                     // 判断结果
9                echo "数据删除成功<br>";                       // 输出正确提示
10           }else{
11               echo "数据删除失败<br>";                       // 输出错误提示
12           }
13           // 执行查询数据操作
14           $sql = "select `name`,`age`,`course` from student";
15           $result = mysqli_query($link,$sql);
16           if($result){
17               echo "数据查询成功<br>";
18           }else{
19               echo "数据查询失败<br>";
20           }
21           mysqli_close($link);                             // 关闭资源
22   ?>
```

运行结果如图 15.7 所示。

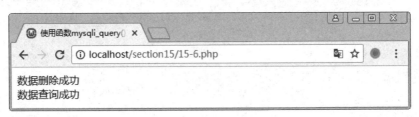

图 15.7　执行删除和查询 SQL 操作

在例 15.6 中，第 2 行使用函数 mysqli_connect()连接数据库；第 4 行使用函数 mysqli_set_charset()设置数据库字符编码类型；第 6 行编写 SQL 语句；第 7 行使用函数 mysqli_query()执行发送 SQL 指令；第 8～12 行判断变量$result 的返回值类型，如果成功则返回 TRUE，如果失败则返回 FALSE。

15.2.5　关闭数据库连接

为了节省资源、提升性能，数据库连接在使用之后要及时关闭。关闭数据库连接要使用 mysqli_close()函数，一个服务器连接也是一个对象型的数据类型，函数 mysqli_close() 的语法格式如下。

```
bool mysqli_close( resource $link_identifier );
```

其中，参数$link_ identifier 表示先前打开的数据库连接，如果关闭成功则返回 TRUE，如果关闭失败则返回 FALSE。

由于在例 15.5 和例 15.6 代码中已经使用 mysqli_close($link)函数关闭数据库连接，因此此处不再具体演示该函数的使用。

15.2.6 从数组结果集中获取信息

在 15.2.4 节中讲解了 mysqli_query() 函数执行 SQL 语句，接下来使用 mysqli_fetch_array()函数从结果集中获取信息，该函数的语法格式如下。

```
array mysqli_fetch_array( resource $result [,int result_type] );
```

其中，参数$result 为资源类型，表示要传入的是由 mysqli_query()函数返回的数据指针；参数 result_type 为可选项，表示要传入的是 MYSQLI_ASSOC（关联索引）、MYSQLI_NUM（数字索引）、MYSQLI_BOTH（同时包含关联和数字索引的数组）3 种索引类型，默认值为 MYSQLI_BOTH。

接下来演示 mysqli_fetch_array()函数的使用方法，如例 15.7 所示。

【例 15.7】 mysqli_fetch_array()函数的用法。

```
1   <?php
2       $link = @mysqli_connect("127.0.0.1","root","","section15") or die("
3               连接数据库失败,请检查数据库用户名或密码是否正确");
4       mysqli_set_charset($link,"utf8");
5       $sql = " select id,name,age,course from student where id =2 ";
6       $result = mysqli_query($link,$sql);
7       $row = mysqli_fetch_array($result,MYSQLI_NUM);
8       echo "<pre>";
9       var_dump($row);
10      echo "</pre>";
11      mysqli_close($link);
12  ?>
```

运行结果如图 15.8 所示。

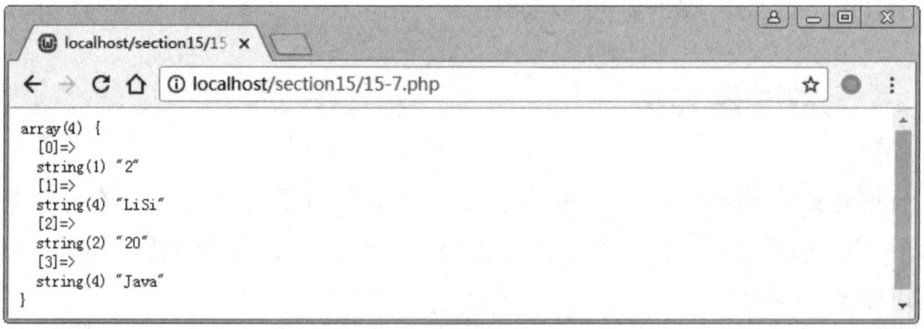

图 15.8 从数组结果中获取信息

在例 15.7 中，第 2 行使用函数 mysqli_connect()连接数据库，$link 表示函数执行成功后获得资源集；第 4 行使用函数 mysqli_set_charset ()设置字符编码为 utf8 类型；第 5

行编写 SQL 语句；第 6 行使用函数 mysqli_query()执行发送 SQL 指令；第 7 行使用函数 mysqli_fetch_array()获取结果集中记录；第 8～10 行使用 HTML 标记<pre></pre>并结合函数 var_dump()，表示格式化输出结果；第 11 行使用函数 mysqli_close()关闭数据库资源。

15.2.7　获取结果集中一行记录作为对象

使用 mysqli_fetch_object()函数从结果中获取一行记录作为对象，该函数的语法格式如下。

```
object mysqli_fetch_object( resource $result );
```

mysqli_fetch_object()和 mysqli_fetch_array()函数功能类似，但存在一点区别，即前者返回的是一个对象而不是数组，该函数只能通过字段名来访问数组。

接下来演示 mysqli_fetch_object()函数的使用方法，如例 15.8 所示。

【例 15.8】　mysqli_fetch_object()函数的用法。

```php
1    <?php
2        $link = @mysqli_connect("127.0.0.1","root","","section15")
3                or die("连接数据库失败,请检查数据库用户名或密码是否正确");
4        mysqli_set_charset($link,"utf8");
5        $sql = "select id,name,age,course from student";
6        $result = mysqli_query($link,$sql);
7        $rows = mysqli_fetch_object($result);
8        echo "序号: " . $rows -> id . "<br>";
9        echo "姓名: " . $rows -> name . "<br>";
10       echo "年龄: " . $rows -> age . "<br>";
11       echo "课程: " . $rows -> course . "<br>";
12       mysqli_close($link);
13   ?>
```

运行结果如图 15.9 所示。

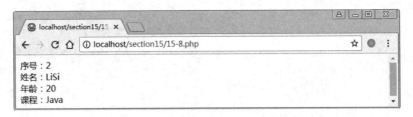

图 15.9　获取结果集中记录作为对象

在例 15.8 中，第 2 行使用函数 mysqli_connect()连接数据库，$link 表示函数执行成功后获得资源集；第 4 行使用函数 mysqli_set_charset ()设置字符编码；第 5 行编写 SQL 语句；第 6 行使用函数 mysqli_query()执行发送 SQL 指令；第 7 行使用函数

mysqli_fetch_object()获取结果集中记录作为对象；第8~11行使用$obj -> field_name 的方式访问结果集对象；第 12 行使用函数 mysqli_close()关闭数据库资源。

15.2.8   逐行获取结果集中的每条记录

使用 mysqli_fetch_row()函数逐行获取结果集中的每条记录，该函数的语法格式如下。

```
array mysqli_fetch_row( resource $result );
```

mysqli_fetch_row()函数从结果集中获取一行数据并作为数组返回，每个结果的列存储在一个数组元素中，下标从 0 开始，即以$row[0]的形式访问第一个数组元素（只有一个元素时也是如此），依次调用该函数，将返回结果集中的下一行，直到没有更多行则返回 FALSE。

接下来演示 mysqli_fetch_row()函数的使用方法，如例 15.9 所示。

【例 15.9】   mysqli_num_rows()函数的用法。

```
1    <!DOCTYPE html>
2    <html lang="en">
3    <head>
4        <meta charset="UTF-8">
5        <title>循环输出每条记录</title>
6    </head>
7    <body>
8    <table width="300" border="1" cellpadding="0" cellspacing="0">
9        <tr>
10           <th>编号</th>
11           <th>姓名</th>
12           <th>年龄</th>
13           <th>课程</th>
14       </tr>
15       <?php                                        // 连接数据库
16           $link = @mysqli_connect("127.0.0.1","root","","section15")
17                   or die("连接数据库失败,请检查数据库用户名或密码是否正确");
18           mysqli_set_charset($link,"utf8");        // 设置字符集
19           $sql = "select * from student";          // 编写 SQL 语句
20           $result = mysqli_query($link,$sql);      // 发送 SQL 指令
21           while($row=mysqli_fetch_row($result)){// 循环遍历逐行输出
                                                       // 每条结果
22       ?>
23       <tr>
24           <td align="center"><?php echo $row[0];?></td><!--显示第一列-->
25           <td align="center"><?php echo $row[1];?></td><!--显示第二列-->
```

```
26              <td align="center"><?php echo $row[2];?></td><!--显示第三列-->
27              <td align="center"><?php echo $row[3];?></td><!--显示第四列-->
28          </tr>
29          <?php
30          }
31          mysqli_close($link);                              // 关闭数据库资源
32          ?>
33      </table>
34  </body>
35  </html>
```

运行结果如图 15.10 所示。

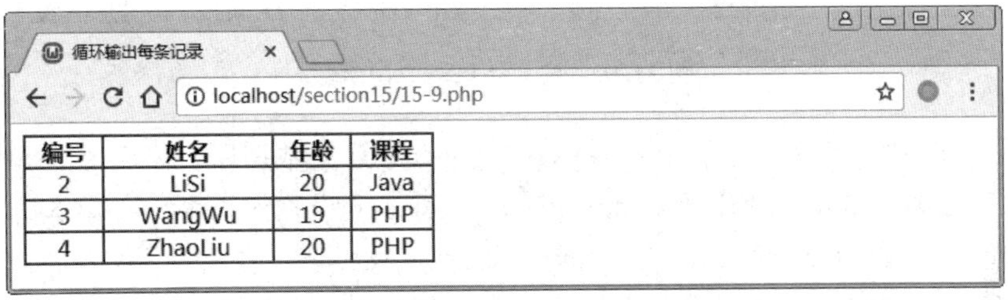

图 15.10　循环输出数据表记录内容

在例 15.9 中，第 8～33 行定义<table><tr><td> …</td></tr></table>表格；第 15～22
行嵌套 PHP 代码；第 16 行使用函数 mysqli_connect()连接数据库，$link 表示函数执行成
功后获得资源集；第 18 行使用函数 mysqli_set_charset ()设置字符编码；第 19 行编写 SQL
查询语句；第 20 行使用函数 mysqli_query()发送 SQL 指令；第 21 行使用 while()循环和
函数 mysql_fetch_row()逐行输出数据表中每条记录信息；第 31 行使用函数 mysqli_close()
关闭数据库资源。

15.2.9　获取查询结果集中的记录数

要获取由 select 语句查询到的结果集中行的数目，则必须使用 mysqli_num_rows()函
数，该函数语法格式如下。

```
int mysqli_num_rows( resource $result );
```

其中，参数$result 代表查询结果对象。需要注意的是，该函数只对 select 语句有效。
接下来演示 mysqli_num_rows()函数的使用方法，如例 15.10 所示。

【例 15.10】　mysqli_num_rows()函数的用法。

```
1   <?php
2       $link = @mysqli_connect("127.0.0.1","root","","section15")
3               or die("连接数据库失败,请检查数据库用户名或密码是否正确");
4       mysqli_set_charset($link,"utf8");
```

```
5        $sql = "select id,name,age,course from student";
6        $result = mysqli_query($link,$sql);
7        $rows = mysqli_num_rows($result);
8        echo "student 数据表中共有 " . $rows . " 条数据";
9        mysqli_close($link);
10   ?>
```

运行结果如图 15.11 所示。

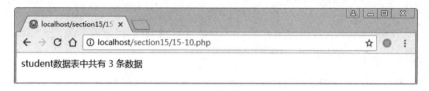

图 15.11　获取结果集中记录数

在例 15.10 中，第 2 行使用函数 mysqli_connect()连接数据库，$link 表示函数执行成功后获得资源集；第 4 行使用函数 mysqli_set_charset ()设置字符编码；第 5 行编写 SQL 语句；第 6 行使用函数 mysqli_query()执行发送 SQL 指令；第 7 行使用函数 mysql_num_rows()获取查询结果集中的记录数；第 9 行使用函数 mysqli_close()关闭数据库资源。

15.2.10　获取结果集中的记录作为关联数组

使用 mysqli_fetch_assoc()函数可以获取结果集中的记录数作为关联数组，该函数的语法格式如下。

```
array mysqli_fetch_assoc( resource $result );
```

该函数只有一个参数$result，指执行 SQL 命令返回的结果集对象。该函数与 mysqli_fetch_rows()函数的不同之处就是返回的每一条记录都是关联数组。

接下来演示 mysqli_fetch_assoc()函数的使用方法，如例 15.11 所示。

【例 15.11】　mysqli_fetch_assoc()函数的用法。

```
1    <!DOCTYPE html>
2    <html lang="en">
3    <head>
4        <meta charset="UTF-8">
5        <title>循环输出每条记录</title>
6    </head>
7    <body>
8        <table width="300" border="1" cellpadding="0" cellspacing="0">
9            <tr>
10               <th>编号</th>
```

```
11              <th>姓名</th>
12              <th>年龄</th>
13              <th>性别</th>
14          </tr>
15          <?php
16              $link = @mysqli_connect("127.0.0.1","root","","section15")
17                      or die("连接数据库失败,请检查数据库用户名或密码是否正确");
18              mysqli_set_charset($link,"utf8");
19              $sql = "select * from student";
20              $result = mysqli_query($link,$sql);
21              while($row = mysqli_fetch_assoc($result)){
22          ?>
23          <tr>
24              <td align="center"><?php echo $row["id"];?></td>
25              <td align="center"><?php echo $row["name"];?></td>
26              <td align="center"><?php echo $row["age"];?></td>
27              <td align="center"><?php echo $row["course"];?></td>
28          </tr>
29          <?php
30              }
31              mysqli_close($link);
32          ?>
33      </table>
34 </body>
35 </html>
```

运行结果如图 15.12 所示。

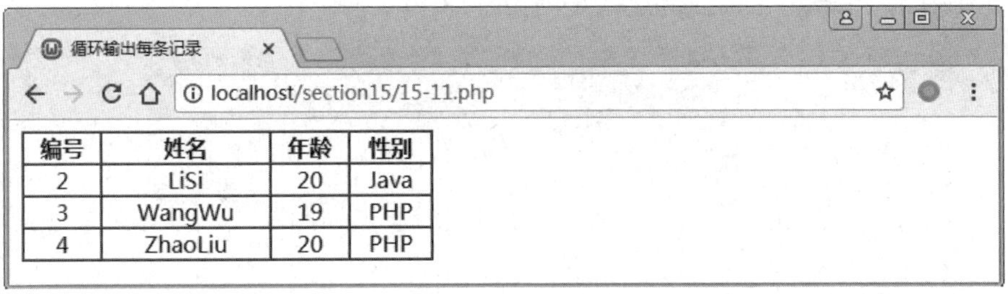

图 15.12　循环输出数据表记录内容

在例 15.11 中，第 8～33 行定义<table><tr><td>…</td></tr></table>表格；第 15～22 行嵌套 PHP 代码；第 16 行使用函数 mysqli_connect()连接数据库，$link 表示函数执行成功后获得资源集；第 18 行使用函数 mysqli_set_charset ()设置字符编码；第 19 行编写 SQL 语句；第 20 行使用函数 mysqli_query()发送 SQL 指令；第 21 行使用 while()循环和函数 mysql_fetch_assoc()获取查询结果集中的记录作为关联数组，并逐行输出 student 数据表中每条记录信息；第 31 行使用函数 mysqli_close()关闭数据库资源。

15.3　PHP 操作 MySQL 实战演练

PHP 操作 MySQL 数据库技术是 Web 开发过程中的核心技术。本节主要讲解 PHP 操作 MySQL 实现动态添加、修改、删除、查询学生信息。

15.3.1　数据准备

创建一张名称为 stu 的数据表，SQL 语句如下所示。

```
DROP TABLE IF EXISTS 'stu';
CREATE TABLE 'stu' (
'id' int(4) NOT NULL AUTO_INCREMENT,
'stu_name' VARCHAR(50) NOT NULL,
'stu_telephone' VARCHAR(50) NOT NULL,
'stu_sex' VARCHAR(50) NOT NULL,
'stu_age' VARCHAR(50) NOT NULL,
'stu_introduce' VARCHAR(255) NOT NULL,
PRIMARY KEY ('id')
) DEFAULT CHARSET=utf8;
```

15.3.2　使用 insert 语句动态添加学生信息

接下来演示使用 insert 语句动态添加学生信息，具体步骤如例 15.12 和例 15.13 所示。

【例 15.12】 创建 15-12.html 添加学生信息表单页面。

```
1    <!DOCTYPE html>
2    <html lang="en">
3    <head>
4        <meta charset="UTF-8">
5        <meta http-equiv="X-UA-Compatible" content="IE=edge,chrome=1">
6        <meta name="renderer" content="webkit">
7        <title>千锋教育</title>
8        <link rel="stylesheet" href="./css/login.css">
9        <link rel="stylesheet" href="./css/club_public.css">
10       <link rel="stylesheet" href="./css/club.css">
11       <link href="/themes/codingnew-1/plugins/Huploadify/Huploadify.css"
12          rel="stylesheet" type="text/css">
13   </head>
14   <body>
15       <div class="c_main">
16           <div class="wrap3 head_banner">
17               <div class="head">申请加入千锋 PHP 大牛进阶班</div>
```

```
18              <form action="./15-13.php" class="def_form reg_form"
19                method="post" onsubmit="return beforeSubmit()">
20                <div class="form_item ">
21                    <label class="form_label">姓        名: </label>
22                    <div class="input_block">
23                        <input type="text" class="sel" size="40"
24                  name="stu_name" placeholder="请输入姓名" id="stu_name" />
25                        <span class="tips">必填项不可为空</span>
26                    </div>
27                </div>
28                <div class="form_item ">
29                    <label class="form_label">手        机: </label>
30                    <div class="input_block">
31                        <input type="text" class="sel" size="40"
32                        name="stu_telephone"
33                        placeholder="请输入手机号码" id="stu_telephone" />
34                        <span class="tips">必填项不可为空</span>
35                    </div>
36                </div>
37                <div class="form_item ">
38                    <label class="form_label">性        别: </label>
39                    <div class="input_block">
40                        <label><input type="radio" name="stu_sex"
41                          value="man">男</label>
42                        <label><input type="radio" name="stu_sex"
43                          value="woman">女</label>
44                        <span class="tips">必填项不可为空</span>
45                    </div>
46                </div>
47                <div class="form_item ">
48                    <label class="form_label">年        龄:
49                    </label>
50                    <div class="input_block">
51                      <input class="sel" id="stu_age" type="text" size="40"
52                        name="stu_age" placeholder="请输入年龄" />
53                        <span class="tips">必填项不可为空</span>
54                    </div>
55                </div>
56                <div class="line"></div>
57                <div class="form_item ">
58                    <label class="form_label">加 入 原 因:
59                    </label>
60                    <div class="input_block">
61                        <textarea name="stu_introduce"
62                          id="stu_introduce"></textarea>
63                        <span class="tips">必填项不可为空</span>
64                    </div>
```

```
65                    </div>
66                    <div class="form_item text_center">
67                     <label class="form_label"> </label>
68                    <div class="input_block">
69                            <button class="sub_btn js_sub">申请加入</button>
70                    </div>
71                    </div>
72              </form>
73         </div>
74    </div>
75  <script type="text/javascript">
76      function beforeSubmit() {
77        var stu_name = document.getElementById('stu_name').value;
78        var stu_age = document.getElementById('stu_age').value;
79        var stu_telephone =document.getElementById('stu_telephone').value;
80        if (stu_name.length<1||stu_age.length<1||stu_telephone.length<1){
81            alert('信息填写不完整,重新填写!');
82            return false;
83        }else {
84            return true;
85        }
86     }
87  </script>
88  </body>
89  </html>
```

运行结果如图 15.13 所示。

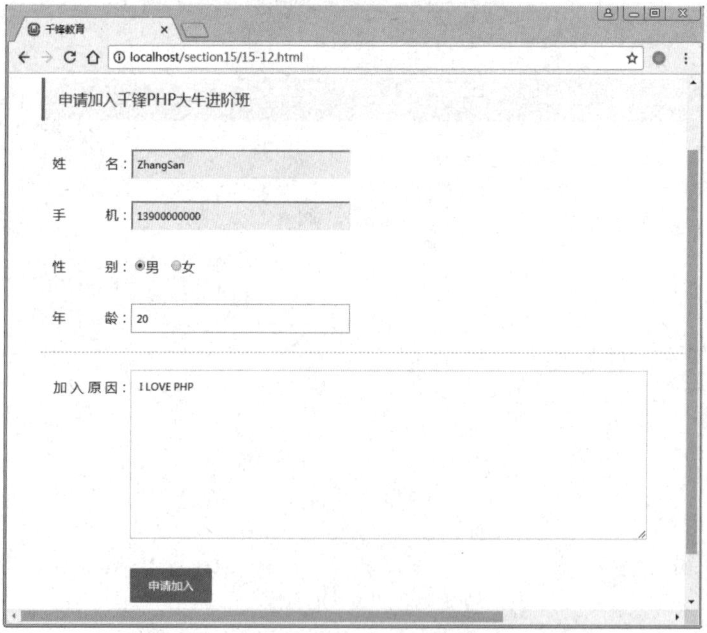

图 15.13　运行结果 3

在例 15.12 中，第 7 行使用<title></title>标签定义文件标题；第 8~12 行使用<link>标签链接 CSS 样式文件；第 18~72 行使用<form></form>标签定义一个表单，其提交服务器地址为 action="./15-13.php"，提交方式为 method="post"，设置 JavaScript 单击事件 onsubmit="return beforeSubmit()"，该事件会在表单中的“确定”按钮被单击时发生；第 23 行使用<input />标签定义单行文本输入框，其 name 属性值 stu_name 必须与数据表 stu 字段名 stu_name 保持一致，否则将导致数据插入失败；第 42 行、第 51 行与第 23 行类似，此处不再赘述。

【例 15.13】　创建 15-13.php 文件，处理表单提交的信息。

```php
1   <?php
2       $link = @mysqli_connect("127.0.0.1","root","","section15")
3           or die("连接数据库失败,请检查数据库用户名或密码是否正确");
4       mysqli_set_charset($link,"utf8");
5       $stu_name = $_POST['stu_name'];
6       $stu_telephone = $_POST['stu_telephone'];
7       $stu_age = $_POST['stu_age'];
8       $stu_introduce = $_POST['stu_introduce'];
9       if($_POST['stu_sex']=='man'){
10          $stu_sex = '男';
11      }else{
12          $stu_sex = '女';
13      }
14      // 执行插入数据操作
15      $sql = "insert into stu(`stu_name`,`stu_telephone`,`stu_sex`,
16          `stu_age`,`stu_introduce`) values('$stu_name',
17          '$stu_telephone','$stu_sex','$stu_age','$stu_introduce')";
18      $result = mysqli_query($link,$sql);
19      // 根据返回结果，浏览器提示相应的信息
20      if($result){
21          echo "<script>alert('数据插入成功');
22              window.location.href='./15-12.html';
23              </script>";
24      }else{
25          echo "<script>alert('数据插入失败');
26              window.location.href='./15-12.html';
27              </script>";
28      }
29      mysqli_close($link);
30  ?>
```

运行结果如图 15.14 所示。

图 15.14 运行结果 4

此时使用 WAMP 中集成的数据库可视化工具 phpMyAdmin 查看数据库，结果如图 15.15 所示。

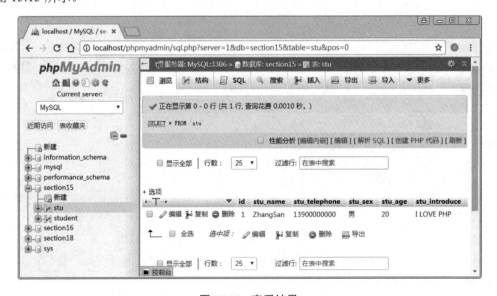

图 15.15 查看结果

在例 15.13 中，第 2、3 行使用函数 mysqli_connect()连接数据库；第 4 行使用函数 mysqli_set_charset()设置字符编码；第 5～8 行使用 PHP 预定义超全局数组$_POST[]接收前台提交的表单数据；第 15～17 行编写 SQL 语句；第 18 行使用函数 mysqli_query()发送 SQL 指令；第 20～28 行输出提示信息；第 29 行使用函数 mysqli_close()关闭数据库。

15.3.3　使用 select 语句查询用户信息

实现添加用户信息后，即可对用户信息执行查询操作，接下来演示实现查询用户信息的功能，如例 15.14 所示。

【例 15.14】　创建 15-14.php 文件，查询（所有）用户信息。

```
1   <!DOCTYPE html>
2   <html lang="en">
3   <head>
4       <meta charset="UTF-8">
5       <title>查询（所有）用户信息</title>
6   </head>
7   <body>
8       <h3 align="center">查询学生信息</h3>
9       <table align="center" width="800" border="1" cellpadding="0"
10      cellspacing="0">
11          <tr>
12              <th>编号</th>
13              <th>姓名</th>
14              <th>电话</th>
15              <th>性别</th>
16              <th>年龄</th>
17              <th>介绍</th>
18          </tr>
19          <?php
20              $link = @mysqli_connect("127.0.0.1","root","","section15") or
21              die("连接数据库失败,请检查数据库用户名或密码是否正确");
22              mysqli_set_charset($link,"utf8");
23              $sql = "select * from stu";
24              $result = mysqli_query($link,$sql);
25              while($row = mysqli_fetch_assoc($result)){
26          ?>
27          <tr>
28              <td align="center"><?php echo $row["id"];?></td>
29              <td align="center"><?php echo $row["stu_name"];?></td>
30              <td align="center"><?php echo $row["stu_telephone"];?></td>
31              <td align="center"><?php echo $row["stu_sex"];?></td>
32              <td align="center"><?php echo $row["stu_age"];?></td>
33              <td align="center"><?php echo $row["stu_introduce"];?></td>
34          </tr>
35          <?php
```

```
36              }
37              mysqli_free_result($result);
38              mysqli_close($link);
39              ?>
40          </table>
41      </body>
42  </html>
```

运行结果如图 15.16 所示。

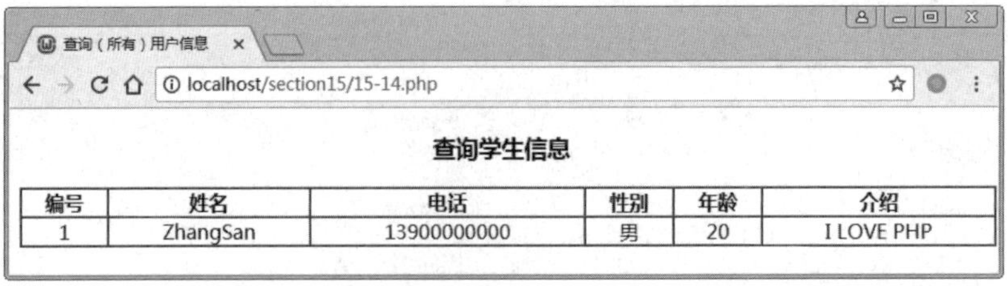

图 **15.16** 查询学生信息

在例 15.14 中，第 9～40 行定义<table><tr><td>…</td></tr></table>表格；第 19～26
行嵌套 PHP 代码；第 20 行使用函数 mysqli_connect()连接数据库，$link 表示函数执行成
功后获得资源集；第 22 行使用函数 mysqli_set_charset ()设置字符编码；第 23 行编写 SQL
语句；第 24 行使用函数 mysqli_query()发送 SQL 指令；第 25 行使用 while()循环和函数
mysql_fetch_assoc()获取查询结果集中的记录作为关联数组，并逐行输出 stu 数据表中每
条记录信息；第 37 行使用函数 mysqli_free_result()关闭结果集；第 38 行使用函数
mysqli_close()关闭数据库资源。

【例 15.15】 创建 15-15.php 文件，展示按指定条件搜索用户信息。

```
1   <!DOCTYPE html>
2   <html lang="en">
3   <head>
4       <meta charset="UTF-8">
5       <title>按指定条件搜索</title>
6   </head>
7   <body>
8       <h3 align="center">查询学生信息</h3>
9       <form action="./15-16.php" name="form-1" method="post">
10          <div align="center">
11              <input type="text"  name="txt_keyword" id="txt_keyword"
12                  size="40" />
13              <input type="submit" name="submit" value="搜索"
14                  onclick="return check(form)" />
15          </div><br/>
16          <table align="center" width="800" border="1" cellpadding="0"
```

```
17              cellspacing="0">
18                  <tr>
19                      <th>编号</th>
20                      <th>姓名</th>
21                      <th>电话</th>
22                      <th>性别</th>
23                      <th>年龄</th>
24                      <th>介绍</th>
25                  </tr>
26                  <?php
27                      $link = @mysqli_connect("127.0.0.1","root","",
28                              "section15") or die("连接数据库失
29                              败,请检查数据库用户名或密码是否正确");
30                      mysqli_set_charset($link,"utf8");
31                      $sql = "select * from stu";
32                      $result = mysqli_query($link,$sql);
33                      while($row = mysqli_fetch_assoc($result)){
34                  ?>
35                  <tr>
36                      <td align="center"><?php echo $row["id"];?></td>
37                      <td align="center"><?php echo $row["stu_name"];?></td>
38                      <td align="center"><?php echo
39                          $row["stu_telephone"];?></td>
40                      <td align="center"><?php echo $row["stu_sex"];?></td>
41                      <td align="center"><?php echo $row["stu_age"];?></td>
42                      <td align="center"><?php echo
43                          $row["stu_introduce"];?></td>
44                  </tr>
45                  <?php
46                   }
47                   mysqli_close($link);
48                  ?>
49              </table>
50      </form>
51      <script type="text/javascript">
52          function check(form){
53              if(form.txt_keyword.value==""){
54                  alert("请输入查询关键字!");return false;
55              }
56          form.submit();
57          }
58      </script>
59  </body>
60  </html>
```

运行结果如图 15.17 所示。

图 15.17　按指定条件搜索用户信息

在例 15.15 中，第 9～50 行定义<form>…</form>表单，其提交服务器地址为 action="./15-16.php"，提交方式为 method="post"，第 11、12 行定义 text 类型文本输入框，第 13、14 行定义 submit 类型搜索按钮；第 16～49 行定义<table><tr><td>…</td></tr></table>表格；第 26～34 行嵌套 PHP 代码；第 27 行使用函数 mysqli_connect()连接数据库，$link 表示函数执行成功后获得资源集；第 30 行使用函数 mysqli_set_charset ()设置字符编码；第 31 行编写 SQL 语句；第 32 行使用函数 mysqli_query()发送 SQL 指令；第 33 行使用 while()循环和函数 mysqli_fetch_assoc()获取查询结果集中的记录作为关联数组，并逐行输出 stu 数据表中每条记录信息；第 47 行使用函数 mysqli_close()关闭数据库资源；第 51～58 行为原生 JavaScript 代码，当用户输入为空值时提示"请输入关键字"，单击"确定"按钮跳转至原页面重新操作。

【例 15.16】　创建 15-16.php 文件，处理指定条件搜索用户信息。

```
1    <!DOCTYPE html>
2    <html lang="en">
3    <head>
4        <meta charset="UTF-8">
5        <title>查询用户信息</title>
6    </head>
7    <body>
8        <h3 align="center">查询学生信息</h3>
9        <table align="center" width="800" border="1" cellpadding="0"
10       cellspacing="0">
11         <tr>
12             <th>编号</th>
13             <th>姓名</th>
14             <th>电话</th>
15             <th>性别</th>
16             <th>年龄</th>
17             <th>介绍</th>
18         </tr>
19         <?php
```

```
20          $link = @mysqli_connect("127.0.0.1","root","",
21              "section15") or die("连接数据库失败,
22              请检查数据库用户名或密码是否正确");
23          mysqli_set_charset($link,"utf8");
24          $txt_keyword = $_POST['txt_keyword'] ?? '';
25          $txt_sql = "select * from stu where stu_name like
26          '%$txt_keyword%' or stu_sex like '%$txt_keyword%'";
27          $txt_result = mysqli_query($link,$txt_sql);
28          while($row = mysqli_fetch_assoc($txt_result)){
29      ?>
30      <tr>
31          <td align="center"><?php echo $row["id"];?></td>
32          <td align="center"><?php echo $row["stu_name"];?></td>
33          <td align="center"><?php
34              echo$row["stu_telephone"];?></td>
35          <td align="center"><?php echo $row["stu_sex"];?></td>
36          <td align="center"><?php echo $row["stu_age"];?></td>
37          <td align="center"><?php echo
38              $row["stu_introduce"];?></td>
39      </tr>
40      <?php
41          }
42          mysqli_close($link);
43      ?>
44      </table>
45  </body>
46  </html>
```

运行结果如图 15.18 和图 15.19 所示。

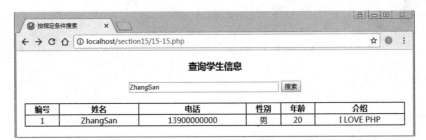

图 15.18　单击"搜索"按钮前

图 15.19　单击"搜索"按钮后

在例 15.16 中，第 9～44 行定义\<table>\<tr>\<td>…\</td>\</tr>\</table>表格；第 19～29 行嵌套 PHP 代码；第 20 行使用函数 mysqli_connect()连接数据库，$link 表示函数执行成功后获得资源集；第 23 行使用函数 mysqli_set_charset ()设置字符编码；第 24 行使用 $_POST[]接收用户输入的关键字，并赋值给变量$txt_keyword；第 25、26 行编写 SQL 语句；第 27 行使用函数 mysqli_query()发送 SQL 指令；第 28 行使用 while()循环和函数 mysqli_fetch_assoc()获取查询结果集中的记录作为关联数组，并逐行输出查询后 stu 数据表中每条记录；第 42 行使用函数 mysqli_close()关闭数据库资源。

15.3.4 使用 update 语句动态编辑用户信息

接下来演示使用 update 语句动态编辑学生信息，具体如例 15.17～例 15.19 所示。

【例 15.17】 创建 15-17.php 文件，展示表单编辑页面。

```
1    <!DOCTYPE html>
2    <html lang="en">
3    <head>
4        <meta charset="UTF-8">
5        <title>编辑用户信息</title>
6    </head>
7    <body>
8        <h3 align="center">学生信息</h3>
9        <form action="" name="form-1" method="post">
10        <div align="center">
11            <input type="text"  name="txt_keyword" id="txt_keyword"
12             size="40" />
13            <input type="submit" name="submit" value="搜索"
14                onclick="return check(form)" />
15        </div><br/>
16        <table align="center" width="800" border="1" cellpadding="0"
17         cellspacing="0">
18            <tr>
19                <th>编号</th>
20                <th>姓名</th>
21                <th>电话</th>
22                <th>性别</th>
23                <th>年龄</th>
24                <th>介绍</th>
25                <th>操作</th>
26            </tr>
27            <?php
28                $link = @mysqli_connect("127.0.0.1","root","",
29                "section15") or die("连接数据库失败,
```

```
30                    请检查数据库用户名或密码是否正确");
31                    mysqli_set_charset($link,"utf8");
32                    $sql = "select * from stu";
33                    $result = mysqli_query($link,$sql);
34                    while($row = mysqli_fetch_assoc($result)){
35            ?>
36            <tr>
37                <td align="center"><?php echo $row["id"];?></td>
38                <td align="center"><?php echo $row["stu_name"];?></td>
39                <td align="center"><?php echo
40                    $row["stu_telephone"];?></td>
41                <td align="center"><?php echo $row["stu_sex"];?></td>
42                <td align="center"><?php echo $row["stu_age"];?></td>
43                <td align="center"><?php echo
44                    $row["stu_introduce"];?></td>
45                <td align="center"><a href="./15-18.php?id=<?php echo
46                    $row['id'];?>">编辑</a></td>
47            </tr>
48            <?php
49             }
50             mysqli_close($link);
51            ?>
52        </table>
53     </form>
54     <script type="text/javascript">
55        function check(form){
56            if(form.txt_keyword.value==""){
57                alert("请输入查询关键字!");return false;
58            }
59        form.submit();
60        }
61     </script>
62 </body>
63 </html>
```

运行结果如图 15.20 所示。

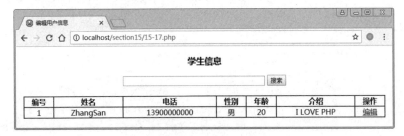

图 15.20　编辑用户信息

在例 15.17 中，第 9~53 行定义<form></form>表单，提交地址为空，提交方式为POST；第 11 行定义 text 类型文本输入框；第 13、14 行定义 submit 类型提交按钮，设置 onclick 单击事件，如果用户输入内容为空，则提示错误信息；第 16~52 行定义 table表格；第 25 行新增 th 头标签"操作"；第 27~35 行嵌套 PHP 代码；第 28 行使用函数mysqli_connect()连接数据库，$link 表示函数执行成功后获得资源集；第 31 行使用函数mysqli_set_charset()设置字符编码；第32行编写SQL语句；第33行使用函数mysqli_query()发送 SQL 指令；第 34~49 行使用 while()循环和函数 mysqli_fetch_assoc()获取查询结果集中的记录作为关联数组，并逐行输出 stu 数据表中每条记录信息；第 45 行设置 a 标签，链接地址./15.18.php?id=；第 50 行使用函数 mysqli_close()关闭数据库资源。

当用户单击"编辑"按钮时，跳转至编辑表单的页面，编辑表单的页面如例15.18所示。

【例 15.18】 创建 15-18.php 文件，展示携带用户数据信息的表单编辑页面。

```
1    <!DOCTYPE html>
2    <html lang="en">
3    <head>
4        <meta charset="UTF-8">
5        <meta http-equiv="X-UA-Compatible" content="IE=edge,chrome=1">
6        <meta name="renderer" content="webkit">
7        <title>千锋教育 PHP 学习俱乐部</title>
8        <link rel="stylesheet" href="./css/login.css">
9        <link rel="stylesheet" href="./css/club_public.css">
10       <link rel="stylesheet" href="./css/club.css">
11       <link href="/themes/codingnew-1/plugins/Huploadify/Huploadify.css"
12        rel="stylesheet" type="text/css">
13   </head>
14   <body>
15       <?php
16           $link = @mysqli_connect("127.0.0.1","root","","section15")
17                or die("连接数据库失败,请检查数据库用户名或密码是否正确");
18               mysqli_set_charset($link,"utf8");
19               $id = $_GET['id'];
20               $sql = "select * from stu where id ='$id'";
21               $result = mysqli_query($link,$sql);
22               $row = mysqli_fetch_assoc($result);
23       ?>
24       <div class="c_main">
25         <div class="wrap3 head_banner">
26            <div class="head">申请加入千锋 PHP 大牛进阶班</div>
27            <form action="./15-19.php" class="def_form reg_form"
28             method="post" onsubmit="return beforeSubmit()">
29            <input name="id" type="hidden" value="<?php echo $id;?>" />
30              <div class="form_item ">
```

```
31          <label class="form_label">姓        名: </label>
32              <div class="input_block">
33                  <input type="text" class="sel" size="40"
34                  name="stu_name" placeholder="请输入姓名"
35                  id="stu_name" value="<?php echo
36                  $row['stu_name'];?>" />
37                  <span class="tips">必填项不可为空</span>
38              </div>
39          </div>
40          <div class="form_item ">
41              <label class="form_label">手        机: </label>
42              <div class="input_block">
43                  <input type="text" class="sel" size="40"
44                  name="stu_telephone" placeholder="请输入手机号码"
45                  id="stu_telephone" value="<?php echo
46                  $row['stu_telephone'];?>"/>
47                  <span class="tips">必填项不可为空</span>
48              </div>
49          </div>
50          <div class="form_item ">
51              <label class="form_label">性        别: </label>
52              <div class="input_block">
53                  <label><input type="radio" name="stu_sex"
54                  value="男" <?php if($row['stu_sex'] == '男')
55                  {echo 'checked=checked';}?>/>男</label>
56                  <label><input type="radio" name="stu_sex"
57                  value="女" <?php if($row['stu_sex'] == '女')
58                  {echo 'checked=checked';}?>/>女</label>
59                  <span class="tips">必填项不可为空</span>
60              </div>
61          </div>
62          <div class="form_item ">
63              <label class="form_label">年        龄: </label>
64              <div class="input_block">
65                  <input class="sel" id="stu_age" type="text" size="40"
66                  name="stu_age" placeholder="请输入年龄"
67                  value="<?php echo $row['stu_age'];?>" />
68                  <span class="tips">必填项不可为空</span>
69              </div>
70          </div>
71          <div class="line"></div>
72          <div class="form_item ">
73              <label class="form_label">加 入 原 因:
74              </label>
```

```
75                          <div class="input_block">
76                              <textarea name="stu_introduce" id="stu_introduce">
77                                  <?php echo $row['stu_introduce'];?>
78                              </textarea>
79                              <span class="tips">必填项不可为空</span>
80                          </div>
81                      </div>
82                      <div class="form_item text_center">
83                       <label class="form_label"> </label>
84                          <div class="input_block">
85                              <button class="sub_btn js_sub">确认修改</button>
86                          </div>
87                      </div>
88                  </form>
89              </div>
90          </div>
91  <script type="text/javascript">
92      function beforeSubmit() {
93          var stu_name = document.getElementById('stu_name').value;
94          var stu_age = document.getElementById('stu_age').value;
95          var stu_telephone =
96              document.getElementById('stu_telephone').value;
97          if (stu_name.length<1||stu_age.length<1||stu_telephone.length<1){
98              alert('信息填写不完整,重新填写!');
99              return false;
100             }else {
101                 return true;
102             }
103         }
104     </script>
105     </body>
106     </html>
```

运行结果如图 15.21 所示。

在例 15.18 中，第 27~88 行定义<form></form>表单，提交地址为./15-19.php，提交方式为 POST；第 15~23 行嵌套 PHP 代码；第 16 行使用函数 mysqli_connect()连接数据库，$link 表示函数执行成功后获得资源集；第 18 行使用函数 mysqli_set_charset ()设置字符编码；第 19 行使用$_GET[]接收 URL 地址栏携带的用户 ID；第 20 行编写 SQL 语句；第 21 行使用函数 mysqli_query()发送 SQL 指令；第 22 行使用函数 mysqli_fetch_assoc()获取查询结果集中的记录作为关联数组（$row）；第 33 行定义 input 文本输入框，其 value 值可以这样访问，即"value=<?php echo $row['stu_name'];?>"；其后 input 文本输入框 value 值与之类似。

图 15.21　单击"编辑"按钮后

此处需要注意的是，第 29 行设置<input type="hidden" />定义隐藏字段，该字段对于用户是不可见的，通常情况下默认存储的是用户 ID。

如果将图 15.20 中的姓名更改为 ZhangSanSan，性别更改为"女"，如图 15.22 所示。

图 15.22　修改姓名和性别

编辑完成后单击"确认修改"按钮，表单信息被提交至 15-19.php，具体如例 15.19所示。

【**例 15.19**】　创建 15-19.php 文件，处理表单编辑脚本。

```php
1   <?php
2       $link = @mysqli_connect("127.0.0.1","root","","section15")
3               or die("连接数据库失败,请检查数据库用户名或密码是否正确");
4       mysqli_set_charset($link,"utf8");
5       $id = $_POST['id'];
6       $stu_name = $_POST['stu_name'];
7       $stu_telephone = $_POST['stu_telephone'];
8       $stu_age = $_POST['stu_age'];
9       $stu_introduce = $_POST['stu_introduce'];
10      $stu_sex = $_POST['stu_sex'];
11      if($stu_sex == '男'){
12          $stu_sex = '男';
13      }else{
14          $stu_sex = '女';
15      }
16      // 执行更新数据操作
17      $sql = "update stu set stu_name='$stu_name',stu_telephone=
18              '$stu_telephone',stu_sex='$stu_sex',stu_age=
19              '$stu_age',stu_introduce='$stu_introduce'
20              where id = '$id'";
21      $result = mysqli_query($link,$sql);
22      if($result){
23          echo "<script>alert('数据更新成功');
24              window.location.href='./15-14.php';
25              </script>";
26      }else{
27          echo "<script>alert('数据更新失败');
28              window.location.href='./15-14.php';
29              </script>";
30      }
31  ?>
```

运行结果如图 15.23 所示。

单击"确定"按钮，跳转至"查询学生信息"页面（15-14.php），如图 15.24所示。

图 15.23　单击"确认修改"按钮后

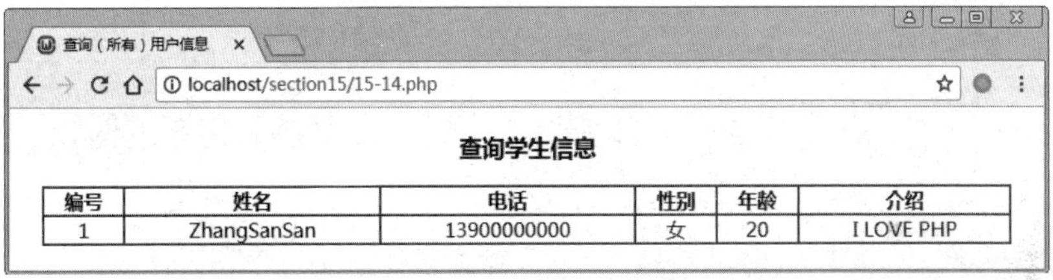

图 15.24　更新成功

在例 15.19 中，第 2 行使用函数 mysqli_connect()连接数据库，$link 表示函数执行成功后获得资源集；第 4 行使用函数 mysqli_set_charset()设置字符编码；第 5 行使用$_POST[]接收文件 15-18.php 设置的隐藏字段值$id；第 5～10 行使用$_POST[]接收表单编辑页面传递的数据；第 17～20 行编写 SQL 语句；第 21 行使用函数 mysqli_query()发送 SQL 指令，返回结果由变量$result 保存。

15.3.5　使用 delete 语句动态删除用户信息

删除用户信息，其实现思路非常简单，即先得到用户 ID，再编写 SQL 语句，最后使用函数 mysqli_query($sql)执行该条语句。

接下来演示使用 delete 语句动态删除用户信息，如例 15.20 和例 15.21 所示。

【**例 15.20**】 创建 15-20.php 文件，动态删除用户信息。

```
1    <!DOCTYPE html>
2    <html lang="en">
3    <head>
4        <meta charset="UTF-8">
5        <title>编辑用户信息</title>
6        <style type="text/css">
7            .a_css{
8                text-decoration:none;
9                color:#333;
10               padding-left:10%;
11           }
12           .a_css_insert{
13               text-decoration:none;
14               color:blue;
15           }
16           .a_css_delete{
17               text-decoration:none;
18               color:red;
19           }
20       </style>
21   </head>
22   <body>
23       <h3 align="center">学生信息</h3>
24       <form action="" name="form-1" method="post">
25           <div align="center">
26               <input type="text"  name="txt_keyword" id="txt_keyword"
27                size="40" />
28               <input type="submit" name="submit" value="搜索"
29                   onclick="return check(form)" />
30           </div><br/>
31           <table align="center" width="80%" border="1" cellpadding="0"
32            cellspacing="0">
33               <tr>
34                   <th>编号</th>
35                   <th>姓名</th>
36                   <th>电话</th>
37                   <th>性别</th>
38                   <th>年龄</th>
39                   <th>介绍</th>
```

```
40            <th>操作</th>
41          </tr>
42          <?php
43          $link = @mysqli_connect("127.0.0.1","root","","section15")
44                  or die("连接数据库失败,请检查数据库用户名或密码是否正确");
45              mysqli_set_charset($link,"utf8");
46              $sql = "select * from stu";
47              $result = mysqli_query($link,$sql);
48              while($row = mysqli_fetch_assoc($result)){
49          ?>
50          <tr>
51              <td align="center"><?php echo $row["id"];?></td>
52              <td align="center"><?php echo $row["stu_name"];?></td>
53              <td align="center"><?php echo
54                  $row["stu_telephone"];?></td>
55              <td align="center"><?php echo $row["stu_sex"];?></td>
56              <td align="center"><?php echo $row["stu_age"];?></td>
57              <td align="center"><?php echo
58                  $row["stu_introduce"];?></td>
59              <td align="center">
60              <a class="a_css_insert" href="./15-19.php?id=<?php echo
61               $row['id'];?>">编辑</a> | 
62              <a class="a_css_delete" href="./15-21.php?id=<?php echo
63               $row['id'];?>" onclick="return del()">删除</a></td>
64          </tr>
65          <?php
66           }
67           mysqli_close($link);
68          ?>
69      </table>
70  </form>
71  <script type="text/javascript">
72      function check(form){
73          if(form.txt_keyword.value==""){
74              alert("请输入查询关键字!");return false;
75          }
76      form.submit();
77      }
78      function del() {
79      var msg = "您真的确定要删除吗? \n\n 请确认! ";
80          if (confirm(msg)==true){
```

```
81              return true;
82              }else{
83              return false;
84              }
85          }
86      </script>
87  </body>
88  </html>
```

运行结果如图 15.25 所示。

图 15.25　用户信息

单击"删除"按钮，运行结果如图 15.26 所示。

图 15.26　单击"删除"按钮后

在例 15.20 中，第 24~70 行定义<form></form>表单，提交地址默认为本身，提交方式为 POST；第 31~69 行定义<table></table>表格；第 42~49 行嵌套 PHP 代码；第 43 行使用函数 mysqli_connect()连接数据库，$link 表示函数执行成功后获得资源集；第 45 行使用函数 mysqli_set_charset ()设置字符编码；第 46 行编写 SQL 语句；第 47 行使用函数 mysqli_query()发送 SQL 指令；第 48~66 行使用 while()循环和函数 mysqli_fetch_assoc()获取查询结果集中的记录作为关联数组，并逐行输出 stu 数据表中每条记录数据；第 60 行定义<a href=></a>标签，链接地址为 "./15-21.php?id="；第 67 行使用函数 mysqli_close()关闭数据库资源。

单击"确定"按钮，删除信息的请求被提交至 15-21.php，具体如例 15.21 所示。

【例 15.21】　创建 15-21.php 文件，处理删除信息的操作。

```php
1   <?php
2       $link = @mysqli_connect("127.0.0.1","root","","section15")
3           or die("连接数据库失败,请检查数据库用户名或密码是否正确");
4       mysqli_set_charset($link,"utf8");
5       $id = $_GET['id'];
6       // 执行删除数据操作
7       $sql = "delete from stu where id = '$id'";
8       $result = mysqli_query($link,$sql);
9       if($result){
10          echo "<script>alert('数据删除成功');
11          window.location.href='./15-20.php';</script>";
12      }else{
13          echo "<script>alert('数据删除失败');
14          window.location.href='./15-20.php';</script>";
15      }
16      mysqli_close($link);
17  ?>
```

运行结果如图 15.27 所示。

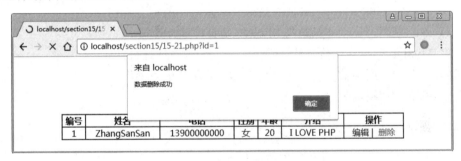

图 15.27　处理删除信息

单击"确定"按钮，跳转至"查询学生信息"页面（15-20.php），如图 15.28 所示。

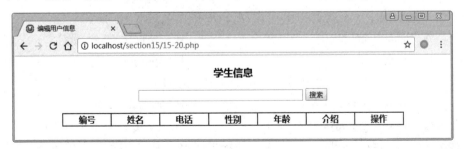

图 15.28　删除成功

在例 15.21 中，第 2 行使用函数 mysqli_connect() 连接数据库，$link 表示函数执行成

功后获得资源集;第 4 行使用函数 mysqli_set_charset()设置字符编码;第 5 行使用$_GET[]
获取目标数据的 id 字段值;第 7 行编写 SQL 语句;第 8 行使用函数 mysqli_query()发送
SQL 指令。

15.4 本 章 小 结

本章首先介绍 PHP 访问 MySQL 数据库的一般步骤,然后讲解 PHP 操作 MySQL 数
据库的方法,即如何在 PHP 中连接并使用 MySQL 数据库,如何使用 PHP 提供的数据库
函数管理数据库中的数据,并进行增加、删除、修改、查询操作。接着介绍查询的实际
应用,包括各种查询使用的方法和实现方式。通过本章的学习,大家应该熟练掌握使用
PHP 函数操作 MySQL 数据库的方法。

15.5 习 题

1. 填空题

(1)_____和_____数据库是开发动态网站的黄金搭档。
(2)PHP 使用_____函数与 MySQL 数据库建立连接。
(3)MySQL 数据库连接之后,使用_____函数选择数据库。
(4)PHP 中使用函数_____ 执行 SQL 插入和更新操作。
(5)PHP 中使用函数_____ 关闭数据库。

2. 选择题

(1)下列选项中,( )属于连接数据库。
    A. mysqli_connect()   B. mysql_connect()
    C. mysqli_select_db()   D. mysql_select_db()
(2)下列选项中,不属于 PHP 操作 MySQL 的函数是( )。
    A. mysqli_connect()   B. mysqli_select_db()
    C. mysqli_query()   D. close()
(3)下列选项中,表示从数据结果集中获取信息的是( )。
    A. mysqli_fetch_array()   B. mysqli_fetch()
    C. mysqli_get_array()   D. mysqli_fetch_result()
(4)下列选项中,使用( )SQL 语句动态添加用户信息。
    A. insert   B. delete
    C. add   D. update

（5）下列选项中，（　　）逐行获取结果集中的每条数据。

A．mysqli_num_row ()　　　　　　B．mysqli_row()

C．mysqli_get_row()　　　　　　　D．mysqli_fetch_row ()

3．思考题

（1）简述通过 Web 访问数据库的工作过程的一般步骤。

（2）简述 PHP 操作 MySQL 数据库的基本步骤。

4．编程题

使用 SQL 语句创建一张成绩表，使用 PHP 程序向表中插入一

条成绩信息，然后从数据库中查询该成绩信息并显示到页面。　　扫描查看习题答案

第 16 章

PDO 数据库抽象层

本章学习目标

- 了解 PDO 的概念；
- 掌握 PDO 连接数据库的方法；
- 掌握 PDO 中执行 SQL 语句的方法；
- 掌握 PDO 中获取结果集的方法；
- 掌握 PDO 中捕获 SQL 语句中错误的方法；
- 了解 PDO 中错误处理的方法；
- 掌握 PDO 中事务处理的方法。

在项目开发过程中，PHP 程序可能需要操作多种数据库，例如，MySQL、Oracle 等，为了让 PHP 程序能够简单、高效地操作不同种类的数据库，PHP 语言提供了数据库抽象层。数据库抽象层包含了一套统一访问各种数据库的 API，它简洁高效，可以让 PHP 程序实现更好的抽象和兼容。在所有数据库抽象层中，最为常用的是 PDO 数据库抽象层，接下来本章将对 PDO 数据库抽象层进行详细讲解。

16.1 PDO 概述

16.1.1 PDO 简介

随着业务需求的日益多样化，PHP 程序使用多种数据库的情况也越来越常见。如果只是通过单一的接口针对单一的数据库编写程序，例如，用 MySQL 函数处理 MySQL 数据库，或者使用其他函数处理其他类型的数据库，这会提高编程的复杂度和工作量，同时也会增加程序移植和维护的难度。

为了解决这个问题，数据库抽象层被引入到 PHP 开发中。通过数据库抽象层，PHP 程序把数据处理和数据库连接分开，程序连接的数据库的类型不影响 PHP 业务逻辑程序。

PDO 是 PHP 数据对象（PHP Data Object）的缩写，它是实现数据库抽象层的数据库抽象类，其作用是统一各种数据库的访问接口。

PDO 类是 PHP 5 中最为突出的功能之一。PHP 5 版本以前，PHP 都只能通过针对

MySQL 的类库、PgSQL 类库以及 MSSQL 的类库等实现针对性的数据库连接。PHP 5 版本以后，基于 PDO 抽象层，PHP 程序可以采用若干不同的数据库支持方案。

PDO 扩展是模块化的，使能够在程序运行时为自己的数据库后端加载驱动程序，而不必重新编译或安装整个 PHP 程序。例如，PDO_MySQL 扩展会替代 PDO 扩展实现 MySQL 数据库 API。

16.1.2　PDO 的安装

PDO 类库是 PHP 自带的类库，因此要使用 PDO 类库，只需要在 php.ini 中把关于 PDO 类的语句前面的注释符号去掉即可。

首先启用 extension=php_pdo.dll 类库，这个类库是 PDO 类库本身。然后选择不同的数据库驱动类库选项。extension=php_pdo_mysql.dll 适用于 MySQL 数据库的连接。如果使用 MSSQL，可以启用 extension=php_pdo_mssql.dll 类库。如果使用 Oracle 数据库，可以启用 extension=php_pdo_oci.dll 类库。除了这些，还有支持 PgSQL 和 SQLite 等类库。

本机环境下启用的类库为 extension=php_pdo.dll 和 extension=php_pdo_mysql.dll。

16.2　使用 PDO 连接数据库

16.2.1　数据准备

首先使用命令提示符窗口创建一个名称为 qianfeng_edu 的数据库，SQL 语句如下所示。

```
CREATE DATABASE section16;
```

接着将当前使用的数据库切换为 section16，SQL 语句如下所示。

```
USE section16;
```

然后创建一张名称为 student 的数据表，SQL 语句如下所示。

```
DROP TABLE IF EXISTS `student`;
CREATE TABLE `student` (
  `id` INT(4) NOT NULL AUTO_INCREMENT,
  `name` VARCHAR(24) DEFAULT NULL,
  `age` VARCHAR(24) DEFAULT NULL,
  `course` VARCHAR(24) DEFAULT NULL,
   PRIMARY KEY (`id`)
) DEFAULT CHARSET=utf8;
```

向 student 表中插入数据，SQL 语句如下所示。

```
INSERT INTO student(`name`,`age`,`course`) VALUES('Zhangsan','21','PHP');
INSERT INTO student(`name`,`age`,`course`) VALUES('LiSi','20','Java');
INSERT INTO student(`name`,`age`,`course`) VALUES('WangWu','19','PHP');
INSERT INTO student(`name`,`age`,`course`) VALUES('ZhaoLiu','21','PHP');
INSERT INTO student(`name`,`age`,`course`) VALUES('SunQi','20','Python');
```

16.2.2　PDO 构造函数

使用 PDO 在与不同数据库管理系统之间交互时，PDO 对象中的成员方法是统一各种数据库的访问接口，所以在使用 PDO 与数据库交互之前，首先要创建一个 PDO 对象。在通过构造方法创建对象的同时，需要建立一个与数据库服务器的连接，并选择一个数据库。PDO 的构造函数的语法如下：

```
__construct(string $dsn [,string $username[,string $password[,array
$driver_options]]] )
```

其中，参数$dsn 表示数据源名称，包括主机名端口号和数据库名称；$username 表示连接数据库的用户名；$password 表示连接数据库的密码；$driver_options 表示连接数据库的其他选项。

接下来演示 PDO 连接 MySQL 数据库的使用方法，如例 16.1 所示。

【例 16.1】 PDO 连接 MySQL 数据库。

```
1   <?php
2       header("Content-Type:text/html;charset=utf-8");      // 设置页面编码方式
3       $db_type="mysql";                                     // 数据库类型
4       $db_name="section16";                                 // 数据库名
5       $username="root";                                     // 用户名
6       $password="";                                         // 密码
7       $host="";                                             // 主机名
8       $dsn="$db_type:host=$host;dbname=$db_name";
9       try{                                                  // 捕获异常
10          $pdo=new pdo($dsn,$username,$password);           // 实例化 PDO 对象
11          echo "PDO 连接 MySQL 成功";
12      }catch(Exception $e){
13          echo $e->getMessage()."<br/>";                   // 输出错误信息
14      }
15  ?>
```

运行结果如图 16.1 所示。

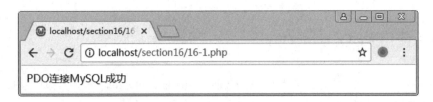

图 16.1　运行结果 1

在例 16.1 中，第 2 行使用函数 header("Content-Type: text/html;charset=utf-8")设置页面字符编码，防止程序运行后输出中文字符时显示乱码的情形；第 3 行定义变量$db_type 并赋值"mysql"，指定向连接到 MySQL 类型数据库；第 4 行定义变量$db_name 并赋值 "section16"，指要连接的数据库名称；第 5 行定义变量$username 并赋值"root"，指连接数据库用户名；第 6 行定义变量$password，指连接数据库密码；第 10 行使用 new 关键字，实例化一个 PDO 对象；第 9～14 行使用 try{}catch(){}设置异常捕获；第 11 和 13 行表示如果连接成功则提示"PDO 连接 MySQL 成功"，否则调用$e-> getMessage()输出错误提示信息到浏览器。

16.2.3　DSN 详解

DSN 是 Data Source Name（数据源名称）的缩写，DSN 提供连接数据库需要的信息。PDO 的 DSN 包括 3 部分：PDO 驱动名称（如 MySQL、SQLite 或 PgSQL），冒号和驱动特定的语法。每种数据库都有其特定的驱动语法。

实际中有一些数据库服务器可能与 Web 服务器不在同一台计算机上，则需要修改 DSN 中的主机名称。由于数据库服务器只在特定的端口上监听连接请求，故每种数据库服务器具有一个默认的端口号（MySQL 的默认端口号是 3306），但是数据库管理员可以对端口号进行修改，因此有可能 PHP 程序找不到数据库的端口号，此时就可以在 DSN 中包含端口号。

由于一个数据库服务器中可能同时拥有多个数据库，所以在通过 DSN 连接数据库时，通常包括数据库名称，这样可以确保连接的是用户想要的数据库，而不是其他的数据库。

16.3　PDO 中执行 SQL 语句

创建 PDO 对象并成功连接 MySQL 数据库之后，接着可以通过 PDO 对象执行 SQL 语句。PDO 对象提供了以下几种执行 SQL 语句的方法：PDO::exec()方法、PDO::query()方法、PDO::prepare()方法和 PDOStatement::execute()方法，接下来对这些方法进行详细讲解。

16.3.1 使用 PDO::exec()方法

PDO 对象的 exec()方法主要用于执行 insert、update 和 delete 语句，该方法成功执行后，将返回受影响的行数，其语法格式如下：

```
int PDO::exec ( string $statement )
```

其中，变量$statement 代表要被执行的 SQL 语句。

接下来通过一个实例演示 PDO::exec()方法的使用，具体如例 16.2 所示。

【例 16.2】 PDO::exec()方法的使用。

```php
1   <?php
2       header("Content-Type:text/html;charset=utf-8");
3       try{
4           $db_link=new PDO("mysql:dbname=section16;
5                       host=127.0.0.1","root","");
6       }catch(PDOException $e){
7           echo "数据库连接失败". $e->getMessage();
8           exit;
9       }
10      $query="update student set name='ZhouBa' where id=5";
11      // 使用 exec()方法可以执行 insert、update 和 delete 的操作
12      $result=$db_link->exec($query);
13      // var_dump($result);exit;
14      if($result){
15          echo "数据表 student 中受影响的行数为：".$result."条";
16      }else{
17          print_r($db_link->errorInfo());
18      }
19  ?>
```

运行结果如图 16.2 所示。

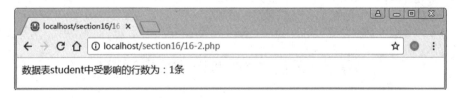

图 16.2 运行结果 2

在例 16.2 中，第 2 行使用函数 header("Content-Type: text/html;charset=utf-8")设置页面字符编码，防止程序运行后输出结果显示乱码；第 4 行实例化 PDO 对象；第 7 行提示数据库连接失败信息；第 10 行编写 SQL 语句；第 12 行使用 exec()方法执行更新操作。

16.3.2　使用 PDO::query()方法

PDO 对象的 query()方法主要用于执行 select 语句，如果该方法成功执行，则返回一个结果集（PDOStatement）对象，其语法格式如下：

```
PDOStatement PDO::query ( string $statement )
```

其中，变量$statement 代表要被执行的 SQL 语句，PDOStatement 代表结果集。如果想要获取结果集中数据记录的个数，可以调用 PDOStatement 对象中的 rowCount()方法。

接下来通过一个实例演示 PDO::query()方法的使用，具体如例 16.3 所示。

【例 16.3】　**PDO::query()方法的使用。**

```php
1    <?php
2        $db_link=new PDO("mysql:dbname=section16;
3                host=127.0.0.1","root","");        // 实例化 PDO 对象
4        $db_link -> query('set names utf8');       // 设置字符编码
5        $sql="select * from student where course= 'PHP'";
6        try{
7            $pdo=$db_link->query($sql);// 执行select 查询,并返回PDOStatement 对象
8            echo "一共从表中获取到".$pdo->rowCount()."条记录: <br>";// 输出结果条数
9            foreach ($pdo as $value) {             // 循环遍历$pdo 结果集对象
10               echo $value['id']."号  ".
11               $value['name']."  ".
12               $value['age']."  ".$value['course']."<br><hr>";
13           }
14       }catch(PDOException $e){
15           echo "数据库连接失败". $e->getMessage();// 连接数据库失败提示信息
16       }
17   ?>
```

运行结果如图 16.3 所示。

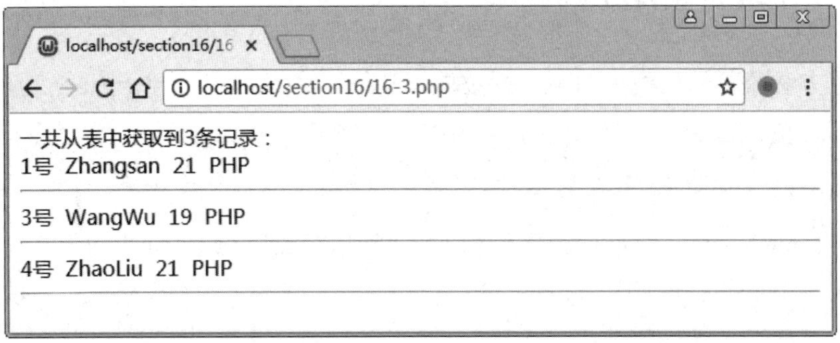

图 16.3　运行结果 3

在例 16.3 中，第 2 行实例化 PDO 对象；第 4 行使用函数 query('set names utf8')设置页面字符编码，防止程序运行后输出结果显示乱码；第 5 行编写 SQL 查询语句；第 7 行执行 select 查询，并返回 PDOStatement 对象；第 9 行使用 foreach()循环遍历$pdo 结果集对象。

16.3.3　使用 PDO::prepare()和 PDOStatement::execute()方法

当同一个查询需要多次执行时（有时需要迭代传入不同的列值），使用预处理语句的方式来实现效率会更高。预处理语句包括 prepare()和 execute()两种方法。首先，通过 prepare()方法做查询的准备工作，然后通过 execute()方法执行查询。其语法格式如下：

```
PDOStatement PDO::prepare( string statement [,array driver_options])
bool PDOStatement::execute( [array input_parameters] )
```

其中，参数 statement 表示合法的 SQL 语句；参数 driver_options 是一个数组，此数组包含一个或多个键值对来设置 PDOStatement 对象的属性。该函数如果执行成功，则返回一个 PDOStatement 对象，如果执行失败则返回 FALSE 或抛出异常 PDOException。

16.4　PDO 中获取结果集

PDO 的数据获取方法与其他数据库扩展都非常类似，只要成功执行 SELECT 查询，都会有结果集对象生成。不管是使用 PDO 对象中的 query()方法，还是使用 prepare()和 execute()等方法结合的预处理语句，执行 SELECT 查询都会得到相同的结果集 PDOStatement，而且都需要通过 PDOStatement 类对象中的方法将数据遍历出来。接下来介绍 PDOStatement 类中常见的几个获取结果集数据的方法。

16.4.1　使用 fetch()方法

fetch()方法获取结果集中的下一行数据，其语法格式如下：

```
mixed $PDOStatement::fetch( [int $fetch_style [,int $cursor_orientation
    [,int $cursor_offset]]] )
```

其中，参数 fetch_style 表示控制结果集的返回方式，其可选值如表 16.1 所示；参数 cursor_orientation 表示 PDOStatement 对象的一个滚动游标，可用于获取指定的一行；参数 cursor_offset 表示游标的偏移量。

表 16.1　fetch_style 控制结果集返回方式的可选值

值	说　明
PDO::FETCH_ASSOC	关联数组形式
PDO::FETCH_NUM	数字索引数组形式
PDO::FETCH_BOTH	关联数组形式和数字索引数组形式都有
PDO::FETCH_OBJ	按照对象的形式，类似 mysql_fetch-object()
PDO::FETCH_BOUND	以布尔值的形式返回结果，同时将获取的列值赋给 bindParam()
PDO::FETCH_LAZY	以关联数组、数字索引数组和对象 3 种形式返回结果

接下来演示函数 fetch() 的使用方法，如例 16.4 所示。

【例 16.4】　函数 fetch() 的用法。

```php
<?php
    $db_link="mysql";                          // 数据库类型
    $host="localhost";                         // 主机名
    $db_name="section16";                      // 连接的数据库名
    $user="root";                              // 数据库连接用户名
    $pwd="";                                   // 数据库连接密码
    $dsn="$db_link:host=$host;dbname=$db_name";
    try{
        $pdo=new PDO($dsn,$user,$pwd);         // 实例化 PDO 对象
        $pdo -> query('set names utf8');       // 设置数据库字符编码
        $query="select * from student";        // 编写 SQL 语句
        $result=$pdo->prepare($query);         // 准备查询语句
        $result->execute();                    // 执行查询语句,并返回结果集
        // echo "<pre>";
        // var_dump($res);exit;
        // 循环输出查询结果集，并且设置结果集为关联数组形式
        while($res=$result->fetch(PDO::FETCH_ASSOC)){
        ?>
            <table border="0">
            <tr>
                <td height="22" align="center" valign="middle"><?php echo
                $res['id'];?></td>
                <td height="22" align="center" valign="middle"><?php echo
                $res['name'];?></td>
                <td height="22" align="center" valign="middle"><?php echo
                $res['age'];?></td>
                <td height="22" align="center" valign="middle"><?php echo
                $res['course'];?></td>
            </tr>
            </table>
        <?php
        }
```

```
33          }catch(PDOException $e){
34              die("程序报错: ".$e->getMessage()."<br/>");
35          }
36      ?>
```

运行结果如图 16.4 所示。

图 16.4　运行结果 4

在例 16.4 中，第 2 行定义变量$db_link 并赋值表示连接数据库类型；第 3 行定义变量$host 并赋值表示连接服务器主机名；第 4 行定义变量$db_name 并赋值表示连接的数据库名称；第 5 行定义变量$user 并赋值表示数据库连接用户名；第 6 行定义变量$pwd 并赋空值（本例采用 WampServer 集成环境，数据库登录密码默认为空）表示数据库连接密码；第 9 行使用 new 关键字实例化 PDO 对象；第 10 行使用 query()方法设置数据库字符编码；第 11 行编写 SQL 语句；第 12 行使用 prepare()方法准备查询语句；第 13 行使用 execute()方法执行查询语句，并返回结果集；第 17~32 行使用 while()循环输出查询结果集，并设置结果集为关联数组形式。

16.4.2　使用 fetchAll()方法

fetchAll()方法获取结果集中的所有行，其语法格式如下：

```
array $PDOStatement::fetchAll( [int $fetch_style[,int $column_index]] )
```

其中，参数 fetch_style 表示控制结果集的返回方式，其可选值如表 16.1 所示；参数 column_index 表示字段的索引。该函数的返回值是一个包含结果集中所有数据的二维数组。

接下来演示函数 fetchAll()的使用方法，如例 16.5 所示。

【例 16.5】　函数 fetchAll()的用法。

```
1   <?php
2       $db_link="mysql";                   // 数据库类型
3       $host="localhost";                  // 主机名
4       $db_name="section16";               // 连接的数据库名
5       $user="root";                       // 数据库连接用户名
6       $pwd="";                            // 数据库连接密码
```

```
7     $dsn="$db_link:host=$host;dbname=$db_name";
8     try{
9         $pdo=new PDO($dsn,$user,$pwd);              // 实例化 PDO 对象
10        $pdo -> query('set names utf8');            // 设置数据库字符编码
11        $query="select * from student";             // 编写 SQL 语句
12        $result=$pdo->prepare($query);              // 准备查询语句
13        $result->execute();                         // 执行查询语句,并返回结果集
14        // echo "<pre>";
15        // var_dump($res);exit;
16        $res=$result->fetchAll(PDO::FETCH_ASSOC);
17        // 循环输出查询结果集,并且设置结果集为关联数组形式
18        for($i=0;$i<count($res);$i++){
19    ?>
20            <table border="0">
21            <tr>
22                <td height="22" align="center" valign="middle"><?php echo
23                $res[$i]['id'];?></td>
24                <td height="22" align="center" valign="middle"><?php echo
25                $res[$i]['name'];?></td>
26                <td height="22" align="center" valign="middle"><?php echo
27                $res[$i]['age'];?></td>
28                <td height="22" align="center" valign="middle"><?php echo
29                $res[$i]['course'];?></td>
30            </tr>
31            </table>
32        <?php
33        }
34    }catch(PDOException $e){
35        die("程序报错：".$e->getMessage()."<br/>");
36    }
37 ?>
```

运行结果如图 16.5 所示。

图 16.5 运行结果 5

在例 16.5 中，第 2 行定义变量db_link并赋值表示连接数据库类型；第 3 行定义变

量$host 并赋值表示连接服务器主机名；第 4 行定义变量$db_name 并赋值表示连接的数据库名称；第 5 行定义变量$user 并赋值表示数据库连接用户名；第 6 行定义变量$pwd 并赋空值（本例采用 WampServer 集成环境，数据库登录密码默认为空）表示数据库连接密码；第 9 行使用 new 关键字实例化 PDO 对象；第 10 行使用 query()方法设置数据库字符编码；第 11 行编写 SQL 语句；第 12 行使用 prepare()方法准备查询语句；第 13 行使用 execute()方法执行查询语句，并返回结果集；第 18~33 行使用 for()循环输出查询结果集，并设置结果集为关联数组形式。

16.4.3 使用 fetchColumn()方法

fetchColumn()方法获取结果集中下一行指定列的值，其语法格式如下：

```
string $PDOStatement::fetchColumn( [int $column_number] )
```

其中，可选参数$column_number 设置行中列的索引值，该值从 0 开始。如果省略该参数，则将从第 1 列开始取值。

接下来演示函数 fetchColumn()的使用方法，如例 16.6 所示。

【例 16.6】 函数 fetchColumn()的用法。

```php
1    <?php
2        $db_link="mysql";                          // 数据库类型
3        $host="localhost";                         // 主机名
4        $db_name="section16";                      // 连接的数据库名
5        $user="root";                              // 数据库连接用户名
6        $pwd="";                                   // 数据库连接密码
7        $dsn="$db_link:host=$host;dbname=$db_name";
8        try{
9            $pdo=new PDO($dsn,$user,$pwd);          // 实例化 PDO 对象
10           $pdo -> query('set names utf8');        // 设置数据库字符编码
11           $query="select * from student";         // 编写 SQL 语句
12           $result=$pdo->prepare($query);          // 准备查询语句
13           $result->execute();                     // 执行查询语句,并返回结果集
14           ?>
15               <table border="0">
16                   <tr><td height="22" align="center" valign="middle"><?php
17                       echo $result->fetchColumn(1);?></td></tr>
18                   <tr><td height="22" align="center" valign="middle"><?php
19                       echo $result->fetchColumn(1);?></td></tr>
20                   <tr><td height="22" align="center" valign="middle"><?php
21                       echo $result->fetchColumn(1);?></td></tr>
22                   <tr><td height="22" align="center" valign="middle"><?php
23                       echo $result->fetchColumn(1);?></td></tr>
24                   <tr><td height="22" align="center" valign="middle"><?php
```

```
25                          echo $result->fetchColumn(1);?></td></tr>
26              </table>
27          <?php
28      }catch(PDOException $e){
29          die("程序报错: ".$e->getMessage()."<br/>");
30      }
31  ?>
```

运行结果如图 16.6 所示。

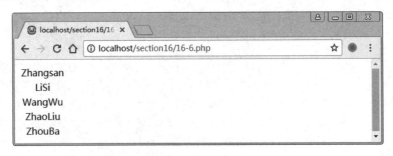

图 16.6　运行结果 6

在例 16.6 中，第 2 行定义变量$db\_link 并赋值表示连接数据库类型；第 3 行定义变量$host 并赋值表示连接服务器主机名；第 4 行定义变量$db\_name 并赋值表示连接的数据库名称；第 5 行定义变量$user 并赋值表示数据库连接用户名；第 6 行定义变量$pwd 并赋空值（本例采用 WampServer 集成环境，数据库登录密码默认为空）表示数据库连接密码；第 9 行使用 new 关键字实例化 PDO 对象；第 10 行使用 query()方法设置数据库字符编码；第 11 行编写 SQL 语句；第 12 行使用 prepare()方法准备查询语句；第 13 行使用 execute()方法执行查询语句，并返回结果集；第 15~26 行输出结果到浏览器。

16.5　PDO 中的错误处理

在 PDO 中有两个获取程序中错误信息的方法：errorCode()方法和 errorInfo()方法。

16.5.1　errorCode()方法

errorCode()方法用于获取在操作数据库句柄时所发生的错误代码，这些错误代码被称为 SQLSTATE 代码，其语法格式如下：

```
int $PDOStatement::errorCode( void )
```

该函数返回一个 SQLSTATE，它是一个由 5 个字母或数字组成的在 ANSI SQL 标准中定义的标识符。简要地说，一个 SQLSTATE 由前面 2 个字符的类值和后面 3 个字符的子类值组成。如果数据库句柄没有进行操作，则返回 NULL。

接下来演示函数 errorCode() 的使用方法，如例 16.7 所示。

【例 16.7】 函数 errorCode() 的用法。

```php
1    <?php
2        $db_link="mysql";                        // 数据库类型
3        $host="localhost";                       // 主机名
4        $db_name="section16";                    // 连接的数据库名
5        $user="root";                            // 数据库连接用户名
6        $pwd="";                                 // 数据库连接密码
7        $dsn="$db_link:host=$host;dbname=$db_name";
8        try{
9            $pdo=new PDO($dsn,$user,$pwd);        // 实例化 PDO 对象
10           $pdo -> query('set names utf8');      // 设置数据库字符编码
11           $query="select * from coninfo";       // 故意编写错误的 SQL 语句
12           $result=$pdo->query($query);          // 执行查询语句
13           echo "错误代码为: ".$pdo->errorCode();
14           foreach ($result as $v) {
15       ?>
16               <table border="0">
17               <tr>
18                   <td height="22" align="center" valign="middle"><?php echo
19                   $v['id'];?></td>
20                   <td height="22" align="center" valign="middle"><?php echo
21                   $v['name'];?></td>
22                   <td height="22" align="center" valign="middle"><?php echo
23                   $v['age'];?></td>
24                   <td height="22" align="center" valign="middle"><?php echo
25                   $v['course'];?></td>
26               </tr>
27               </table>
28           <?php
29           }
30       }catch(PDOException $e){
31           die("程序报错: ".$e->getMessage()."<br/>");
32       }
33   ?>
```

运行结果如图 16.7 所示。

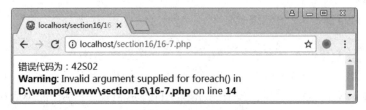

图 16.7　运行结果 7

在例 16.7 中，第 2 行定义变量db_link并赋值表示连接数据库类型；第 3 行定义变量$host$并赋值表示连接服务器主机名；第 4 行定义变量db_name并赋值表示连接的数据库名称；第 5 行定义变量$user$并赋值表示数据库连接用户名；第 6 行定义变量pwd并赋空值（本例采用 WampServer 集成环境，数据库登录密码默认为空）表示数据库连接密码；第 9 行使用 new 关键字实例化 PDO 对象；第 10 行使用 query()方法设置数据库字符编码；第 11 行故意编写错误的 SQL 语句，将数据表名称由原来的 student 写成 coninfo；第 12 行使用 query()方法执行查询语句；第 13 行使用 errroCode()方法，如果程序执行出错，则输出错误提醒；第 14～29 行使用 foreach()循环输出查询结果集。

16.5.2　errorInfo()方法

errorInfo()方法用于获取操作数据库句柄时所发生的错误信息，其语法格式如下：

```
array PDOStatement::errorInfo( void )
```

errorInfo()方法返回值为一个数组，它包含了相关的错误信息。

接下来演示函数 errorInfo()的使用方法，如例 16.8 所示。

【例 16.8】　函数 errorInfo()的用法。

```
1    <?php
2        $db_link="mysql";                    // 数据库类型
3        $host="localhost";                   // 主机名
4        $db_name="section16";                // 连接的数据库名
5        $user="root";                        // 数据库连接用户名
6        $pwd="";                             // 数据库连接密码
7        $dsn="$db_link:host=$host;dbname=$db_name";
8        try{
9            $pdo=new PDO($dsn,$user,$pwd);   // 实例化 PDO 对象
10           $pdo -> query('set names utf8');// 设置数据库字符编码
11           $query="select * from coninfo"; // 故意编写错误的 SQL 语句
12           $result=$pdo->query($query);     // 执行查询语句
13           print_r($pdo->errorInfo());      // 如果程序执行出错则输出错误信息
14           foreach ($result as $v) {
15           ?>
16               <table border="0">
17               <tr>
18                   <td height="22" align="center" valign="middle"><?php echo
19                   $v['id'];?></td>
20                   <td height="22" align="center" valign="middle"><?php echo
21                   $v['name'];?></td>
22                   <td height="22" align="center" valign="middle"><?php echo
23                   $v['age'];?></td>
24                   <td height="22" align="center" valign="middle"><?php echo
```

```
25                    $v['course'];?></td>
26            </tr>
27            </table>
28        <?php
29        }
30   }catch(PDOException $e){
31        die("程序报错: ".$e->getMessage()."<br/>");
32   }
33  ?>
```

运行结果如图 16.8 所示。

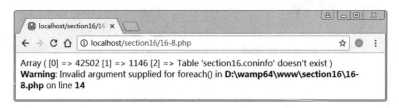

图 16.8 运行结果 8

在例 16.8 中，第 2 行定义变量$db_link 并赋值表示连接数据库类型；第 3 行定义变量$host 并赋值表示连接服务器主机名；第 4 行定义变量$db_name 并赋值表示连接的数据库名称；第 5 行定义变量$user 并赋值表示数据库连接用户名；第 6 行定义变量$pwd 并赋空值（本例采用 WampServer 集成环境，数据库登录密码默认为空）表示数据库连接密码；第 9 行使用 new 关键字实例化 PDO 对象；第 10 行使用 query()方法设置数据库字符编码；第 11 行故意编写错误的 SQL 语句，将数据表名称由原来的 student 写成 coninfo；第 12 行使用 query()方法执行查询语句；第 13 行使用 errroInfo()方法，如果程序执行出错，则输出错误信息；第 14~29 行使用 foreach()循环输出查询结果集。

16.6 PDO 中的事务处理

事务是指一个单元的一组有序的数据库操作，它由一条或多条 SQL 命令所组成，这些 SQL 命令不可分割，只有当事务中的所有 SQL 命令被成功执行后，整个事务引发的操作才会被更新到数据库，如果有至少一条执行失败，则所有操作将会被取消。

事务功能是企业级数据库的一个重要组成部分，因为很多业务过程都包括多个步骤。如果任何一个步骤失败，则所有步骤都不应发生。事务处理有 4 个重要特征：原子性（Atomicity）、一致性（Consistency）、隔离性（Isolation）和持久性（Durability），即 ACID。

对于在一个事务中执行的任何工作，即使它是分阶段执行的，也一定可以保证该工作会安全地应用于数据库，并且在工作被提交时，不会受到其他连接的影响。

在默认情况下，MySQL 是以 autocommit（自动提交）模式运行的，这就意味着执行的每一条语句都将立即写入数据库中。如果使用事务功能，首先要关闭自动提交功能。关闭自动提交功能，SQL 语句如下：

```
mysql>set autocommit=0;          // 在当前的会话中关闭自动提交
```

关闭自动提交模式后，可以开启一个事务，SQL 语句如下：

```
mysql>start transaction;       // 开始事务
```

开启事务后，可以输入要执行的 SQL 语句，在完成一个事务中所有 SQL 语句输入后，需要提交事务，SQL 语句如下：

```
mysql>commit;                    // 提交事务
```

只有事务被成功提交，该事务中包含的所有 SQL 命令才会被全部执行。

如果需要取消事务开启后的 SQL 操作，可以使用事务回滚将数据库恢复到以前的状态，事务回滚的 SQL 语句如下：

```
mysql>rollback;                    // 事务回滚,所有操作都将被取消
```

以上介绍了使用 SQL 语句处理事务，接下来讲解使用 PDO 处理事务。

PDO 只为能够执行事务的数据库提供事务支持。当第一次打开连接时，PDO 需要在自动提交模式下运行。如果需要一个事务，那么必须使用 PDO 对象中的 beginTransaction()方法来启动一个事务。如果底层驱动程序不支持事务，那么将会抛出一个 PDOException 异常。在一个事务中，可以使用 PDO 对象中的 commit()或 rollback() 方法来结束该事务，这取决于事务中运行的代码是否成功。

接下来演示 PDO 事务处理机制，如例 16.9 所示。

【例 16.9】　PDO 事务处理机制。

```
1    <?php
2        $db_link="mysql";                             // 数据库类型
3        $host="127.0.0.1";                            // 主机名
4        $db_name="section16";                         // 连接的数据库名
5        $user="root";                                 // 数据库连接用户名
6        $pwd="";                                      // 数据库连接密码
7        $dsn="$db_link:host=$host;dbname=$db_name";
8        try{
9            $pdo=new PDO($dsn,$user,$pwd);            // 实例化 PDO 对象
10           $pdo->beginTransaction();                 // 开启事务
11           $pdo -> query('set names utf8');          // 设置数据库字符编码
12           $query="INSERT INTO `student` (`name`, `age`, `course`) VALUES
13               ('WuJiu','20','PHP')";               // 编写 SQL 语句
14           $result=$pdo->prepare($query);            // 执行查询语句
15           if($result->execute()){
16               echo "数据添加成功";
17           }else{
```

```
18              echo "数据添加失败";
19          }
20          $pdo->commit();                          // 执行事务的提交操作
21      }catch(PDOException $e){
22          die("程序报错: ".$e->getMessage()."<br/>");
23          $pdo->rollBack();                        // 执行事务的回滚
24      }
25  ?>
```

运行结果如图 16.9 所示。

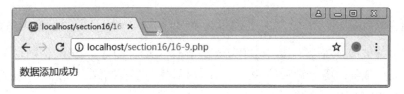

图 16.9   运行结果 9

在例 16.9 中，第 2 行定义变量$db_link 并赋值表示连接数据库类型；第 3 行定义变量$host 并赋值表示连接服务器主机名；第 4 行定义变量$db_name 并赋值表示连接的数据库名称；第 5 行定义变量$user 并赋值表示数据库连接用户名；第 6 行定义变量$pwd 并赋空值（本例采用 WampServer 集成环境，数据库登录密码默认为空）表示数据库连接密码；第 9 行使用 new 关键字实例化 PDO 对象；第 10 行使用 beginTransaction()方法开启事务；第 11 行使用 query()方法设置数据库字符编码；第 12 行编写 SQL 语句；第 14 行使用 prepare()方法执行查询语句；第 15~19 行使用 if-else 判断输出正确/错误提示信息；第 20 行使用 commit()方法执行事务的提交操作；第 23 行使用 rollBack()方法执行事务的回滚。

16.7   本 章 小 结

本章主要介绍 PDO 数据库抽象层，从 PDO 的简介和安装，到 PDO 的实际应用，其中包括如何连接数据库、如何执行 SQL 语句、如何获取结果集以及执行错误处理再到 PDO 的事务处理。通过本章的学习，大家要理解 PDO 数据库抽象层的基础知识，能够使用 PDO 数据库抽象层完成对数据库的操作。

16.8   习   题

1. 填空题

（1）PDO 是_____的缩写。

（2）PDO 是实现_____的数据库抽象类。

（3）PDO 是在_____版本中开始引入的。

（4）DSN 是_____的缩写，DSN 提供连接数据库需要的信息。

（5）在使用 PDO 操作数据库时，首先要创建一个_____。

2．选择题

（1）下列选项中，不属于直接执行 SQL 语句的 API 是（　　）。

  A．exec()　　　　　　　　　　　B．query()

  C．prepare()　　　　　　　　　　D．fetch()

（2）下列选项中，返回 PDOStatement 对象的 API 是（　　）。

  A．fetch()　　　　　　　　　　　B．exec()

  C．query()　　　　　　　　　　　D．prepare()

（3）下列选项中，执行 select 语句的 API 是（　　）。

  A．exec()　　　　　　　　　　　B．query()

  C．prepare()　　　　　　　　　　D．fetch()

（4）下列选项中，获取错误信息的 API 是（　　）。

  A．errorCode()　　　　　　　　　B．exec()

  C．query()　　　　　　　　　　　D．prepare()

（5）下列选项中，执行事务提交的 API 是（　　）。

  A．errorCode()　　　　　　　　　B．commit()

  C．rollback()　　　　　　　　　　D．beginTransaction()

3．思考题

（1）简述 PDO 的概念及优势。

（2）简述 PDO 处理事务的流程。

4．编程题

使用 SQL 语句创建一张成绩表，使用 PDO 向表中插入一条成绩信息，然后从数据库中查询该成绩信息并显示到页面。

扫描查看习题答案

第17章

Smarty 模板技术

本章学习目标

- 了解 Smarty 模板特性;
- 了解 Smarty 模板的安装和配置;
- 掌握 Smarty 模板基本语法;
- 掌握 Smarty 模板典型应用实例。

页面显示和业务逻辑是编写 Web 程序的重要着力点,在开发过程中,如果页面展示代码和业务逻辑代码耦合在一起,势必会提升程序编写的难度和烦琐度,同时也会增加美工和程序员的沟通障碍。为了解决这些问题,Smarty 模板技术被引入到 PHP 开发中,接下来,本章将对 Smarty 模板技术展开详细讲解。

17.1 Smarty 模板简介

17.1.1 Smarty 的概念

Smarty 是一个 PHP 的模板引擎,其主要功能是让程序逻辑代码与页面显示(HTML/CSS)代码相分离。简单地讲,它将程序分成两个部分,进而使 PHP 程序员同美工的工作相分离。当使用 Smarty 的 PHP 程序员改变程序的业务逻辑时不会影响到美工的页面设计,与此类似,当美工重新修改页面时也不会影响到程序的业务逻辑,这极大地提升了多人合作的工程项目的开发效率。

17.1.2 Smarty 的工作原理

在收到客户端的 HTTP 请求之后,PHP 脚本创建模板引擎,模板引擎读取模板内容,并最终将 PHP 程序与模板合并,生成合并脚本,具体如图 17.1 所示。

在处理请求时,服务器会先判断当前请求的 URL 是否第一次被客户端请求,如果是,将该 URL 所需的模板文件编译成 PHP 脚本,然后重定向到这个 PHP 脚本;如果不是,这说明该 URL 的模板已经被编译,检查它不需要重新编译后直接完成重定向。开发者也可以自定义一个固定时限,让 Smarty 模板引擎按照固定时限重编译模板文件。此外，当模板文件被修改时，Smarty 也会重新编译。由此可见，基于 Smarty 的工作方式，如果不修改模板文件，编译好的缓存脚本就可以随时调用，这将大大提高网站的响应速度。

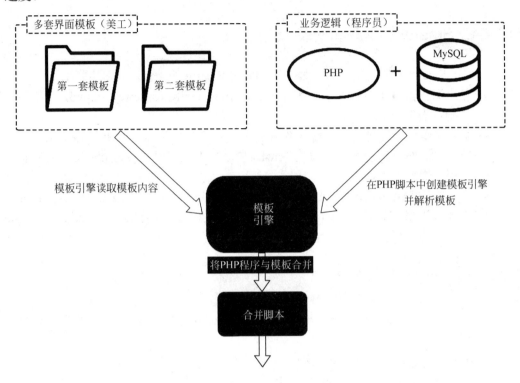

图 17.1　Smarty 工作原理图

17.1.3　Smarty 的特性

Smarty 拥有丰富的函数库，包括统计字数、截取字符串、文字的特效以及正则表达式等，这些功能可以直接调用相应的函数实现。总体来说，Smarty 模板的优势如下。

- 速度：采用 Smarty 编写的程序可以获得响应速度的大幅度提升。
- 编译型：采用 Smarty 编写的程序在运行时要编译成一个非模板技术的 PHP 文件，该文件采用了 PHP 与 HTML 混合的方式，如果源程序没有变动，在下一次访问时 Web 请求将直接重定向到这个文件，而不再对模板进行重新编译。
- 缓存技术：Smarty 支持缓存，当设定 Smarty 的 cache 属性为 true 时，Smarty 可以将用户最终看到的页面预先缓存成一个静态的 HTML 文件，在 Smarty 设定的 cachetime 期内，用户的 Web 请求重定向到这个静态的 HTML 文件，这相当于直接调用一个静态的 HTML 文件。
- 插件技术：Smarty 支持自定义插件，开发人员通过这些插件扩展程序的功能。
- 逻辑判断：Smarty 模板文件支持使用判断语句，通过这些判断语句可以非常方便地重新编排模板格式。

17.2 Smarty 的安装和配置

17.2.1 Smarty 的下载和安装

在使用 Smarty 模板之前，首先要下载和安装 Smarty 的类包，具体步骤如下。

- 使用浏览器访问 Smarty 官方网站 http:// www.smarty.net/download.php，下载最新的稳定版本 Smarty 3.1.32。
- 解压下载的压缩包，可以获得名称为 Smarty-3.1.32 的目录，打开该目录，找到 libs 文件夹，libs 文件夹中存有 Smarty 类库，在使用时直接将 libs 文件夹复制到程序主文件夹下。
- 在执行的 PHP 脚本中，通过 require() 语句将 libs 目录中的 Smarty.class.php 类文件加载进来，Smarty 类库就可以使用了。这里需要注意的是，Smarty.class.php 中的 S 为大写。

17.2.2 Smarty 目录分析

Smarty-3.1.32 目录中有两个主要文件夹 libs 和 demo。libs 和 demo 两个文件夹的相关内容具体如下所示。

- /libs/Smarty.class.php：核心文件。
- /libs/sysplugins/：内部 plugin。
- /libs/plugins/：外部 plugin，可自由扩充。
- /demo/cache/：放置缓存文件。
- /demo/configs/：放置载入的配置文件。
- /demo/templates/：放置模板文件。
- /demo/templates_c/：放置对模板编译后的文件。

17.2.3 Smarty 配置

Smarty 的配置步骤相对简单，具体步骤如下。

（1）Smarty-3.1.32 文件夹解压缩后，将 libs 文件夹复制到程序根目录下。

（2）在程序根目录下创建两个文件夹为 templates（放置模板文件）和 templates_c（放置编译后的文件）。

完成配置以后，接下来使用 Smarty 编写一个简单示例。

17.2.4 第一个 Smarty 的简单示例

首先复制 Smarty 核心类库文件 libs，将其放至本章项目的根目录 section17 下，接着在 section17 目录下创建两个文件夹，分别为 templates（模板文件）和 templates_c（模板编译后文件）。在 templates 下创建 test.html，如例 17.1 所示。

【例 17.1】　test.html。

```
1    <html>
2    <head>
3        <meta http-equiv="Content-type" content="text/html;charset=utf-8">
4        <title> <{$title}> </title>
5    </head>
6    <body>
7        <{$var}>
8    </body>
9    </html>
```

test.html 文件只是一个表现层页面，还需通过 PHP 应用程序逻辑将适当的变量值传入 Smarty 模板中。

接下来，在根目录 section17 下创建 index.php 脚本文件，作为 templates 目录中 test.html 模板的应用程序逻辑，如例 17.2 所示。

【例 17.2】　index.php。

```
1    <?php
2    require_once('./libs/Smarty.class.php');        //引入 Smarty 核心类库文件
3    $smarty = new Smarty();                          // 实例化$smarty 对象
4    $smarty -> caching = false;                      // 是否使用缓存
5    $smarty -> template_dir = "./templates";         // 设置模板目录
6    $smarty -> compile_dir = "./templates_c";        // 设置编译目录
7    // 修改左右边界符号
8    $smarty -> left_delimiter="<{";
9    $smarty -> right_delimiter="}>";
10   $smarty -> assign("title","Smarty 应用简单示例"); // 给模板赋值
11   $smarty -> assign("var","做真实的自己，用良心做教育");
12   $smarty -> display("./templates/test.html");      // 显示前台 HTML 页面
13   ?>
```

运行结果如图 17.2 所示。

图 17.2　运行结果 1

看到输出结果后，返回网站根目录中查看 templates_c，会看到一个文件名比较奇怪的文件（如 4034511031c6838e24e04b4d36e7a412c96043b0_0.file.test.html.php），将其打开后代码如下所示：

```php
1  <?php
2  /* Smarty version 3.1.30, created on 2018-05-19 06:56:29
3    from "D:\develop\wamp64\www\section17\templates\test.html" */
4
5  /* @var Smarty_Internal_Template $_smarty_tpl */
6  if ($_smarty_tpl->_decodeProperties($_smarty_tpl, array (
7    'version' => '3.1.30',
8    'unifunc' => 'content_5affca9db15e11_04563247',
9    'has_nocache_code' => false,
10   'file_dependency' =>
11   array (
12     '720a2cc74b39bdd6de633d7c0c571caaf6d5ee19' =>
13     array (
14       0 => 'D:\\develop\\wamp64\\www\\section17\\templates\\test.html',
15       1 => 1526553177,
16       2 => 'file',
17     ),
18   ),
19   'includes' =>
20   array (
21   ),
22 ),false)) {
23 function content_5affca9db15e11_04563247 (Smarty_Internal_Template
24   $_smarty_tpl) {
25 ?>
26 <html>
27 <head>
28     <meta http-equiv="Content-type" content="text/html;charset=utf-8">
29     <title> <?php echo $_smarty_tpl->tpl_vars['title']->value;?>
30  </title>
31 </head>
32 <body>
33     <?php echo $_smarty_tpl->tpl_vars['var']->value;?>
34 </body>
35 </html>
36 <?php }
37 }
```

以上代码就是 Smarty 编译后的文件，是在第一次请求 index.php 时由 Smarty 模板引擎自动创建的，它将模板中特殊定界符声明的变量转换成了 PHP 脚本来执行。当 index.php 再次被请求时，Smarty 就会直接采用这个文件来执行，当模板文件 test.html 中内容被修改时，该文件内容才会更新。

17.3 Smarty 模板基本语法

17.3.1 注释

Smarty 的注释是不会在最终页面显示的，其语法格式如下：

```
{* 这是 Smarty 注释*}
```

Smarty 的注释与 HTML 中的注释<!-- -->功能类似，不同的是，当通过浏览器查看源代码时，Smarty 的注释是不显示的，而 HTML 的注释是显示的。

17.3.2 变量

模板变量以美元符号$开头，由字母、数组和下画线组成，与 PHP 变量声明方式相似。模板变量可以引用数字索引或非数字索引的数组，对象的属性和方法等，具体示例如下：

```
{$foo}              声明一个普通变量
{$foo[4]}           在 0 开始索引的数组中显示第 5 个元素
{$foo.bar}          访问"bar"下标指向的数组值，等同于 PHP 的$foo['bar']
{$foo->bar}         调用对象属性"bar"
{$foo->bar()}       调用对象成员方法"bar"的返回
```

Smarty 变量可以被直接显示，也可以作为函数中的参数、修饰器中的参数以及内部条件表达式中的参数等。

1．为变量赋值

如果在模板中通过变量显示信息，首先要在 PHP 脚本中为变量赋值，接下来通过案例演示如何为变量赋值，具体如例 17.3 所示。

【例 17.3】 为变量赋值。

```
1    <?php
2    require_once('./libs/Smarty.class.php');      //引入 Smarty 核心类库文件
3    $smarty = new Smarty();                        // 实例化$smarty 对象
4    $smarty -> caching = false;                    // 是否使用缓存
5    $smarty -> template_dir = "./templates";       // 设置模板目录
```

```
6    $smarty -> compile_dir = "./templates_c";    // 设置编译目录
7    $smarty->assign('first_name', '用');
8    $smarty->assign('second_name', '良心');
9    $smarty->assign('last_name', '做教育');
10   $smarty->display('./templates/17-3.html');
11   ?>
```

在 templates 下创建与 17-3.php 对应的模板代码 17-3.html，如下所示。

```
1    <html>
2    <head>
3        <meta http-equiv="Content-type" content="text/html;charset=utf-8">
4        <title>变量赋值</title>
5    </head>
6    <body>
7        {$first_name}{$second_name}{$last_name}
8    </body>
9    </html>
```

运行结果如图 17.3 所示。

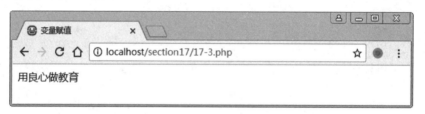

图 17.3　运行结果 2

在例 17.3 中，第 2 行代码使用函数 require_once()加载 Smarty 核心类库文件
Smarty.class.php；第 3 行使用 new 关键字实例化 Smarty 对象；第 7～9 行使用 Smarty 内
置函数 assign()给变量赋值；第 10 行使用 Smarty 内置函数 display()显示页面结果。

除了简单数据类型外，模板变量还可以指向一个数组，数组赋值可以通过 "." 符号
来操作，如例 17.4 所示。

【例 17.4】　数组赋值。

```
1    <?php
2    require_once('./libs/Smarty.class.php');    // 引入 Smarty 核心类库文件
3    $smarty = new Smarty();                      // 实例化$smarty 对象
4    $smarty -> caching = false;                  // 是否使用缓存
5    $smarty -> template_dir = "./templates";     // 设置模板目录
6    $smarty -> compile_dir = "./templates_c";    // 设置编译目录
7    $smarty->assign('company_info',
8    array('name' => '千锋教育',
9        'phone' => '010-82790226-801',
```

```
10          'website' => 'http:// www.mobiletrain.org',
11          'address' => '北京海淀'
12      ));
13   $smarty->display('./templates/17-4.html');
14   ?>
```

在 templates 下创建与 17-4.php 对应的模板代码 17-4.html，如下所示。

```
1    <html>
2    <head>
3        <meta http-equiv="Content-type" content="text/html;charset=utf-8">
4        <title>数组赋值</title>
5    </head>
6    <body>
7        公司名称：{$company_info.name}<br />
8        联系电话：{$company_info.phone}<br />
9        官网地址：{$company_info.website}<br />
10       公司地址：{$company_info.address}<br />
11   </body>
12   </html>
```

运行结果如图 17.4 所示。

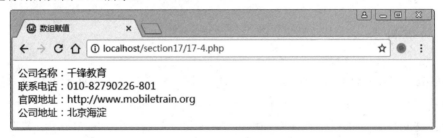

图 17.4　运行结果 3

2．{$smarty}保留变量

{$smarty}保留变量是可以在模板中直接访问的数组类型变量，通常被用于访问一些特殊的模板变量。例如，直接在模板中访问页面请求变量、获取访问模板时的时间戳、直接访问 PHP 中的常量等。

1）访问页面请求的变量

在 Smarty 模板中，{$smarty}保留变量可以直接访问客户端请求页面的变量，具体如表 17.1 所示。

2）访问 PHP 中的常量

PHP 脚本中有系统常量和自定义常量，通过{$smarty}可以直接访问这两种常量，具体如下所示：

```
{$smarty.const._MY_CONST_VAL} {* 输出 PHP 脚本中自定义的常量 *}
{$smarty.const.__FILE__} {* 通过保留变量数组直接输出系统常量 *}
```

表 17.1　{$smarty}保留变量

保留变量名	说　　明
{$smarty.get.page}	功能等同于 PHP 脚本中的$_GET["page"]
{$smarty.post.page}	功能等同于 PHP 脚本中的$_POST["page"]
{$smarty.cookie.username}	功能等同于 PHP 脚本中的$_COOKIE["username"]
{$smarty.session.id}	功能等同于 PHP 脚本中的$_SESSION["id"]
{$smarty.server.SERVER_NAME}	功能等同于 PHP 脚本中的$_SERVER["SERVER_NAME"]
{$smarty.env.PATH}	功能等同于 PHP 脚本中的$_ENV["PATH"]
{$smarty.request.username}	功能等同于 PHP 脚本中的$_REQUEST["username"]

17.3.3　函数

每个 Smarty 标签都可以显示一个变量或者调用某种类型的函数。显示和调用的方式是在定界符内包含函数和其属性，具体示例如下：

```
{funcname attr="val"}
```

其中，第一个参数 funcname 表示函数名，第二个参数 attr 表示参数名，第三个参数 val 表示参数值。

17.3.4　属性

Smarty 函数的属性值和 HTML 中的属性类似，静态数值不需要加引号，但是字符串建议使用引号。Smarty 函数的属性值可以使用普通 Smarty 变量或带调节器的变量，也可以使用 PHP 函数的返回值或复杂表达式。如果一些属性值为布尔类型，若没有为这些属性赋值，那么默认值为 True。关于 Smarty 函数的属性值，具体示例如下：

```
{include file="header.tpl" attrib_name="attrib value"}
```

其中，"="之前表示属性名，"="之后表示属性值。

17.3.5　双引号中嵌入变量

Smarty 3 中增加了 Smarty 标签对双引号的支持，这在需要包含调节器变量、插件以及 PHP 函数返回值的场景中非常实用，具体示例如下：

```
{func var="test $foo test"}            显示$foo,解析 2 个 test 之间的内容
{func var="test $foo_bar test"}        显示$foo_bar,解析 2 个 test 之间的内容
{func var="test `$foo[0]` test"}       显示$foo[0],支持''和[]的解析
{func var="test `$foo[bar]` test"}     显示$foo[bar],支持''和[]的解析
```

17.3.6 数学计算

数学运算可以直接作用到变量值中，具体示例如下：

```
{$foo+1}                                    // 直接相加
{$foo*$bar}                                 // 直接相乘
{$foo->bar-$bar[1]*$baz->foo->bar()-3*7}    // 取类中的元素相乘
```

17.3.7 避免 Smarty 的解析

在实际开发中，如果需要避免 Smarty 对模板中某些语句段的解析，可以使用 Smarty 模板的 literal 标记，具体示例如下：

```
{literal}                                   // 开始标签
function bazzy {alert('foobar!');}          // 不需要解析的内容
{/literal}                                  // 结束标签
```

17.4 Smarty 内置函数

17.4.1 {$var=...}

{$var=...}是{assign}函数的缩写，用作在模板内对变量进行赋值，或者对数组元素进行赋值，具体示例如下：

```
{$name='Bob'}
The value of $name is {$name}
```

17.4.2 {append}

Smarty 内置函数{append}用于在模板执行期间建立或追加模板变量数组，具体示例如下：

```
{append var='name' value='Tom'} {*类似于$name[]='Tom'*}
{append var='name' value='Bob' index='first'} {*类似于$name.first='Bob'*}
{append var='name' value='Meyer' index='last' scope='parent'} {*类似于
$name.last='Meyer'*}
```

17.4.3　{assign}

Smarty 内置函数{assign}用于在模板执行期间赋值给变量，具体示例如下：

```
{assign var="name" value="Bob"}
{assign "name" "Bob"} {* short-hand *}
The value of $name is {$name}
```

17.4.4　{config_load}

{config_load}用于从配置文件中加载配置变量#variables#，具体示例如下：

（1）配置文件 example.conf。

```
#this is config file comment

# global variables
pageTitle = "Main Menu"
bodyBgColor = #000000
tableBgColor = #000000
rowBgColor = #00ff00

#customer variables section
[Customer]
pageTitle = "Customer Info"
```

（2）模板文件代码。

```
{config_load file ="example.conf"}
<html>
<title>{#pageTitle#|default:"No title"}</title>
<body bgcolor="{#bodyBgColor#}">
<table border="{#tableBorderSize#}" bgcolor="{#tableBgColor#}">
  <tr bgcolor="{#rowBgColor#}">
    <td>First</td>
    <td>Last</td>
    <td>Address</td>
  </tr>
</table>
</body>
</html>
```

17.4.5　{for}循环

Smarty 模板中使用{for}标签创建一个循环，{for}是一个块函数，需要使用{/for}结束，具体示例如下：

```
{for $var=$start to $end}...{/for} {*步长为 1 的简单循环*}
{for $var=$start to $end step $step}...{/for} {*指定步长循环*}
{for $var=$start to $end max=$val}...{/for} {*设置循环的最大次数*}
```

其中，$var 是在{for}函数中定义的一个索引变量，需要给一个初始值作为索引的开始，还需要通过 to 关键字指定一个索引结束的值或变量。也可以通过 step 关键字设置循环的步长，以及通过 max 中属性设置最大的循环次数。

17.4.6　{while}循环

{while}函数用于创建一个循环，具体示例如下：

```
{$foo = 10}
{while $foo gt 0} {*如果变量$foo 的值大于 10 就执行循环体的内容*}
    {$foo--}
}
{/while}
```

17.4.7　{foreach}遍历

{foreach}函数用于遍历数组，具体示例如下：

```
{foreach $arr as $item} ... {/foreach}  {*仅遍历数组变量$arr 中的值*}
{foreach $arr as $key=>$item} ... {/foreach} {*遍历数组变量$arr 中的值和下标*}
```

17.4.8　{if}{elseif}{else}条件

{if}{elseif}{else}用于条件判断，{if}必须和{/if}成对出现，在这些语句中可以使用修饰词 eq、ne、neq、gt、lt、==、!=、>、<、<=、>=等，具体示例如下：

```
{if $name eq "Fred"}
        Welcome Sir.
{elseif $name eq "Wilma"}
        Welcome Ma'am.
{else}
        Welcome, whatever you are.
{/if}
```

17.5　Smarty 模板继承

模板继承可以让模板开发者实现快速的模板开发。在实际开发过程中，如果要为风格相似的多个页面分别开发一个模板，这会增加编码量，且不利于后期维护。就算开发完一个模板，采用"复制"再去局部修改的方式也会增加开发成本。为了解决这些问题，Smarty 模板提供了模板继承的特性。模板继承可以提高开发速度，如果父模板中的内容被修改，那么子模板中的内容也会随之发生变动。接下来，本节着重介绍 Smarty 模板继承相关知识。

17.5.1 使用{extends}函数实现模板继承

Smarty 模板继承和面向对象非常相似，它允许用户定义一个或多个父模板供子模板继承。接下来使用函数{extends}实现模板继承，如例 17.5 所示。

【例 17.5】 使用{extends}实现模板继承。

```
1    #父类模板(parent.tpl)- 作为模板顶层的基模板
2    <html>
3        <head>
4            <title>Default Page Title</title>
5        </head>
6        <body>
7            主体内容
8        </body>
9    </html>
10
11   #子模板(child.tpl),继承 parent.tpl
12   {extends file="parent.tpl"}
13
14   #子孙模板(grandchild.tpl)
15   {extends 'child.tpl'}
```

除了在子模板文件中使用{extends}继承父模板，还可以使用"extends：模板资源类型"。具体实现代码如下：

```php
<?php
$smarty->display('extends:parent.tpl|child.tpl|grandchild.tpl');
```

17.5.2 在子模板中覆盖父模板中部分内容

使用{block}块函数定义一个命名的模板继承源区域，然后在子模板中也使用同样的{block}标签，声明一个子模板源区域将取代父模板中的相应区域。

接下来演示子模板覆盖父模板中部分内容的使用方法，如例 17.6 所示。

【例 17.6】 子模板覆盖父模板中部分内容。

```
1    #父类模板(parent.tpl)- 作为模板顶层的基模板
2    <html>
3        <head>
```

```
4            <title>Default Page Title</title>
5        </head>
6        <body>
7            主体内容
8        </body>
9    </html>
10
11   #子模板(child.tpl),继承 parent.tpl
12   {extends file="parent.tpl"}
13
14   #子孙模板(grandchild.tpl)
15   {extends 'child.tpl'}
16
17   <?php
18   $smarty->display('extends:parent.tpl|child.tpl|grandchild.tpl');
19
20   #父模板(parent.tpl) - 作为模板顶层的基模板,使用两次{block}在父模板中声明两组
     #源区域
21   <html>
22     <head>
23         <title>{block name="title"}Default Title{/block}</title>
24     </head>
25     <body>
26         {block name="content"}Default Content{/block}
27     </body>
28   </html>
29
30   #在子模板(child.tpl) - 使用相同的{block}区域,将父模板对应的内容覆盖
31   {extends file="parent.tpl"}
32   {block name='title'} #在子模板中重写父模板中的同名区域
33       Page Title
34   {/block}
35
36   #加载输出 child.tpl 模板的结果如下所示
37   <html>
38     <head>
39         <title>Page Title</title> #输出的是子模板中的重写区域源的内容
40     </head>
41     <body>
42         Default Content        #没有被子模板重写,还是父模板中的内容
43     </body>
44   </html>
```

此处需要注意的是，{block}虽然声明在父模板中，但是不会影响到父模板的输出，只为了在子模板中能够找到区域源并将其覆盖；如果子模板使用{extends}标签继承父模板，那么它只能包含{block}标签（内容），其他任何模板内容都将忽略。

17.5.3　合并子模板和父模板的{block}标签内容

如果对父模板中定义的区域源内容，在父模板中不需要全部覆盖，而是对部分内容做一些调整，则任意的子、父模板{block}区域彼此结合。Smarty 提供了下面两种方法。

1. 使用 append 和 prepend

append 和 prepend 作用方向是相反的，append 表示添加到父模板后面，而 prepend 表示添加到父模板前面，且仅对子模板有效。

接下来演示 append 标签的使用方法，如例 17.7 所示。

【例 17.7】 append 标签的用法。

```
1   #父模板(parent.tpl)- 作为父模板顶层的基模板,使用{block}在模板中声明了一组源
    #区域
2   <html>
3      <head>
4         <title>{block name="title"}Title- {/block}</title>
5      </head>
6      <body>
7         Default Content
8      </body>
9   </html>
10
11  #子模板(child.tpl)- 使用相同的{block}区域,使用 append 添加内容到父模板原内
    #容的后面
12  {extends file="parent.tpl"}
13  {block name="title" append} #在子模板和父模板同名的区域后追加内容
14         Page Title
15  {/block}
16
17  #加载输出的 child.tpl 模板结构如下
18  <html>
19     <head>
20        <title>Title-Page Title</title> #输出的是子模板与父模板合并后的内容
21     </head>
22     <body>
23        Default Content
24     </body>
25  </html>
```

下面演示 prepend 标记的使用方法，如例 17.8 所示。

【例 17.8】 prepend 标记的用法。

```
1    #父模板(parent.tpl) - 作为父模板顶层的基模板,使用{block}在模板中声明了一组源
     #区域
2    <html>
3       <head>
4          <title>{block name="title"} is my title {/block}</title>
5       </head>
6       <body>
7           Default Content
8       </body>
9    </html>
10
11   #子模板(child.tpl) - 使用相同的{block}区域,使用 append 添加内容到父模板原内
     #容的后面
12   {extends file="parent.tpl"}
13   {block name="title" prepend} #在子模板和父模板同名的区域前追加内容
14          Page Title
15   {/block}
16
17   #加载输出的 child.tpl 模板结构如下
18   <html>
19      <head>
20         <title>Page Title is my title</title> #输出的是子模板与父模板合
           #并后的内容
21      </head>
22      <body>
23          Default Content
24      </body>
25   </html>
```

2. 使用{smarty.block.parent}或{smarty.block.child}保留变量作为占位符

可以使用{$smarty.block.parent}将父模板的{block}内容插入到子{block}内容中的任
何位置。还可以使用{$smarty.block.child}将子模板{block}内容插入到{block}内容中的任
何位置。

接下来演示{$smarty.block.parent}的使用方法，如例 17.9 所示。

【例 17.9】 {$smarty.block.parent}的用法。

```
1    #父模板(parent.tpl) - 作为父模板顶层的基模板,使用{block}在模板中声明了一组源
     #区域
2    <html>
3       <head>
```

```
4          <title>{block name="title"}Parent Title{/block}</title>
5       </head>
6       <body>
7          Default Content
8       </body>
9    </html>
10
11   #子模板(child.tpl)- 使用相同的{block}区域,与父模板中同名的区域合并
12   {extends file="parent.tpl"}
13   #将父模板中的内容插入到子{block}内容中{$smarty.block.parent}对应的位置
14   {block name="title"}
15          You will see now {$smarty.block.parent} here
16   {/block}
17
18   #加载输出的 child.tpl 模板结构如下
19   <html>
20      <head>
21          #输出的是子模板与父模板合并后的内容
22          <title> You will see now Parent Title here</title>
23      </head>
24      <body>
25          Default Content
26      </body>
27   </html>
```

以下演示{$smarty.block.child}使用方法，如例 17.10 所示。

【**例 17.10**】　{$smarty.block.child}的用法。

```
1    #父模板(parent.tpl)- 作为父模板顶层的基模板,使用{block}在模板中声明一组源区域
2    <html>
3       <head>
4          <title>{block name="title"}The {$smarty.block.child} was
5          inserted here{/block}
6          </title>
7       </head>
8       <body>
9          Default Content
10      </body>
11   </html>
12
13   #子模板(child.tpl)- 使用相同的{block}区域,与父模板中同名的区域合并
14   {extends file="parent.tpl"}
15   #将子模板中的内容插入到父{block}内容中{$smarty.block.child}对应的位置
16   {block name="title"}
```

```
17          Child Title
18   {/block}
19
20   #加载输出的 child.tpl 模板结构如下
21   <html>
22     <head>
23         #输出的是子模板与父模板合并后的内容
24         <title>The Child Title was inserted here</title>
25     </head>
26     <body>
27         Default Content
28     </body>
29   </html>
```

17.6　Smarty 缓存控制

通过将输出的内容保存到文件内，Smarty 的缓存机制可以用来加速 display()或者 fetch()的执行。如果缓存被开启，那么显示时缓存的输出将替代重新生成显示内容的操作。尤其当模板需要很长的计算时间的情况下，缓存可以极大提高程序的执行速度。

17.6.1　配置缓存时间

配置缓存实际可以通过设置$caching 为：

```
Smarty::CACHING_LIFETIME_CURRENT
```

或

```
Smarty::CACHING_LIFETIME_SAVED
```

来开启。

接下来演示配置缓存的具体步骤，如例 17.11 所示。

【例 17.11】 配置缓存。

```
1   <?php
2   require('Smarty.class.php');
3   $smarty = new Smarty;
4   // 使用$smarty->cacheLifetime()可以更精确定义缓存时间
5   $smarty->setCaching(Smarty::CACHING_LIFETIME_CURRENT);
6   $smarty->display('index.tpl');
7   ?>
```

配置好缓存后，当调用 display('index.tpl')时程序会正常渲染模板，但也会保存一份输出的内容到$cache_dir 目录下的文件中（缓存副本）。在下一次调用 display ('index.tpl')，缓存文件会替代渲染模板的过程。

每一个页面都有一个缓存过期时间$cache_lifetime。默认是 3600s，也就是 1h。当超过了此时间，缓存将被重新生成。当设置$cache 为 Smarty::CACHE_LIFETIME_SAVED 时，可以给每个缓存设置其单独的缓存时间。

17.6.2 为每个缓存设置$cache_lifetime

下面演示为每个缓存设置$cache_lifetime，如例 17.12 所示。

【例 17.12】 为每个缓存设置$cache_lifetime。

```
1    <?php
2    require('Smarty.class.php');
3    $smarty = new Smarty;
4    // 让每个缓存的过期时间都可以在 display 执行前单独设置
5    $smarty->setCaching(Smarty::CACHING_LIFETIME_SAVED);
6    // 设置 index.tpl 的过期时间为 5min
7    $smarty->setCacheLifetime(300);
8    $smarty->display('index.tpl');
9    // 设置 home.tpl 的过期时间为 1h
10   $smarty->setCacheLifetime(3600);
11   $smarty->display('home.tpl');
12   // 注意：当$caching 设置了 Smarty::CACHING_LIFETIME_SAVED 后
13   // 下面的$cache_lifetime 将不会起效
14   // home.tpl 已经设置了过期时间为 1h
15   // 所以不会再遵循下面的$cache_lifetime 值
16   // home.tpl 的过期时间还是 1h
17   $smarty->setCacheLifetime(30); // 30s
18   $smarty->display('home.tpl');
19   ?>
```

当$compile_check 开启（默认为开启的时候），每个模板文件和配置文件都会在缓存检查的时候执行编译检查。如果这些文件在缓存生成后被修改，那么缓存会马上重新生成。这是一个覆盖的选项，所以要想获得更好的性能，建议把$compile_check 设置成 false。

17.6.3 关闭$compile_check

下面演示关闭$compile_check，如例 17.13 所示。

【例 17.13】 关闭$compile_check。

```
1    <?php
2    require('Smarty.class.php');
3    $smarty = new Smarty;
4    $smarty->setCaching(Smarty::CACHING_LIFETIME_CURRENT);
```

```
5    $smarty->setCompileCheck(false);
6    $smarty->display('index.tpl');
7    ?>
```

如果开启了$force_compile，缓存文件将总是会重新生成。效果和关闭缓存是一样的，而且还会降低性能。$force_compile 一般用于调试，更正确的方式是把缓存$caching 设置成 Smarty::CACHING_OFF。

isCached()函数可以检查模板的缓存是否存在。如果设置的模板是需要读取某些数据（如数据库），那么开发者可以使用 isCached()函数跳过这个过程。

17.6.4　使用 isCached()函数

下面演示 isCached()函数的使用方法，如例 17.14 所示。

【例 17.14】　isCached()函数的用法。

```
1    <?php
2    require('Smarty.class.php');
3    $smarty = new Smarty;
4    $smarty->setCaching(Smarty::CACHING_LIFETIME_CURRENT);
5    if(!$smarty->isCached('index.tpl')) {
6        // 找不到缓存,这里进行一些赋值操作
7        $contents = get_database_contents();
8        $smarty->assign($contents);
9    }
10   $smarty->display('index.tpl');
11   ?>
```

17.6.5　删除缓存

如果开启了模板缓存并指定了缓存时间，则页面在缓存的时间内输出结果不变。所以在程序开发过程中应该关闭缓存，因为程序员需要通过输出结果跟踪程序的运行过程，决定程序的下一步编写或用来调试程序等。但在项目开发结束时，在应用过程中就应当认真地考虑缓存，模板缓存大大提升了应用程序的性能。而用户在应用时，需要对网站内容进行管理，经常需要在更新内容的同时也更新缓存，立即看到网站内容更改后的输出结果。

接下来演示删除缓存的使用方法，如例 17.15 所示。

【例 17.15】　删除缓存。

```
1    <?php
2    require('Smarty.class.php');
3    $smarty = new Smarty;
4    $smarty->setCaching(Smarty::CACHING_LIFETIME_CURRENT);
```

```
5    // 仅删除 index.tpl 的缓存
6    $smarty->clearCache('index.tpl');
7    // 删除全部缓存
8    $smarty->clearAllCache();
9    $smarty->display('index.tpl');
10   ?>
```

17.7　本章小结

本章介绍了 Smarty 模板简介、Smarty 安装和配置、Smarty 模板基本语法、Smarty 内置函数、Smarty 模板继承以及 Smarty 缓存控制等内容，期间列举了许多相应的代码示例，相信读者学完本章知识后，能够基本掌握 Smarty 的使用方法。

17.8　习　　题

1. 填空题

（1）Smarty 是一个 PHP 的_____，它将程序逻辑代码与页面显示代码相分离。

（2）Smarty 注释的语法格式是_____。

（3）Smarty 模板变量以_____开头。

（4）Smarty 模板的_____标记可以避免 Smarty 对模板中某些语句段的解析。

（5）_____是{assign}函数的缩写。

2. 选择题

（1）下列选项中，（　　）用于在模板内对变量或数组元素进行赋值。

    A. {$var=...}　　　　　　　　　　　B. {config_load}

    C. {for}　　　　　　　　　　　　　　D. {while}

（2）下列选项中，（　　）用于在模板执行期间建立或追加模板变量数组。

    A. {$var=...}　　　　　　　　　　　B. {config_load}

    C. {append}　　　　　　　　　　　　D. {while}

（3）下列选项中，（　　）用于在模板执行期间赋值给变量。

    A. {assign}　　　　　　　　　　　　B. {config_load}

    C. {for}　　　　　　　　　　　　　　D. {while}

（4）下列选项中，（　　）用于从配置文件中加载配置变量#variables#。

    A. {assign}　　　　　　　　　　　　B. {config_load}

    C. {for}　　　　　　　　　　　　　　D. {while}

（5）下列选项中，（　　）用于创建一个循环。

    A．{$var=…}   B．{config_load}

    C．{append}   D．{while}

扫描查看习题答案

3．思考题

（1）简述 Smarty 的工作原理。

（2）简述 PHP 程序开发流程。

4．编程题

使用 Smarty 编写程序，运行结果如图 17.5 所示。

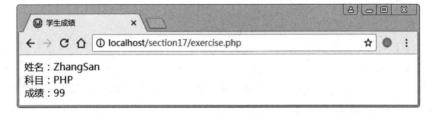

图 17.5　运行结果 4

第 18 章

Laravel 框架

本章学习目标
- 了解 Laravel 框架的技术特点;
- 掌握 Laravel 框架的安装;
- 掌握 Laravel 框架的基本使用方法。

Laravel 框架是一种代码优雅的 PHP 开发框架,它可以帮助开发人员以更加简洁的方法构建一个 PHP 项目,使开发人员从杂乱冗长的原生代码中解放出来。Laravel 框架是当前 PHP 开发领域较为流行的框架之一,接下来本章将对 Laravel 框架进行详细讲解。

18.1 初识 Laravel 框架

18.1.1 Laravel 框架简介

Laravel 是一个功能强大、易于使用的 Web 应用框架,它将 Web 项目中主要的通用任务加以封装,从而提升了项目开发的效率。

Laravel 提供了大型稳健应用所需的各种强大工具,例如,IOC 容器、控制器等,除此之外,Laravel 提供对扩展包的支持,Laravel 的扩展包由世界各地的开发者贡献,而且还在不断增加中。

Laravel 是完全开源的,它的所有代码都可以从 GitHub 上获取。同时,Laravel 有着完美的社区支持,其语法本身的表现力和良好的技术文档使编写 PHP 程序更加容易。

18.1.2 Laravel 框架的技术特点

Laravel 以其简洁、优雅的特性获得了 PHP 开发者的欢迎,它引入了一系列用于实现 Web 项目中通用任务的强大功能,具体如下。

- 可扩展。Laravel 的扩展包仓库已经相当成熟,它可以帮助开发者把扩展包(Bundle)安装到应用程序中。开发者可以选择将扩展包复制到 Bundles 目录,或者通过命令行工具 Artisan 自动安装。
- 灵活性。Laravel 给开发者以最大的灵活性,应用逻辑既可以在控制器中实现,也可以直接集成到路由声明中。如此一来，使用 Laravel 既能创建非常小的网站，也能构建大型的企业应用。

- 反向路由。反向路由赋予使用者通过路由名称创建 URL 的能力。通过路由名称，Laravel 就会自动创建正确的 URL。
- Restful 控制器。Restful 控制器是一项区分 GET 和 POST 请求逻辑的可选方式，它可以区分页面发出的请求逻辑并做出处理。
- 自动加载类。自动加载类简化了类的加载工作，当加载任何库或模型时，开发者无须维护自动加载配置表和手动进行其他组件的加载，Laravel 框架会自动帮助使用者加载需要的文件。
- 视图组装器。视图组装器本质上就是一段代码，这段代码在视图加载时会自动执行。例如，博客首页的"随机文章推荐"功能即可通过视图组装器实现，视图组装器中包含了加载随机文章推荐的逻辑，这样，当加载视图时，Laravel 会通过视图组装器完成随机文章推荐的功能。
- 反向控制容器。反向控制容器提供了生成对象、随时实例化对象、访问单例对象的便捷方式。反向控制意味着程序几乎不需要加载外部的库文件，就可以在代码中的任意位置访问这些对象。
- 迁移。迁移的功能类似于版本控制工具，不同的是，它管理的是数据库范式，并且直接集成于 Laravel 中。开发者可以使用 Artisan 命令行工具生成并执行迁移指令。
- 单元测试。单元测试是 Laravel 中较为重要的功能，Laravel 包含数以百计的测试用例，从而保障任何一处的修改不会影响其他部分的功能，这也是业内认为 Laravel 性能稳定的原因之一。使用 Laravel 时，通过 Artisan 命令行工具可以运行所有的测试用例，这能让代码很容易地得到单元测试。
- 自动分页。自动分页功能避免了在业务逻辑中混入大量的分页配置代码，程序只需从数据库中获取总的条目数量，然后使用 limit/offset 获取选定的数据，最后调用 paginate 方法，让 Laravel 将各页链接输出到指定的视图中即可。

18.2　Laravel 框架安装

安装 Laravel 框架有两种方法：一种是通过一键安装包进行安装；另一种是通过 Composer（PHP 5 新增的依赖管理工具，和自动加载非常相似）进行安装。接下来分别对这两种方法做详细介绍。

18.2.1　通过一键安装包安装

通过一键安装包安装 Laravel 相对简单，打开下载地址 http://laravelacademy.org/resources-download，找到对应的超链接即可下载，本书使用的是 Laravel 5.5 版本。

下载完成后，将解压后的文件夹复制到本章项目的根目录下，然后在浏览器中访问，结果如图 18.1 所示。

图 18.1 运行结果 1

18.2.2 通过 Composer 安装

通过 Composer 安装 Laravel 的步骤相对复杂，开发者可以选择通过镜像文件安装，接下来针对这种方法作详细介绍。

1. 下载 composer.phar 文件

打开网址 https:// getcomposer.org/download/ ，下载最新版本的 Composer，如图 18.2 所示。

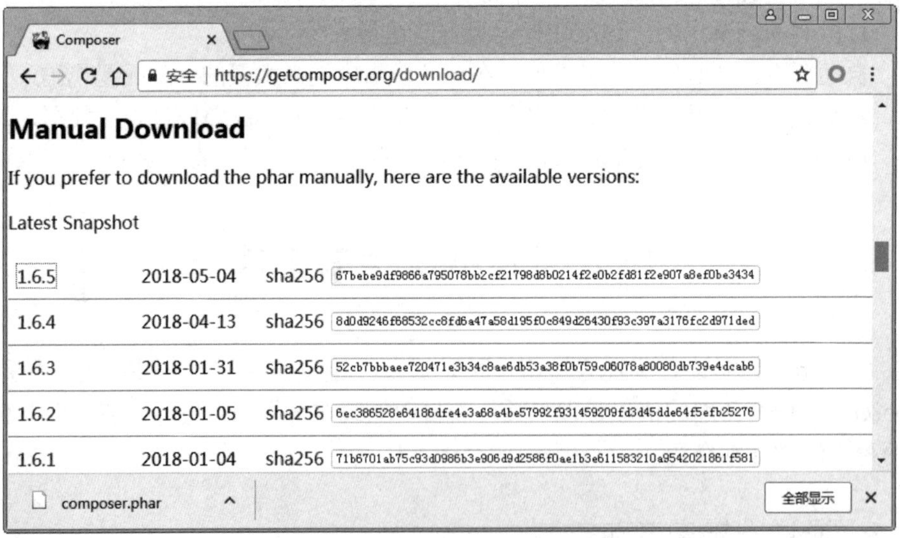

图 18.2 composer.phar 下载页面

下载完成以后，将 composer.phar 复制到 PHP 的安装目录，即与 php.exe 同级的目录，如图 18.3 所示。

图 18.3 复制 composer.phar 文件

2．新建 composer.bat 文件

在 PHP 的安装目录下新建 composer.bat 批处理文件，如图 18.4 所示。

图 18.4 新建 composer.bat 文件

然后，复制、粘贴@php "%~dp0composer.phar" %*到 composer.bat 文件中，如图 18.5 所示。

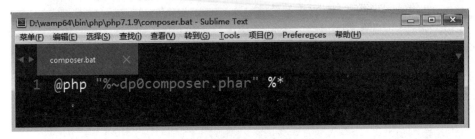

图 18.5　编辑 composer.bat 文件

接着，打开命令行窗口，输入命令 SET　PATH=D:/wamp64/bin/php/php7.1.9 手动配置 Composer 环境变量，如图 18.6 所示。其中，D:/wamp64/bin/php/php7.1.9 为 Composer 脚本文件所处的路径。

图 18.6　手动配置 Composer 环境变量

输入命令 composer　--version，查看 Composer 安装版本号，如图 18.7 所示。

图 18.7　查看 Composer 版本号

3. 开启四个扩展并重启服务器

- PHP 扩展：OpenSSL。
- PHP 扩展：PDO。
- PHP 扩展：Mbstring。
- PHP 扩展：XML。

由于本书采用的是 wampServer 集成开发环境，所以已经默认开启四类扩展。如果读者使用自定义 wamp 环境，请记得开启这四类扩展并重启 Apache 服务器，否则会影响框架的正常使用。

4．配置全量镜像

打开 cmd 命令行窗口，输入命令 composer config -g repo.packagist composer https://packagist.phpcomposer.com，如图 18.8 所示。

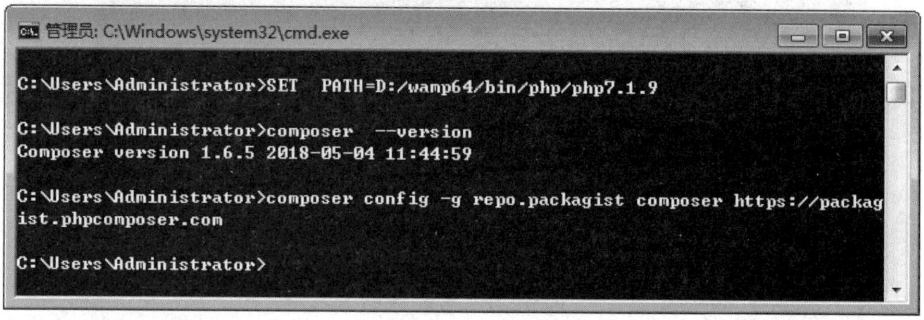

图 18.8 配置全量镜像

5．测试是否安装成功

首先，进入本章项目根目录下，如图 18.9 所示。

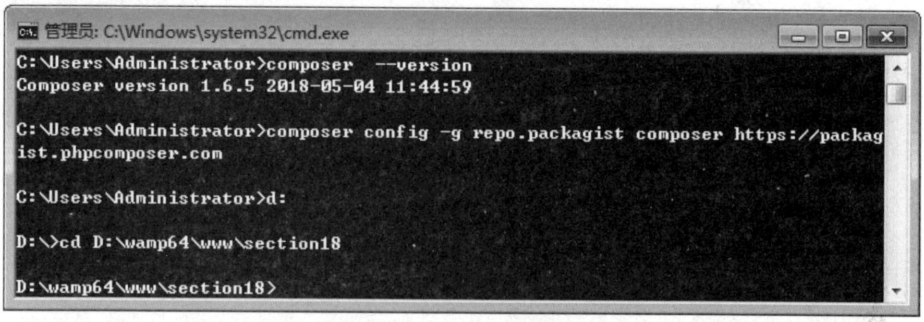

图 18.9 网站根目录

接着，输入命令"composer create-project --prefer-dist laravel/laravel 项目名称"。例如，创建项目名 1000phone，如图 18.10 和图 18.11 所示。

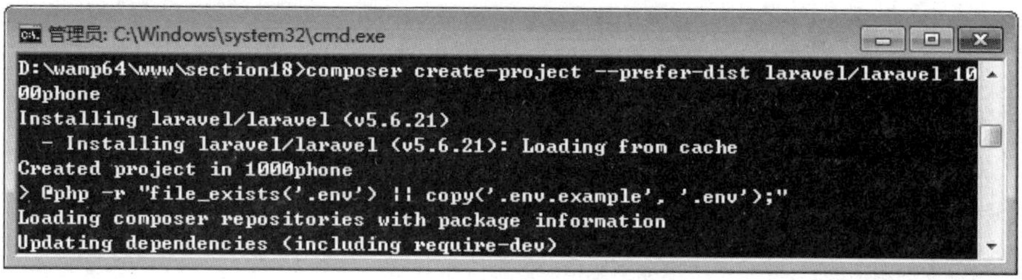

图 18.10 正在安装

此时，网站根目录会自动生成项目文件 1000phone，如图 18.12 所示。

最后，在浏览器地址栏中输入 localhost/section18/1000phone/public/index.php，运行

结果如图 18.13 所示。

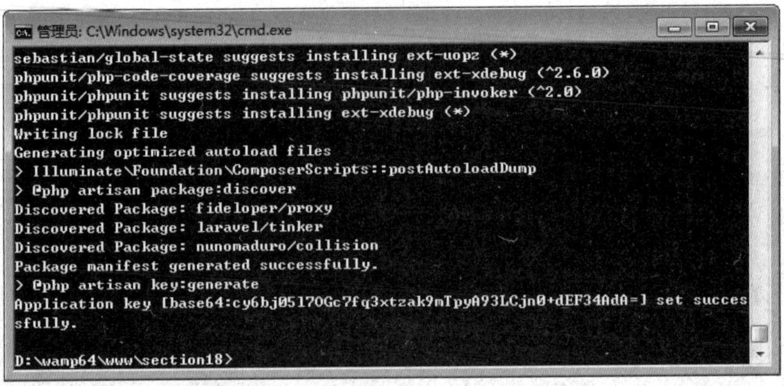

图 18.11　安装成功

图 18.12　查看文件

图 18.13　运行结果 2

18.3　Laravel 框架目录结构

Laravel 应用默认的目录结构试图为不管是大型应用还是小型应用都提供一个好的起点，开发者也可根据自身需求重新组织应用目录结构，Laravel 对类在何处被加载没有任何限制，只需 Composer 自动载入即可。

18.3.1　根目录

Laravel 框架根目录结构如图 18.14 所示。

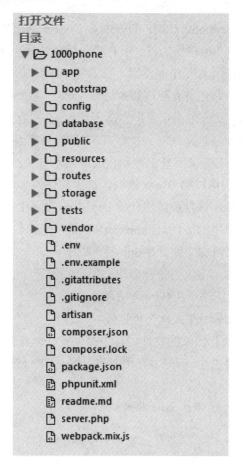

打开文件
目录
▼ 📂 1000phone
　▶ 📁 app
　▶ 📁 bootstrap
　▶ 📁 config
　▶ 📁 database
　▶ 📁 public
　▶ 📁 resources
　▶ 📁 routes
　▶ 📁 storage
　▶ 📁 tests
　▶ 📁 vendor
　　📄 .env
　　📄 .env.example
　　📄 .gitattributes
　　📄 .gitignore
　　📄 artisan
　　📄 composer.json
　　📄 composer.lock
　　📄 package.json
　　📄 phpunit.xml
　　📄 readme.md
　　📄 server.php
　　📄 webpack.mix.js

图 18.14　Laravel 框架根目录结构

接下来对 Laravel 框架根目录结构做详细介绍，如下所示。

- app 目录包含了应用的核心代码，开发者编写的代码大多会放到这里。
- bootstrap 目录包含了用于框架的启动和自动载入配置的文件，还有一个 cache 文件夹包含了框架为提升性能所生成的文件，例如，支撑路由的文件、支撑服务缓存的文件等。

- config 目录包含了应用所有的配置文件，通过这些配置文件完成 Laravel 的相关配置。
- database 目录包含了用于数据迁移及填充的文件。
- public 目录包含了入口文件 index.php 和前端资源文件（图片、JavaScript、CSS等）。
- resources 目录包含了视图文件及原生资源文件（LESS、SASS、CoffeeScript）以及本地化语言文件。
- routes 目录包含了应用的所有路由定义。Laravel 默认提供了三个路由文件：web.php、api.php 和 console.php。其中，web.php 文件包含的路由都可以应用 Web 中间件组，具备 Session、CSRF 防护以及 Cookie 加密功能，如果应用无须提供无状态的、RESTful 风格的 API，所有路由都会定义在 web.php 文件中；api.php 文件包含的路由应用 API 中间件组，具备频率限制功能，这些路由是无状态的，所以请求通过这些路由进入应用需要通过 token 进行认证并且不能访问 Session 状态；console.php 文件用于定义所有基于闭包的控制台命令，每个闭包都被绑定到一个控制台命令并且允许与命令行 IO 方法进行交互，尽管这个文件并不定义 HTTP 路由，但是它定义了基于控制台的应用入口（路由）。
- storage 目录包含编译过的 Blade 模板、基于文件的 Session、文件缓存以及其他由框架生成的文件。该目录被细分成 app、framework 和 logs 子目录，app 目录用于存放应用要使用的文件，framework 目录用于存放框架生成的文件和缓存，logs 目录用于存放日志文件。在 app 目录的子目录中，public 目录用于存储用户生成的文件，例如，可以被公开访问的用户头像等，如果想要这些文件被访问，还需要在 public 目录下生成一个软连接指向这个目录。使用者可以通过 php artisan storage:link 命令生成这个软连接。
- tests 目录包含自动化测试的文件，其中提供了一个开箱即用的 PHPUnit 示例；每一个测试类都要以 Test 开头，使用者可以通过 phpunit 或 php vendor/bin/phpunit 命令来运行测试。
- vendor 目录包含所有 Composer 依赖。

18.3.2 app 目录

应用程序的核心代码位于 app 目录下，默认情况下，该目录位于命名空间 app 下，并且被 Composer 按照 PSR-4 自动加载标准自动加载。

app 目录下包含多个子目录，如 Console、Http、Providers 等。Console 和 Http 目录提供了进入应用核心的 API，HTTP 和 CLI 是和应用进行交互的两种机制，但实际上并不包含应用逻辑。换句话说，它们只是两个向应用发布命令的方式。Console 目录包含了所有的 Artisan 命令，Http 目录包含了控制器、中间件和请求等。

其他目录会在开发者通过 Artisan 命令 make 生成相应类的时候生成到 app 目录下。例如，app/Jobs 目录直到开发者执行 make:job 命令生成任务类时才会出现在 app 目录下。此处需要注意的是，app 目录中的很多类都可以通过 Artisan 命令生成，要查看所有有效的命令，可以在终端中运行 php artisan list make 命令。

接下来以项目文件 1000phone 为例，对 app 目录的组织结构做详细介绍，如图 18.15 所示。

图 18.15　app 目录结构

- Console 目录：主要包含所有的 Artisan 命令。这些命令类可以由 make：command 命令生成。该目录下还有 Console Kernel 类，在这里可以注册自定义的 Artisan 命令以及定义调度任务。
- Exceptions 目录：主要包含应用的异常处理器，如果需要自定义异常如何记录异常或渲染，需要修改 Handler 类。
- Http 目录：包含了控制器、中间件以及表单请求等，用于处理几乎所有进入应用的请求。
- Providers 目录：包含应用的所有服务提供者。服务提供者在启动应用过程中绑定服务到容器、注册事件以及执行其他任务，为即将到来的请求处理做准备。在新安装的 Laravel 应用中，该目录已经包含了一些服务提供者，可以按需添加新的服务提供者到该目录。

18.4　Laravel 的生命周期

在使用 Laravel 开发程序之前，首先要理解 Laravel 的生命周期，接下来本节将开始讲解 Laravel 的生命周期。

18.4.1　生命周期概述

Laravel 的生命周期从 public/index.php 开始，以 public/index.php 结束。Laravel 应用的所有请求入口都是 public/index.php 文件，所有请求都会被 Web 服务器（Apache/Nginx）导向这个文件。

18.4.2　生命周期详解

Laravel 的生命周期围绕 public/index.php 进行，public/index.php 的源码如例 18.1 所示。

【例 18.1】 public/index.php 的源码。

```
1    require __DIR__.'/../bootstrap/autoload.php';
2    $app = require_once __DIR__.'/../bootstrap/app.php';
3    $kernel = $app->make(Illuminate\Contracts\Http\Kernel::class);
4    $response = $kernel->handle(
5        $request = Illuminate\Http\Request::capture()
6    );
7    $response->send();
8    $kernel->terminate($request, $response);
```

从例 18.1 所示的源码可以看出，Laravel 处理请求分以下四步完成。

第一步：载入 Composer 生成的自动加载设置，包括所有 composer require 依赖。

第二步：生成容器 Container、Application 实例，并向容器注册核心组件。

第三步：处理请求，生成并发送响应。

第四步：请求结束，进行回调。

18.5　Laravel 服务容器

服务容器是用来管理类依赖与运行依赖注入的工具。Laravel 框架中使用服务容器来实现控制反转和依赖注入。

18.5.1　控制反转和依赖注入

- 控制反转（IOC），即把创建对象的控制权进行转移，以前创建对象的主动权和创建时机是由开发者自己把控，而现在这种权力转移到第三方，也就是 Laravel 中的服务容器。
- 依赖注入（DI）即实现容器在运行中动态的为对象提供依赖资源。

18.5.2　服务容器

为帮助大家更好地理解 Laravel 服务容器，接下来通过代码演示服务容器的工作机制，如例 18.2 和例 18.3 所示。

【例 18.2】 服务容器的工作机制。

```
1    <?php
2    // 构建一个人的类
3     class People
4     {
5        public $dog = null;
```

```
6
7      public function __construct()
8      {
9          $this->dog = new Dog();
10     }
11     public function putDog(){
12         return $this->dog->dogCall();
13     }
14 }
15 // 构建一个狗的类
16 class Dog{
17     public function dogCall(){
18         echo '2018金狗旺旺旺';
19     }
20 }
21 // 实例化人类
22 $people = new People();
23 $people->putDog();
24 ?>
```

运行结果如图 18.16 所示。

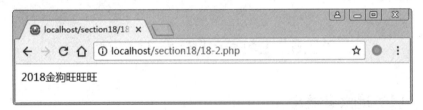

图 18.16　运行结果 3

在例 18.2 中，第 22、23 行实例化 People 类及调用 putDog()方法，要想实现该方法，需要依赖 Dog 类，即在 People 类中利用构造函数来添加 Dog 依赖。如果使用控制反转，则依赖注入如例 18.3 所示。

【例 18.3】 使用控制反转。

```
1  <?php
2  class People{
3      public $dog =null;
4      public function __construct(Dog $dog){
5          $this->dog = $dog;
6      }
7      public function putDog(){
8          return $this->dog->dogCall();
9      }
10 }
```

```
11   class Dog{
12      public function dogCall(){
13          echo '2018金狗旺旺旺';
14      }
15   }
16   $dog = new Dog();
17   $people = new People($dog);
18   $people->putDog();
19   ?>
```

运行结果如图 18.17 所示。

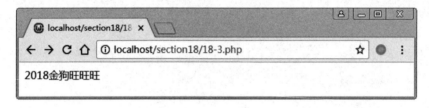

图 18.17   运行结果 4

在例 18.3 中，第 5 行代码 People 类通过构造函数声明需要的依赖类（Dog 类），并由服务容器完成注入。

18.6   Laravel 服务提供者

18.6.1   服务提供者概念

从某种意义上说，服务提供者功能类似于 HTTP 控制器，HTTP 控制器用于为相关路由注册提供统一管理，而服务提供者用于为相关服务容器提供统一绑定场所，除此之外，服务提供者会处理一些初始化启动操作。

服务提供者是 Laravel 的核心，Laravel 的每个核心组件都对应一个服务提供者，核心组件类通过服务提供者完成注册、初始化以供后续调用。

18.6.2   服务提供者举例说明

1. 定义服务类

首先，在项目 1000phone/app 下分别创建 Contracts 和 Services 文件夹，如图 18.18 所示。

其次，在 Contracts 文件夹下新建脚本 TestContract.php，在 Services 下新建脚本 TestService.php，如例 18.4 和例 18.5 所示。

图 18.18　新建目录

【例 18.4】　TestContract.php。

```php
1   <?php
2   namespace App\Contracts;
3   interface TestContract{
4       public function callMe($controller);
5   }
```

【例 18.5】　TestService.php。

```php
1   <?php
2   namespace App\Services;
3   use App\Contracts\TestContract;
4   class TestService implements TestContract {
5       public function callMe($controller)
6       {
7           echo "1000phone_test 测试调用成功";
8       }
9   }
```

2. 创建服务提供者

接下来定义一个服务提供者 TestServiceProvider，用于注册该类到容器中。创建服务提供者可以使用 Artisan 命令：php artisan make:provider TestServiceProvider。

打开命令行窗口，执行以下命令，如图 18.19 所示。

图 18.19　运行结果 5

为便于大家学习，此处给出本组操作的所有命令，如下所示。

```
C:\Users\Administrator>set path=D:/wamp64/bin/php/php7.1.9
C:\Users\Administrator>d:
D:\>cd D:\wamp64\www\section18\1000phone
D:\wamp64\www\section18\1000phone>php artisan make:provider
TestServiceProvider
Provider created successfully.
D:\wamp64\www\section18\1000phone>
```

执行上述命令后，出现 Provider created successfully，说明 TestServiceProvider 创建成功。此时，会在 1000phone/app/Providers 目录下自动生成 TestServiceProvider.php 脚本，如图 18.20 所示。

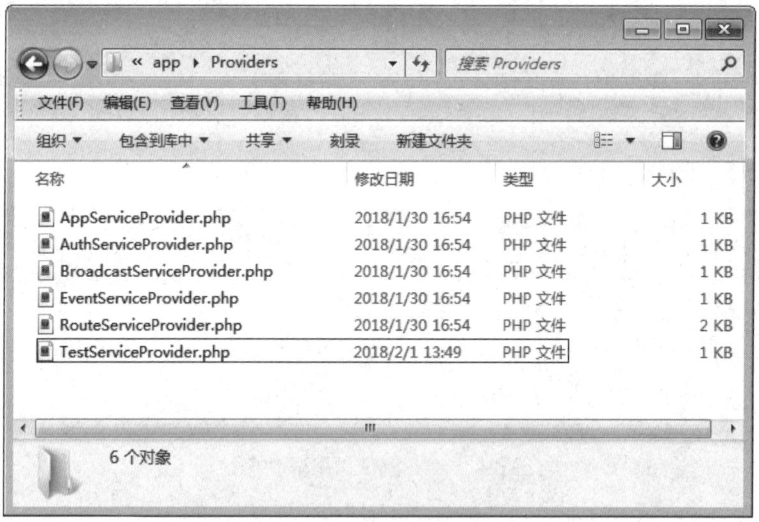

图 18.20　运行结果 6

编辑脚本 TestServiceProvider.php，如例 18.6 所示。

【例 18.6】　TestServiceProvider.php。

```
1    <?php
2    namespace App\Providers;
```

```
3    use App\Services\TestService;
4    use Illuminate\Support\ServiceProvider;
5    class TestServiceProvider extends ServiceProvider
6    {
7        /**
8         * Bootstrap the application services.
9         *
10        * @return void
11        */
12       public function boot()
13       {
14           //
15       }
16
17       /**
18        * Register the application services.
19        *
20        * @return void
21        */
22       public function register()
23       {
24           // 使用接口进行绑定
25           $this->app->bind('App\Contracts\TestContract', function(){
26               return new TestService();
27           });
28       }
29   }
```

3. 注册服务提供者

创建服务提供者类后，接下来需要将该服务提供者注册到应用中。打开配置文件 config/app.php，将该类追加到 providers 数组中，如例 18.7 所示。

【例 18.7】 config/app.php。

```
1    'providers' => [
2        // 其他服务提供者
3        App\Providers\AppServiceProvider::class,
4        App\Providers\AuthServiceProvider::class,
5        App\Providers\EventServiceProvider::class,
6        App\Providers\RouteServiceProvider::class,
7        App\Providers\TestServiceProvider::class,
8    ],
```

4. 测试服务提供者

首先，在命令行窗口中使用 Artisan 命令创建一个资源控制器 TestController，输入命令 php artisan make:controller TestController，运行结果如图 18.21 所示。

图 18.21　运行结果 7

执行上述命令后，会在 1000phone/app/Http/Controllers 目录下自动生成 TestController.php 脚本，如图 18.22 所示。

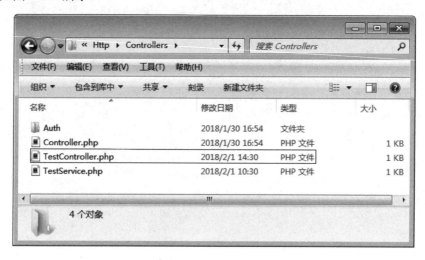

图 18.22　运行结果 8

其次，编辑脚本 TestController.php，如例 18.8 所示。

【例 18.8】　TestController.php。

```php
1    <?php
2    namespace App\Http\Controllers;
3    use Illuminate\Http\Request;
4    use App\Http\Requests;
5    use App\Http\Controllers\Controller;
6    use App;
7    use App\Contracts\TestContract;
8    class TestController extends Controller
9    {
10       // 依赖注入
11       public function __construct(TestContract $test){
12           $this->test = $test;
```

```
13          }
14
15      public function index()
16      {
17          $this->test->callMe('TestController');
18      }
19  }
```

再次，打开路由配置文件 routes/web.php，定义一个控制器，如例 18.9 所示。

【例 18.9】 routes/web.php。

```
1   <?php
2   Route::get('/', function () {
3       return view('welcome');
4   });
5   Route::resource('1000phone_test','TestController');
```

最后，在浏览器地址栏中输入 localhost/section18/1000phone/public/1000phone_test，运行结果如图 18.23 所示。

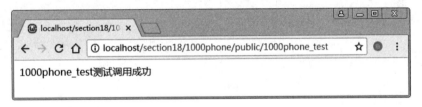

图 **18.23**　运行结果 **9**

从图 18.23 中可以看出，本节创建服务提供者测试用例执行成功。

18.7　Laravel 路由详解

18.7.1　路由基本概念

Laravel 路由和路由器的原理相似，它的功能是将用户的请求进行路由解析，然后将解析后的结果分配到对应的模块或控制器中。所有的 Laravel 路由都在 routes/web.php 文件中定义，该文件由框架自动加载。

18.7.2　基础路由

Laravel 路由支持所有的 HTTP 方法，例如，GET、POST、DELETE 等。构建最基本的路由只需一个 URL 和一个闭包，具体示例如下：

```
Route::get($uri, $callback);
Route::post($uri, $callback);
Route::put($uri, $callback);
Route::patch($uri, $callback);
Route::delete($uri, $callback);
Route::options($uri, $callback);
```

以上列举了几种较为常见的路由，在实际开发中，开发者可根据客户端请求方式选用相应的路由。

18.7.3 多请求路由

在 Laravel 中，一般使用 match 或 any 方法注册一个能够响应多个 HTTP 请求的路由，具体示例如下：

```
Route::match(['get', 'post'], '/', function () {
    return 'Hello World';
});
Route::any('foo', function () {
    return 'Hello World';
});
```

18.7.4 路由前缀

使用 prefix 方法可以为路由组中给定的 URL 增加前缀，具体示例如下：

```
Route::prefix('admin')->group(function () {
    Route::get('users', function () {
        // 匹配包含 "/admin/users" 的 URL
    });
});
```

在以上所示路由组中，为匹配的 URL 加上 admin 前缀。

18.8 Laravel 控制器

如果将所有的请求处理逻辑都放在一个路由文件中是不合理的，开发者可能希望通过使用控制器来组织管理这些行为。

控制器可以将相关的 HTTP 请求封装到一个类中进行处理，通常控制器存放在 app/Http/Controllers 目录中。

18.8.1　创建控制器

在命令行窗口中使用 Artisan 命令创建一个资源控制器 MyController，输入命令 php artisan make:controller MyController，运行结果如图 18.24 所示。

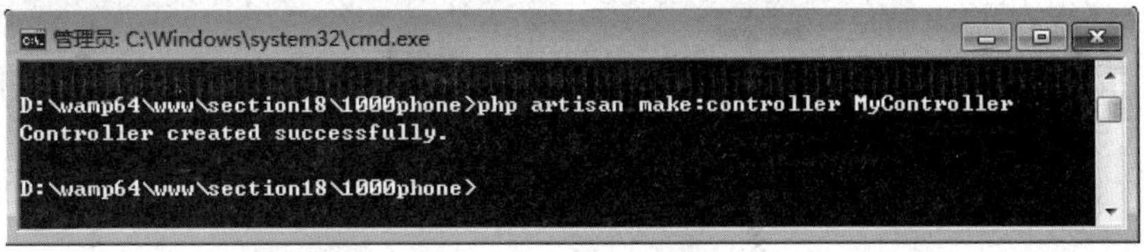

图 18.24　运行结果 10

执行上述命令后，会在 1000phone/app/Http/Controllers 目录下自动生成 MyController. php 脚本。

18.8.2　结合路由设置控制器

当用户请求服务器的 show 路径时，服务器会执行 MyController 中的 show 方法，具体代码如下所示：

```
Route::get("/show" , 'MyController@show');
```

18.8.3　带参数的路由使用控制器

当用户请求服务器的 edit 路径时，服务器会执行 MyController 中的 edit 方法，并且后面需带有参数 ID，具体代码如下所示：

```
Route::get("/edit/{id}" , 'MyController@edit');
```

18.8.4　测试用例

编辑 MyController 控制器，如例 18.10 所示。

【例 18.10】 MyController.php。

```
1    <?php
2    namespace App\Http\Controllers;
3    use Illuminate\Http\Request;
4    use App\Http\Controllers\Controller;
5    class MyController extends Controller
6    {
7        public function show(){
8            return "This is test page";
```

```
9        }
10        public function edit($id){
11            return "This is edit page!user's id is  " . $id;
12        }
13  }
```

在浏览器地址栏中输入 localhost/section18/1000phone/public/index.php/show，运行结果如图 18.25 所示。

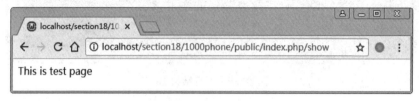

图 18.25　运行结果 11

在浏览器地址栏中输入 localhost/section18/1000phone/public/index.php/edit/1000，运行结果如图 18.26 所示。

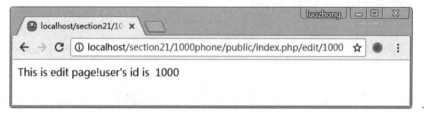

图 18.26　运行结果 12

18.9　Laravel 视图

Laravel 内置的模板引擎是 blade，模板文件默认放在 Laravel 根路径下的 resource/views 目录下。

18.9.1　创建控制器

在命令行窗口中使用 Artisan 命令创建一个资源控制器 ViewController，输入命令 php artisan make:controller ViewController，运行结果如图 18.27 所示。

图 18.27　运行结果 13

执行上述命令后, 会在 1000phone/app/Http/Controllers 目录下自动生成 ViewController.php 脚本。

18.9.2 匹配路由

编辑 web.php, 新建路由匹配规则, 如下所示:

```
Route::get("/view" , 'ViewController@view');
```

18.9.3 新建视图

进入 resources/views, 新建 view.blade.php, 如例 18.11 所示。

【例 18.11】 view.blade.php。

```
1    <html>
2    <head>
3    <meta charset="utf-8" />
4    <title>Test params</title>
5    </head>
6    <body>
7       <ul>
8          <li><span>part1: </span>{{$part1}}</li>
9          <li><span>part2: </span>{{$part2}}</li>
10         <li><span>part3: </span>{{$part3}}</li>
11      </ul>
12   </body>
13   </html>
```

18.9.4 测试用例

编辑 ViewController 控制器, 具体代码如例 18.12 所示。

【例 18.12】 ViewController.php。

```
1    <?php
2    namespace App\Http\Controllers;
3    use Illuminate\Http\Request;
4    use App\Http\Controllers\Controller;
5    class ViewController extends Controller
6    {
7        public function view(){
8            // 通过数组形式给 view 模板赋值
9            return view('view',['part1'=>'千锋教育','part2'=>'扣丁学堂',
             'part3'=>'好
```

```
10        程序员']);
11        }
12   }
```

在浏览器地址栏中输入 localhost/section18/1000phone/public/index.php/view，运行结果如图 18.28 所示。

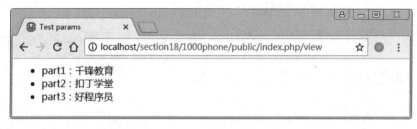

图 18.28   运行结果 14

18.10   Laravel 数据库操作

Web 程序的运行离不开数据库的支持，数据库接口设计的好坏决定了程序的扩展性和执行效率。Laravel 框架通过统一的接口实现对不同数据库的操作，使得程序连接和操作数据库变得非常容易。目前，Laravel 框架支持 MySQL、Postgres、SQLite 和 SQL Server 四种数据库。

18.10.1   数据库配置

在 Laravel 中一般通过 config 目录下的 database.php 文件实现数据库的配置，默认情况下，Laravel 连接 MySQL 数据库的代码如下所示。

```
'mysql' => [
    'driver' => 'mysql',
    'host' => env('DB_HOST', '127.0.0.1'),
    'port' => env('DB_PORT', '3306'),
    'database' => env('DB_DATABASE', 'forge'),
    'username' => env('DB_USERNAME', 'forge'),
    'password' => env('DB_PASSWORD', ''),
    'unix_socket' => env('DB_SOCKET', ''),
    'charset' => 'utf8mb4',
    'collation' => 'utf8mb4_unicode_ci',
    'prefix' => '',
    'strict' => true,
    'engine' => null,
],
```

其中，env 对应的是.env 文件；DB_HOST 表示主机名；DB_PORT 表示端口号；DB_DATABASE 表示数据库名称；DB_USERNAME 表示数据库用户名；DB_PASSWORD 表示数据库密码。

18.10.2　连接数据库

步骤一：数据准备。

首先使用命令提示符窗口创建一个名称为 section18 的数据库，SQL 语句如下所示。

```
CREATE DATABASE section18;
```

接着将当前使用的数据库切换为 section18，SQL 语句如下所示。

```
USE section18;
```

然后创建一张名称为 student 的数据表，表中设置四个字段，分别为学生 ID、学生姓名、学生专业和学生成绩，SQL 语句如下所示。

```
CREATE TABLE student(
    id MEDIUMINT(20) NOT NULL AUTO_INCREMENT,
    name VARCHAR(20) NOT NULL,
    major VARCHAR(50) NOT NULL,
    score VARCHAR(20) NOT NULL,
    PRIMARY KEY (id)
)DEFAULT CHARSET=utf8;
```

步骤二：修改数据库配置文件 database.php，如下所示。

```
'mysql' => [
     'driver' => 'mysql',
     'host' => env('DB_HOST', '127.0.0.1'),
     'port' => env('DB_PORT', '3306'),
     'database' => env('DB_DATABASE', 'section18'),     // 数据库名
     'username' => env('DB_USERNAME', 'root'),           // 用户名
     'password' => env('DB_PASSWORD', ''),               // 密码
     'unix_socket' => env('DB_SOCKET', ''),
     'charset' => 'utf8',
     'collation' => 'utf8_unicode_ci',
     'prefix' => '',
     'strict' => true,
     'engine' => null,
  ],
```

步骤三：修改 1000phone 目录下的.env 文件，如下所示。

```
DB_CONNECTION=mysql
```

```
DB_HOST=127.0.0.1
DB_PORT=3306
DB_DATABASE=section18
DB_USERNAME=root
DB_PASSWORD=
```

步骤四：创建并编辑 DBController 控制器。

在命令行窗口中使用 Artisan 命令创建一个资源控制器 DBController，输入命令 php artisan make:controller DBController，运行结果如图 18.29 所示。

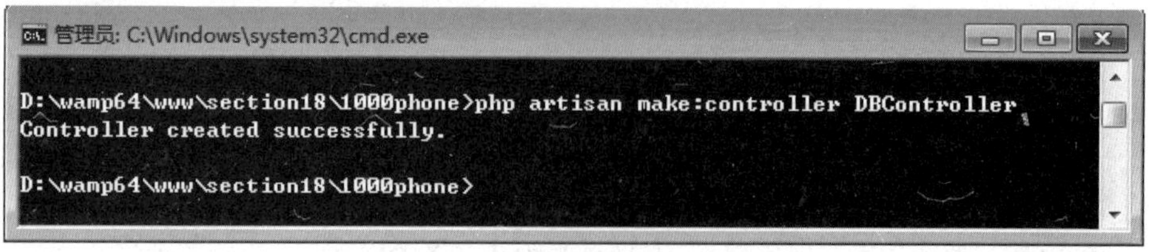

图 18.29　运行结果 15

执行上述命令后，会在 1000phone/app/Http/Controllers 目录下自动生成 DBController.php 脚本。

编辑 DBController 控制器，具体代码如例 18.13 所示。

【例 18.13】 DBController.php。

```php
1    <?php
2    namespace App\Http\Controllers;
3    use Illuminate\Http\Request;
4    use App\Http\Controllers\Controller;
5    use Illuminate\Support\Facades\DB;
6    class DBController extends Controller
7    {
8        // 查询数据表 student
9        public function test1(){
10           $student=DB::select("select * from student");
11           var_dump($student);
12       }
13   }
```

步骤五：分配路由，如下所示。

```php
Route::get("/test1" , 'DBController@test1');
```

最后，在浏览器中输入 localhost/section18/1000phone/public/index.php/test1，运行结果如图 18.30 所示。

从图 18.30 中可以看出，程序运行后未出现错误，说明连接数据库操作成功。接下来，使用 DB Facade 原生方式对数据表 student 做增、删、改、查操作。

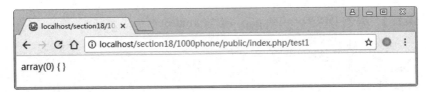

图 18.30　运行结果 16

18.10.3　DB Facade 原始方式

1．新增数据

首先编辑 web.php，新建路由匹配规则，如下所示：

```
Route::get("/addMessage" , 'DBController@addMessage');
```

然后编辑 DBController.php，新增 addMessage()方法，如例 18.14 所示。

【例 18.14】　编辑 DBController.php，新增 addMessage()方法。

```
1    // 新增数据
2    public function addMessage(){
3        $bool=DB::insert("insert into student(name,major,score)
4            values(?,?,?)",['ZhangSan','PHP','99.9']);
5        var_dump($bool);
6    }
```

运行结果如图 18.31 所示。

图 18.31　运行结果 17

在例 18.14 中，新增数据使用 DB 类的静态方法 insert()，第一个参数是 SQL 语句，第二个参数是一个数组，将要插入的数据放入数组中。"？"表示占位符，通过数据库接口层 PDO 的方式，达到防止 SQL 注入的目的。该方法若成功则返回 TRUE，若失败则返回 FALSE。

2．查询数据

首先编辑 web.php，新建路由匹配规则，如下所示：

```
Route::get("/findMessage" , 'DBController@findMessage');
```

然后编辑 DBController.php，新增 findMessage()方法，如例 18.15 所示。

【例 18.15】 编辑 DBController.php，新增 findMessage()方法。

```
1    // 查询数据
2    public function findMessage(){
3        $bool=DB::select("select * from student");
4        dd($bool);
5    }
```

运行结果如图 18.32 所示。

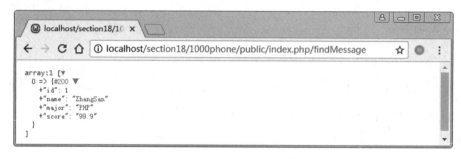

图 18.32 运行结果 18

在例 18.15 中，使用 DB::select("select * from student")查询数据表 student 所有用户信息；dd()方法是 Laravel 内置函数，可以将一个数组以节点树的形式展示出来。

3．更新数据

首先编辑 web.php，新建路由匹配规则，如下所示：

```
Route::get("/updMessage" , 'DBController@updMessage');
```

然后编辑 DBController.php，新增 updMessage()方法，如例 18.16 所示。

【例 18.16】 编辑 DBController.php，新增 updMessage()方法。

```
1    // 更新数据
2    public function updMessage(){
3        $bool=DB::update('update student set score= ? where id= ? ',
         [100,1]);
4        var_dump($bool);
5    }
```

运行结果如图 18.33 所示。

图 18.33 运行结果 19

在例 18.16 中，SQL 语句 update student set score= ? where id= ? ',[100,1]表示更改 id 为 1 的学生信息。该方法返回的结果为受影响的记录数，即若成功则返回 int(1)，若失败则返回 int(0)。

4．删除数据

首先编辑 web.php，新建路由匹配规则，如下所示：

```
Route::get("/delMessage" , 'DBController@delMessage');
```

然后编辑 DBController.php，新增 delMessage()方法，如例 18.17 所示。

【例 18.17】 编辑 DBController.php，新增 delMessage()方法。

```
1    // 删除数据
2    public function delMessage(){
3        $bool=DB::delete('delete from student where id= ?',[1]);
4        var_dump($bool);
5    }
```

运行结果如图 18.34 所示。

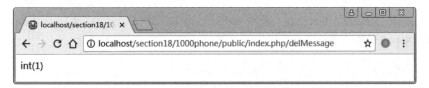

图 18.34　运行结果 20

在例 18.17 中，SQL 语句 delete from student where id= ?',[1])表示删除 id 为 1 的用户信息。该方法返回的结果为受影响的记录数，即若成功则返回 int(1)，若失败则返回 int(0)。

18.10.4　查询构造器

1．新增单条数据

首先编辑 web.php，新建路由匹配规则，如下所示：

```
Route::get("/addSecond" , 'DBController@addSecond');
```

然后编辑 DBController.php，新增 addSecond ()方法，如例 18.18 所示。

【例 18.18】 编辑 DBController.php，新增 addSecond ()方法。

```
1    public function addSecond(){
2        // 插入一条数据
3        $bool=DB::table("student")->insert(['name'=>'LiSi','major'=>"Python",
4        'score'=>"98.8"]);
5        var_dump($bool);
```

```
6  }
```

运行结果如图 18.35 所示。

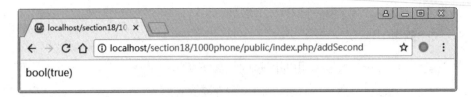

图 18.35　运行结果 21

在例 18.18 中，使用 DB::table("tableName")->insert(['字段名'=>字段值])方式新增数据，执行结果为 bool 值，若成功则返回 TRUE，若失败则返回 FALSE。

2. 新增单条数据并获取 ID 值

如果要在新增单条数据后获取其 ID 值，可选择使用 insertGetId()方法。首先编辑 web.php，新建路由匹配规则，如下所示：

```
Route::get("/addSecondGetId" , 'DBController@addSecondGetId');
```

然后编辑 DBController.php，新增 addSecondGetId ()方法，如例 18.19 所示。

【例 18.19】 编辑 DBController.php，新增 addSecondGetId()方法。

```
1  public function addSecondGetId(){
2      $id=DB::table("student")->insertGetId(['name'=>'WangWu',
3          'major'=>"Java",'score'=>"98.8"]);
4      echo $id;
5  }
```

运行结果如图 18.36 所示。

图 18.36　运行结果 22

在例 18.19 中，使用 DB::table("tableName")->insertGetId (['字段名'=>字段值])方式获取新增数据 ID 值。

3. 新增多条数据

首先编辑 web.php，新建路由匹配规则，如下所示：

```
Route::get("/addSecondMany" , 'DBController@addSecondMany');
```

然后编辑 DBController.php，新增 addSecondMany ()方法，如例 18.20 所示。

【**例 18.20**】　编辑 DBController.php，新增 addSecondMany()方法。

```
1    public function addSecondMany(){
2        $bool=DB::table("student")->insert([
3            ['name'=>'ZhaoLiu','major'=>"PHP",'score'=>"99.5"],
4            ['name'=>'SunQi','major'=>"PHP",'score'=>"99.6"],
5            ['name'=>'ZhouBa','major'=>"Python",'score'=>"99.1"]
6        ]);
7        var_dump($bool);
8    }
```

运行结果如图 18.37 所示。

图 18.37　运行结果 23

在例 18.20 中，使用 DB::table("tableName")->insert(['字段名'=>字段值] , ['字段名'=>字段值], ['字段名'=>字段值]…)方式新增多条数据，执行结果为 bool 值，若成功则返回 TRUE，若失败则返回 FALSE。

4．修改数据

首先编辑 web.php，新建路由匹配规则，如下所示：

```
Route::get("/updSecond" , 'DBController@updSecond');
```

然后编辑 DBController.php，新增 updSecond()方法，如例 18.21 所示。

【**例 18.21**】　编辑 DBController.php，新增 updSecond()方法。

```
1    public function updSecond(){
2        $bool=DB::table("student")->where('id',4)->update(['score'=>
     99.99]);
3        var_dump($bool);
4    }
```

运行结果如图 18.38 所示。

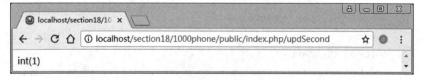

图 18.38　运行结果 24

在例 18.21 中，SQL 语句 DB::table("tableName ")->where()->update(['字段名'=>字段值])表示更改 ID 为 4 的用户信息。该方法返回的结果为受影响的记录数，即若成功则返回 int(1)，若失败则返回 int(0)。

5．删除数据

首先编辑 web.php，新建路由匹配规则，如下所示：

```
Route::get("/delSecond" , 'DBController@delSecond');
```

然后编辑 DBController.php，新增 delSecond()方法，如例 18.22 所示。

【例 18.22】 编辑 DBController.php，新增 delSecond()方法。

```
1   public function delSecond(){
2       $num=DB::table("student")->where('id',6)->delete();// 删除一条记录
3       var_dump($num);
4   }
```

运行结果如图 18.39 所示。

图 18.39 运行结果 25

在例 18.22 中，SQL 语句 DB::table("tableName ")->where()->delete()表示按条件删除某个用户信息。该方法返回的结果为受影响的记录数，即若成功则返回 int(1)，若失败则返回 int(0)。

6．查询数据

首先编辑 web.php，新建路由匹配规则，如下所示：

```
Route::get("/findSecond" , 'DBController@findSecond');
```

然后编辑 DBController.php，新增 findSecond()方法，如例 18.23 所示。

【例 18.23】 编辑 DBController.php，新增 findSecond()方法。

```
1   // 查询数据
2   public function findSecond(){
3       $data=DB::table("student")->get();        // 查询所有数据
4       echo "<pre>";                             // 格式化输出结果
5       var_dump($data);
6       // $data=DB::table("student")->first(); // 查询第一条记录
7       // $data=DB::table("student")->where('id','>=',5)->get();
```

```
                                                    // 条件查询
8          // $data=DB::table("student")->select('name','score')
9          // ->where('id','>',8)->get();              // 查询指定字段
10    }
```

运行结果如图 18.40 所示。

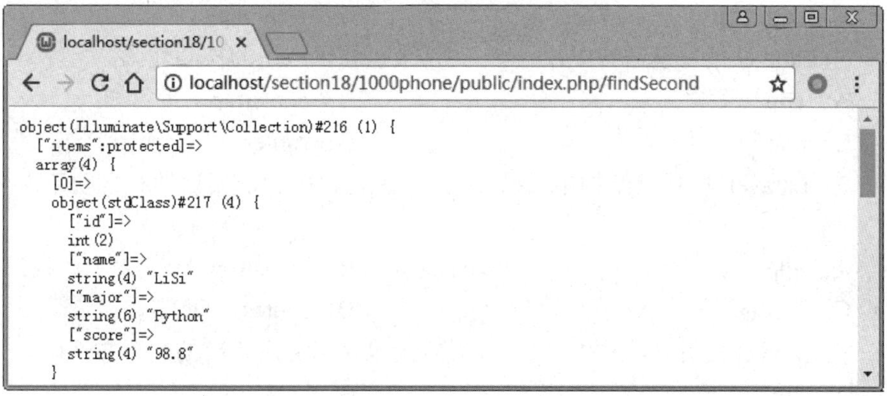

图 18.40 运行结果 26

在例 18.23 中，第 3 行使用 get()方法表示查询数据表所有用户信息；第 4 行使用 echo 输出<pre>标签，表示将查询后的结果格式化输出；第 6 行使用 first()方法表示查询结果集中第一条记录；第 7 行使用 where()和 get()方法表示按指定条件查询结果；第 8、9 行 select()、where()和 get()方法一起使用表示查询指定字段。

18.11 本 章 小 结

本章介绍了 Laravel 框架的基础知识、Laravel 框架安装、Laravel 框架目录结构、Laravel 的生命周期、Laravel 服务容器以及 Laravel 路由详解等。通过本章的学习，大家要能够掌握 Laravel 框架的使用方法，重点掌握框架的安装以及增、删、改、查操作。

18.12 习   题

1. 填空题

（1）安装 Laravel 框架有两种方法，除一键安装包外，还可以通过_____进行安装。

（2）Laravel 应用的请求入口一般是_____文件。

（3）_____是把创建对象的控制权由开发者转移到 Laravel 中的服务容器。

（4）_____是实现容器在运行中动态的为对象提供依赖资源。

（5）Laravel 内置的模板引擎是_____。

2．选择题

（1）在 Laravel 中一般通过（　　）文件实现数据库的配置。

    A．app.php   B．database.php

    C．auth.php   D．web.php

（2）在 Laravel 根目录结构中，（　　）目录包含了应用的核心代码。

    A．app   B．bootstrap

    C．config   D．routes

（3）在 Laravel 根目录结构中，（　　）目录包含用于框架启动和自动载入配置的文件。

    A．app   B．bootstrap

    C．config   D．routes

（4）在 Laravel 根目录结构中，（　　）目录包含了应用所有的配置文件。

    A．app   B．bootstrap

    C．config   D．routes

（5）在 Laravel 根目录结构中，（　　）目录包含了应用的所有路由定义。

    A．app   B．bootstrap

    C．config   D．routes

3．思考题

（1）简述 Laravel 框架的概念及技术特点。

（2）简述 Laravel 处理 HTTP 请求的步骤。

4．编程题

使用 Laravel 框架编写程序，运行结果如图 18.41 所示。

扫描查看习题答案

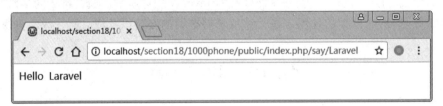

图 18.41　运行结果 27

第19章

PHP-ML 人工智能

本章学习目标

- 了解机器学习的概念;
- 了解机器学习的常见算法;
- 熟悉 PHP-ML 安装;
- 熟悉 PHP-ML 目录结构;
- 熟悉 PHP-ML 机器学习应用案例。

自从 AlphaGo 战胜人类后,人工智能技术再一次引起了全球科技界的瞩目。目前,包括 Google、Facebook 在内的国际互联网巨头正在加紧布局人工智能领域;在国内,以百度、阿里巴巴、腾讯为首,外加科大讯飞四大公司各自构筑的人工智能平台已成为我国人工智能领域的重要支撑。人工智能代表了互联网的未来,并将逐渐渗入到互联网应用的各个层面,作为开发者,理解并掌握人工智能的相关技术是十分必要的。

19.1 初识 PHP-ML

人工智能(Artificial Intelligence)简称 AI,它是一门研究通过计算机来模拟人的某些思维过程和智能行为的科学。AI 研究的主要目标是使机器能够胜任一些通常需要人类智能才能完成的复杂工作。简单来说,人工智能不是人的智能,但它能像人那样思考并且也有可能超过人的智能,在不同的时代,不同的人对人工智能的理解会有所不同。

机器学习是实现人工智能的一种重要方法,机器学习最基本的做法是使用算法来解析数据并从中学习,然后对真实世界中的事件做出决策和预测。许多开发者也许了解到,Python 或 C++语言提供了许多机器学习库,但实际上,这些机器学习库大多繁杂,安装配置也很烦琐,初学者学习起来较为吃力。

PHP-ML 是使用 PHP 语言编写的机器学习库,与其他机器学习库相比,PHP-ML 机器学习库易于初学者入门,它不但包含基本的机器学习、分类算法,而且安装配置也相对简单。

在正式开始 PHP-ML 机器学习库的讲解之前,有必要向大家说明机器学习的概念、机器学习的研究领域以及机器学习的相关算法等。

19.2 机器学习概述

19.2.1 机器学习的概念

从广义上来说，机器学习是一种赋予机器学习的能力并让它完成传统编程无法实现的功能的方法；从实践意义上来说，机器学习是一种通过海量数据训练出模型，然后使用模型预测的一种方法。

接下来通过一个生活实例说明机器学习的概念。如果现有一套 100 m²的房产需要出售，那么就要根据房产面积推算出对应的价格。在调查周边房产的情况后，可以获得一组包含周边房产面积与价格的数据，如果能从这组数据中找出面积与价格的规律，那么就可以得出该房产的价格。

对规律的寻找很简单，将筛选后的每条数据映射为坐标系的一个点，拟合出一条线，让这条线"穿过"所有的点，并且与各个点的距离尽可能的小。假设通过这条线获得一个公式，这个公式能够反映面积与房价的关系，具体如下所示：

> 房价 = 面积 * a + b

由于这个公式综合考虑了大部分的情况，因此从统计学意义上来说，这是一个最合理的预测。公式中的 a、b 都是参数，如果 a = 0.75，b = 50，则房价 = 100 * 0.75 + 50 = 125（万元）。至此，一次根据已有数据预测房价的活动最终完成。从数据中获取规律，再根据规律完成预测，这个过程可以看作是一次机器学习的简单实现。

19.2.2 机器学习的研究领域

19.2.1 节介绍了机器学习的概念，接下来讲解机器学习的研究领域。

从范围上来说，机器学习与模式识别、数据挖掘、统计学习等是类似的，同时，机器学习与其他领域处理技术的结合，形成了自然语言处理、语音识别、计算机视觉等交叉学科，如图 19.1 所示。

1. 模式识别

模式识别的研究领域和机器学习基本类似。两者的主要区别是：模式识别是从工业界发展起来的概念，机器学习则主要源自计算机学科。在著名的 *Pattern Recognition And Machine Learning* 这本书中，Christopher M. Bishop 在开头这样讲道："模式识别源自工业界，而机器学习来自于计算机学科。不过，它们中的活动可以被视为同一个领域的两个方面，同时在过去的 10 年间，它们都有了长足的发展。"

2. 数据挖掘

机器学习和数据挖掘是不能完全等同的，机器学习为数据挖掘提供数据分析技术，数据挖掘不仅仅要研究、拓展、应用一些机器学习方法，还要通过许多非机器学习技术解决数据仓储、大规模数据、数据噪声等数据管理方面的问题。

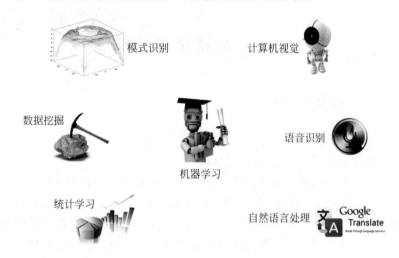

图 19.1　机器学习与相关学科

3．统计学习

统计学习近似等于机器学习。统计学习是与机器学习高度重叠的学科。因为机器学习中大多数方法来自统计学，甚至可以认为，统计学的发展促进了机器学习的发展，例如，著名的支持向量机算法，就是源自统计学科。但是统计学和机器学习是有区别的，这个区别在于：统计学习者重点关注的是统计模型的发展与优化，偏数学；而机器学习者更关注的是能够解决问题，偏实践。因此，机器学习研究者会重点研究学习算法在计算机上执行的效率与准确性的提升。

4．自然语言处理

机器学习和文本处理是自然语言处理的重要支撑技术。自然语言处理是让机器理解人类语言的一门学科。在自然语言处理技术中大量使用编译原理相关的技术，例如，词法分析、语法分析等，除此之外，在理解自然语言层面，则使用了语义理解、机器学习等技术。作为唯一由人类自身创造的符号，自然语言一直是机器学习界不断研究的方向。

5．语音识别

语音识别就是音频处理技术与机器学习的结合。语音识别技术一般会结合自然语言处理的相关技术，目前相关应用有苹果的语音助手 siri、科大讯飞公司等。

6．计算机视觉

机器学习的引入为计算机视觉领域打开全新的局面。图像处理技术将图像作为机器学习模型中的输入，机器学习则负责从图像中识别出相关的模式，这大大促进了计算机图像识别的效果。计算机视觉相关的应用非常多，例如，百度识图、手写字符识别、车牌识别等。

19.3 机器学习算法

19.3.1 机器学习算法概念

算法（Algorithm）是解决特定问题求解步骤的描述，在计算机中表现为指令的有限序列，并且每条指令表示一个或者多个操作。

例如，生活中人们可能会玩这样的互动游戏：A 在纸上随机写了一个 1～100 的整数，B 要猜这个整数，如果猜对，游戏结束；如果猜错，A 会告诉 B 猜的数是大还是小。大多数情况下，B 可能会以猜中间数的方法去猜，第一次猜 50，每次都猜中间数，这样最坏情况下六七次就能猜到。这种猜数方法其实就是二分查找算法的具体应用，软件开发中也经常使用这种算法。

机器学习算法（Machine Learning Algorithm）是一类从数据中自动分析获得规律，并利用规律对未知数据进行预测的算法。接下来将对机器学习算法进行详细讲解。

19.3.2 机器学习算法分类

机器学习中涉及的经典算法包括回归算法、神经网络、SVM（支持向量机）、聚类算法、降维算法、推荐算法等，接下来对这些经典算法做详细讲解。

1. 回归算法

回归算法相对简单，它是机器学习所涉及的各种算法的基石，它有两个重要的子类：线性回归和逻辑回归。

线性回归算法一般使用最小二乘法拟合出一条直线来匹配所有的数据。最小二乘法的思想是：假设拟合出的直线代表数据的真实值，而观测到的数据代表拥有误差的值。为了尽可能减小误差的影响，需要求解一条直线使所有误差的平方和最小。最小二乘法将最优问题转化为求函数极值问题。函数极值在数学上一般会采用求导数为 0 的方法。但这种做法并不适合计算机，可能求解不出来，也可能计算量太大。

计算机科学界专门有一个学科叫数值计算，专门用来提升计算机进行各类计算时的准确性和效率问题。例如，著名的梯度下降法以及牛顿法就是数值计算中的经典算法，也非常适合处理求解函数极值的问题。梯度下降法是解决回归模型中最简单且有效的方法之一。从严格意义上来说，由于后文中的神经网络和推荐算法中都有线性回归的因子，因此梯度下降法在后面的算法实现中也有应用。

逻辑回归是一种与线性回归非常类似的算法，但是，从本质上讲，线型回归处理的问题类型与逻辑回归不同。线性回归处理的是数值问题，也就是最后预测出的结果是数字，例如，房价。而逻辑回归属于分类算法，逻辑回归预测结果是离散的分类，例如，判断一封邮件是否是垃圾邮件，以及用户是否会单击广告等。

在实现方面，逻辑回归对线性回归的计算结果加上了一个 Sigmoid 函数，将数值结果转化为 0～1 的概率，接着根据这个概率进行预测，例如，概率大于 0.5，则这封邮件就是垃圾邮件，或者用户就会单击广告等。从直观上来说，逻辑回归是画出了一条分类线，如图 19.2 所示。

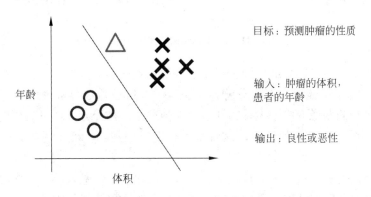

图 19.2　逻辑回归的直观解释

如果有一组肿瘤患者的数据，这些患者的肿瘤中有些是良性的（图中的圆点），有些是恶性的（图中的叉号），此处肿瘤的圆点和叉号可以被称作数据的"标签"。同时，每个数据包括两个特征：患者的年龄与肿瘤的体积。将这两个特征与标签映射到这个二维空间上，形成了图 19.2 所示的数据。

根据圆点和叉号训练出了一个逻辑回归模型，也就是图中的分类线。此时，如果有一个三角形的点，由于三角形出现在分类线的右侧，因此判断它的标签应该是叉号，也就是说属于恶性肿瘤。

逻辑回归算法划出的分类线基本都是线性的，这意味着当两类之间的界线不是线性时，逻辑回归的表达能力会显得不足。接下来讲解的两个算法是机器学习中非常强大且重要的算法，这两个算法都可以拟合出非线性的分类线。

2．神经网络

神经网络（也称为人工神经网络，ANN）算法是 20 世纪 80 年代机器学习界非常流行的算法，不过在 20 世纪 90 年代中途衰落。现在，由于深度学习的发展，神经网络重新成为最强大的机器学习算法之一。

神经网络起源于对人类大脑工作机理的研究。早期生物界学者们使用神经网络来模拟人类大脑。当使用神经网络进行机器学习的实验时，发现神经网络在视觉与语音的识别上效果都相当好。在 BP 算法（加速神经网络训练过程的数值算法）诞生以后，神经网络的发展进入了一个热潮。

神经网络的学习机理是分解与整合。在著名的 Hubel-Wiesel 试验中，学者们发现了猫的视觉分析机理，具体如图 19.3 所示。

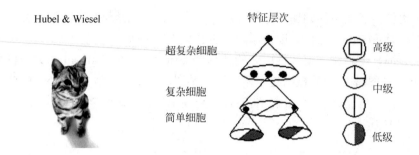

Hubel & Wiesel　　　　　　　特征层次

超复杂细胞　　　　　　高级

复杂细胞　　　　　　　中级

简单细胞　　　　　　　低级

图 19.3　Hubel-Wiesel 试验与大脑视觉机理

例如，一个正方形，分解为四个折线进入视觉处理的下一层中。四个神经元分别处理一个折线。每个折线再继续被分解为两条直线，每条直线再被分解为黑白两个面。于是，一个复杂的图像变成了大量的细节进入神经元，神经元处理以后再进行整合，最后得出了看到的是正方形的结论，这就是大脑视觉识别的机理，也是神经网络工作的机理。

神经网络的逻辑架构可分为输入层、隐藏层和输出层。输入层负责接收信号，隐藏层负责对数据的分解与处理，最后的结果被整合到输出层。每层中的一个圆代表一个处理单元，相当于模拟了一个神经元，若干个处理单元组成一个层，若干个层再组成一个网络，即神经网络，如图 19.4 所示。

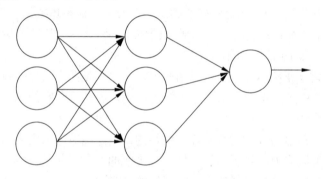

图 19.4　神经网络的逻辑架构

在神经网络中，每个处理单元事实上就是一个逻辑回归模型，逻辑回归模型接收上层的输入，把模型的预测结果作为输出传输到下一个层次。通过这样的过程，神经网络可以完成非常复杂的非线性分类。

3. SVM（支持向量机）

支持向量机算法是诞生于统计学领域，同时在机器学习领域大放光彩的经典算法。

支持向量机算法从某种意义上来说是逻辑回归算法的强化，它给予逻辑回归算法更严格的优化条件，进而获得比逻辑回归更好的分类界线。

除此之外，通过与高斯"核"的结合，支持向量机可以表达出非常复杂的分类界线。"核"事实上就是一种特殊的函数，最典型的特征就是可以将低维的空间映射到高维的空间。在二维平面划分出一个圆形的分类界线可能会很困难，但是通过"核"可以将二维空间映射到三维空间，然后使用一个线性平面就可以达成类似效果。也就是说，二维平面划分出的非线性分类界线可以等价于三维平面的线性分类界线。于是，在三维空间中进行简单的线性划分就可以实现在二维平面中的非线性划分效果，如图 19.5 和图 19.6 所示。

图 19.5　支持向量机图例

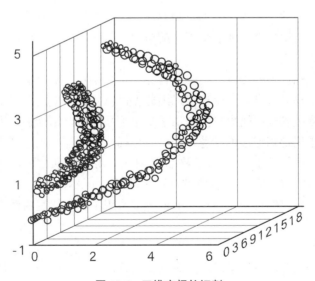

图 19.6　三维空间的切割

　　支持向量机是一种数学成分很浓的机器学习算法，在算法的核心步骤中，有一步证明保证了数据从低维映射到高维不会带来计算复杂性的提升。于是，支持向量机算法既可以保持计算效率，又可以获得非常好的分类效果。因此，支持向量机算法在 20 世纪 90 年代后期一直占据着机器学习中最核心的地位，基本取代了神经网络算法。直到近期，神经网络算法借着深度学习重新兴起，两者之间才又发生了微妙的平衡转变。

4．聚类算法

无监督算法训练的数据中是不含标签的，其目的是通过训练，推测出这些数据的标签。聚类算法是典型的无监督算法。简单来说，聚类算法就是计算种群中的距离，根据距离的远近将数据划分为多个族群。

5．降维算法

降维算法也是一种无监督学习算法，其主要特征是将数据从高维层次降低到低维层次。在这里，维度表示是数据的特征量的大小，例如，房价包含房子的长、宽、面积与房间数量四个特征，此时它的维度为四维。但是，长与宽事实上和面积表示的信息重叠了，可以通过降维算法去除冗余信息，将特征减少为面积与房间数量两个特征，即从四维数据压缩到二维。将数据从高维降到低维，不仅有利于数据表示，同时也能提升计算速度。

降维算法的主要作用是压缩数据和提升机器学习其他算法的效率，它可以将具有几千个特征的数据压缩至若干个特征。另外，降维算法的另一个好处是数据的可视化，例如，将五维的数据压缩至二维，然后通过二维平面实现可视。

6．推荐算法

推荐算法是目前业界较为流行的一种算法，在电商领域得到了广泛运用。推荐算法的主要特征是自动向用户推荐他们感兴趣的东西，从而增加购买率，提升效益。推荐算法有如下两个主要的类别。

一类是基于物品内容的推荐。这类推荐将与用户购买历史类似的物品推荐给用户，这样的前提是每个物品都有若干个标签，因此才可以找出与用户购买物品类似的物品，这样推荐的好处是关联程度较大，但是由于每个物品都需要贴标签，因此工作量较大。

另一类是基于用户相似度的推荐，是将与目标用户兴趣相同的其他用户购买的东西推荐给目标用户。例如，小 A 购买了物品 B 和 C，经过算法分析，发现另一个与小 A 近似的用户小 D 购买了物品 E，于是将物品 E 推荐给小 A。

两类推荐都有各自的优缺点，在一般的电商应用中，一般是将两类混合使用。

7．其他算法

除了以上算法之外，机器学习界还有其他的算法，如高斯判别、朴素贝叶斯、决策树等算法。不过本节详细讲解的六个算法是使用最多、影响最广的典型算法。

19.3.3　机器学习实施过程

机器学习实施过程，从数据的提炼到最后算法的应用，通常遵循如下几个步骤，如图 19.7 所示。

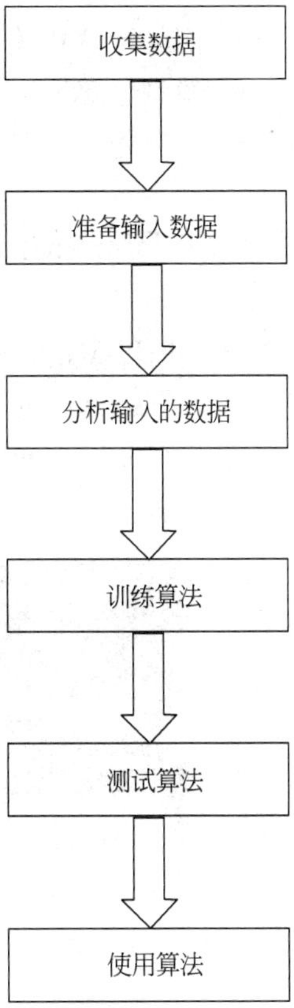

1．收集数据

通过网络爬虫、物联网设备等收集数据。

2．准备输入数据

得到数据之后，要确保得到的数据格式符合要求。例如，某些算法要求特征值需要使用特定的格式。

3．分析输入的数据

查看是否有明显的异常值，例如，某些数据点和数据集中的其他值存在明显的差异。通过一维、二维或者三维图形化展示数据是一个不错的方法，但是得到的数据的特征值都不会低于三个，无法一次图形化展示所有特征。大家可以通过数据的提炼，压缩多维特征到二维或一维。

4．训练算法

机器学习从这一步才真正开始。考虑算法是属于监督学习算法还是无监督学习算法。如果使用无监督学习算法，由于不存在目标变量值，故而也不需要训练算法，所有与算法相关的内容都在第五步。

5．测试算法

这一步将实际使用第四步机器学习得到的知识信息。为了评估算法，必须测试算法工作的效果。对于监督学习，必须已知用于评估算法的目标变量值；对于无监督学习，也必须通过其他的评测手段来检测算法的成功率。如果不满意预测结果，则返回第四步。

6．使用算法

这一步是将机器学习算法转化为应用程序，执行实际任务。

图 **19.7**　机器学习实施过程

19.4　PHP-ML 库

PHP-ML 是 PHP 的机器学习库，同时包含算法，以及交叉验证、神经网络、预处理及特征提取等功能。PHP-ML 为开发者提供了如下机器学习算法：

- 关联规则学习（Apriori 算法）；
- 分类器（SVC、KNN、贝叶斯）；
- 回归（最小二乘性回归、支持向量回归）；
- 聚类（KMeans、基于密度的聚类算法）；

- 矩阵运算相关（准确率、混淆矩阵、召回率、F1、支持率）；
- 模型运算管道（Pipeline）；
- 神经网络（多层感知机）。

19.4.1　PHP-ML 安装

安装 PHP-ML 要求 PHP 的版本必须高于 7.1，详细步骤如下。

（1）在 section19 目录下创建 test-php-ml，打开 cmd 命令行，输入命令 SET PATH=D:/wamp64/bin/php/php7.1.9，手动配置 Composer 环境变量，如图 19.8 所示。注意找准 Composer 脚本文件所在路径。

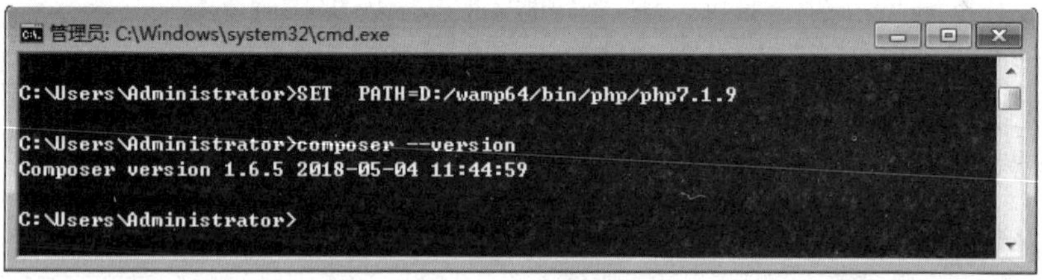

图 19.8　配置环境变量

（2）继续输入命令切换到 D:\wamp64\www\section19\test-php-ml，如图 19.9 所示。

图 19.9　切换项目目录

（3）输入命令 composer require php-ai/php-ml，结果如图 19.10 所示。

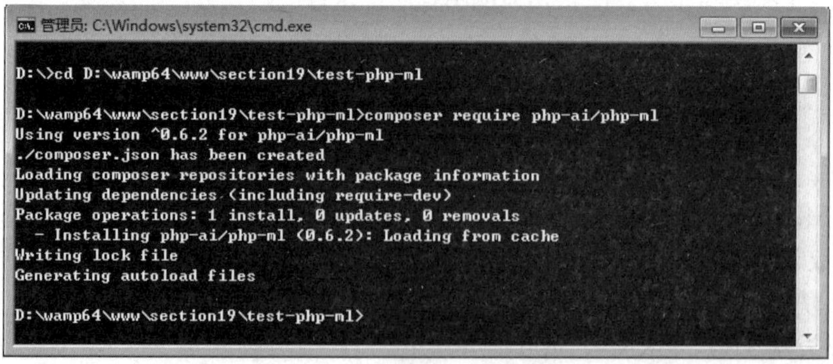

图 19.10　Composer 安装命令

（4）安装成功后，会自动创建三个文件，大家重点关注 vendor 目录，如图 19.11 所示。

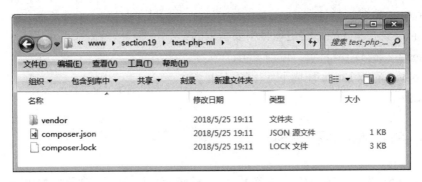

图 19.11　安装成功

19.4.2　PHP-ML 目录结构

使用 Subline 编辑器打开项目 test-php-ml，如图 19.12 所示。

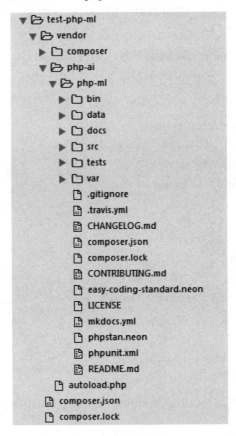

图 19.12　打开项目

- bin：php-ml 使用的 libsvm 库；
- data：测试数据目录；
- docs：帮助文档目录；
- src：核心库代码，这是项目中要引用的；
- tests：测试用例目录，可作参考；
- tools：存放 Linux 环境下使用的 shell 脚本；
- var：临时目录。

19.4.3 PHP-ML 入门案例

前面已经介绍了 PHP-ML 安装及其项目目录结构，接下来详细讲解 PHP-ML 库的具体使用。

1．关联规则学习

关联规则用于描述多种事物同时出现的规律，PHP-ML 库中提供了基于 Apriori 算法的关联规则学习。关联规则学习常用于电商的推荐系统等领域，电商网站根据购物订单统计用户的购买习惯，然后通过关联规则学习商品关联规律，最后根据关联规律向用户推荐相应的商品。

接下来通过一个实例演示关联规则学习，如例 19.1 所示。

【例 19.1】 在项目 test-php-ml 下创建脚本文件 19-1.php。

```
1   <?php
2   // 加载 autoload.php
3   include "vendor/autoload.php";
4   // 引用所需要的算法库
5   use Phpml\Association\Apriori;
6   // 准备训练样本
7   $samples = [['衣服','鞋子','饮料'],['饮料','面条','席子'], ['衣服','席子',
8   '面条'],['衣服','面条','鞋子'],['衣服','面条','饮料'],['衣服','鞋子','饮料']];
9   $labels  = [];
10  // 实例化算法对象
11  $associator = new Apriori($support = 0.5, $confidence = 0.5);
12  // 训练样本
13  $associator ->train($samples, $labels);
14  // 开始预测
15  print_r($associator->predict(['衣服']));
```

在浏览器地址栏中输入 localhost/section19/test-php-ml/19-1.php，运行结果如图 19.13 所示。

在例 19.1 中，第 7、8 行$samples 声明了一个数组，数组中的每个元素代表了一个订单中的商品；第 11 行实例化 Apriori 算法对象；第 13 行为训练样本；第 15 行根据已购的商品——衣服预测出购买衣服的用户可能会购买的其他商品。

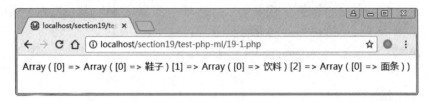

图 19.13　运行结果 1

2．分类

分类是将目标数据划到合适的类别中。使用 PHP-ML 库可通过 SVC 算法、KnearestNeighbors 算法、NaiveBayes 算法等实现分类。接下来通过实例演示通过以上三种算法实现分类。如果有三个男生与三个女生的身高体重数据，那么程序将根据已有的数据判断该数据的所有人是男生还是女生，其中男生对应数字 1，女生对应数字–1，具体代码如例 19.2～例 19.4 所示。

【例 19.2】　通过支持向量机算法实现分类。

```php
1   <?php
2   // 加载 autoload.php
3   include "vendor/autoload.php";
4   // 引用所需要的算法库
5   use Phpml\Classification\SVC;
6   use Phpml\SupportVectorMachine\Kernel;
7   // 准备训练样本
8   $samples = [[176, 70], [180, 80], [161, 45], [163, 47], [186, 86],
    [165, 49]];
9   $labels = [1, 1, -1, -1, 1, -1];
10  // 实例化算法对象
11  $classifier = new SVC(Kernel::LINEAR, $cost = 1000);
12  // 训练样本
13  $classifier->train($samples, $labels);
14  // 开始预测
15  echo $classifier->predict([190, 85]);
```

在浏览器地址栏中输入 localhost/section19/test-php-ml/19-2.php，运行结果如图 19.14所示。

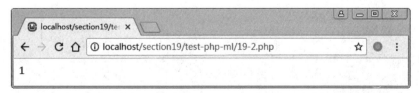

图 19.14　运行结果 2

在例 19.2 中，第 8 行$samples 声明了一个数组，数组中的每个元素代表了一个学生的身高体重数据；第 9 行$labels 声明了一个数组，数组中的每个元素代表了对应的学生性别，数字 1 代表男生，数字-1 代表女生；第 11 行实例化 SVC 算法对象；第 13 行为训练样本；第 15 行将新的身高、体重数据分类。

【例 19.3】 通过 KnearestNeighbors 算法实现分类。

```php
1   <?php
2   // 加载 autoload.php
3   include "vendor/autoload.php";
4   // 引用所需要的算法库
5   use Phpml\Classification\KNearestNeighbors;
6   // 准备训练样本
7   $samples = [[176, 70], [180, 80], [161, 45], [163, 47], [186, 86], [165, 49]];
8   $labels = [1, 1, -1, -1, 1, -1];
9   // 实例化算法对象
10  $classifier = new KNearestNeighbors();
11  // 训练样本
12  $classifier->train($samples, $labels);
13  // 开始预测
14  echo $classifier->predict([190, 85]);
```

在浏览器地址栏中输入 localhost/section19/test-php-ml/19-3.php，运行结果如图 19.15 所示。

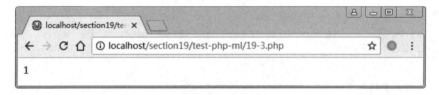

图 19.15　运行结果 3

【例 19.4】 通过 NaiveBayes 算法实现分类。

```php
1   <?php
2   // 加载 autoload.php
3   include "vendor/autoload.php";
4   // 引用所需要的算法库
5   use Phpml\Classification\NaiveBayes;
6   // 准备训练样本
7   $samples = [[176, 70], [180, 80], [161, 45], [163, 47], [186, 86], [165, 49]];
8   $labels = [1, 1, -1, -1, 1, -1];
9   // 实例化算法对象
10  $classifier = new NaiveBayes();
```

```
11   // 训练样本
12   $classifier->train($samples, $labels);
13   // 开始预测
14   echo $classifier->predict([190, 85]);
```

在浏览器地址栏中输入 localhost/section19/test-php-ml/19-4.php，运行结果如图 19.16 所示。

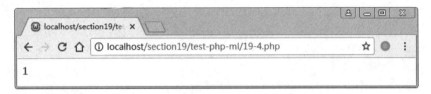

图 19.16　运行结果 4

3. 回归

回归分析是一种数学模型，主要研究因变量和自变量之间的关系。PHP-ML 库中以最小二乘性回归、支持向量回归等实现数据预测。

接下来演示通过回归分析实现数据预测，如例 19.5 和例 19.6 所示。

【例 19.5】　通过最小二乘性回归算法实现预测。

```
1    <?php
2    // 加载 autoload.php
3    include "vendor/autoload.php";
4    // 引用所需要的算法库
5    use Phpml\Regression\LeastSquares;
6    // 准备训练样本
7    $samples = [[60], [61], [62], [63], [65]];
8    $targets = [3.1, 3.6, 3.8, 4, 4.1];
9    // 实例化算法对象
10   $regression = new LeastSquares();
11   // 训练样本
12   $regression->train($samples, $targets);
13   // 开始预测
14   echo $regression->predict([64]);
```

在浏览器地址栏中输入 localhost/section19/test-php-ml/19-5.php，运行结果如图 19.17 所示。

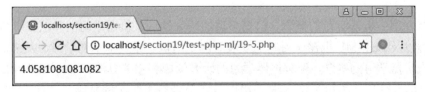

图 19.17　运行结果 5

在例 19.5 中，第 7 行 $samples 声明了一个数组，数组中包含了 5 个数字；第 8 行 $targets 声明了一个数组，数组中包含了 $samples 代表的数组中的每个元素对应的目标值；第 10 行实例化 LeastSquares 算法对象；第 12 行为训练样本；第 14 行得出预测值。

【例 19.6】 通过支持向量回归算法实现预测。

```php
1   <?php
2   // 加载 autoload.php
3   include "vendor/autoload.php";
4   // 引用所需要的算法库
5   use Phpml\Regression\SVR;
6   use Phpml\SupportVectorMachine\Kernel;
7   // 准备训练样本
8   $samples = [[60], [61], [62], [63], [65]];
9   $targets = [3.1, 3.6, 3.8, 4, 4.1];
10  // 实例化算法对象
11  $regression = new SVR(Kernel::LINEAR);
12  // 训练样本
13  $regression->train($samples, $targets);
14  // 开始预测
15  echo $regression->predict([64]);
```

在浏览器地址栏中输入 localhost/section19/test-php-ml/19-6.php，运行结果如图 19.18 所示。

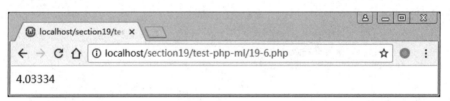

图 19.18　运行结果 6

在例 19.6 中，第 8 行 $samples 声明了一个数组，数组中包含了 5 个数字；第 9 行 $targets 声明了一个数组，数组中包含了 $samples 代表的数组中的每个元素对应的目标值；第 11 行实例化 SVR 算法对象；第 13 行为训练样本；第 15 行得出预测值。

19.5　本　章　小　结

本章介绍了机器学习的概念、机器学习的研究领域、机器学习的算法、机器学习的实施过程以及 PHP-ML 机器学习库的安装和测试用例。通过本章的学习，大家要理解人工智能与机器学习的概念，理解机器学习的研究领域和相关算法，掌握 PHP-ML 机器学习库的安装及使用，为以后深入学习 PHP 人工智能打下坚实的基础。

19.6 习　题

1．填空题

（1）PHP-ML 是使用＿＿＿＿＿＿语言编写的机器学习库。

（2）回归算法包括＿＿＿＿＿和＿＿＿＿＿。

（3）神经网络的学习机理是＿＿＿＿＿与＿＿＿＿＿。

（4）PHP-ML 库中提供了基于＿＿＿＿＿算法的关联规则学习。

（5）使用 PHP-ML 库可通过＿＿＿＿＿、＿＿＿＿＿、＿＿＿＿＿等实现分类。

2．思考题

简述人工智能和机器学习之间的关系。

3．编程题

如果有若干个用户的购物订单，如下所示，请根据这些订单预测出购买可乐的用户可能会购买的商品。

订单一：可乐，鞋子，鸡翅。

订单二：鸡翅，薯条，T 恤。

订单三：可乐，T 恤，薯条。

订单四：可乐，薯条，鞋子。

订单五：可乐，薯条，鸡翅。

订单六：可乐，鞋子，鸡翅。

扫描查看习题答案

附录 A

自定义搭建 PHP 开发环境

自定义搭建 PHP 开发环境比较烦琐，但有助于理清 Apache、PHP、MySQL 之间的关系，同时使用也更加灵活。接下来详细介绍如何自定义搭建 PHP 开发环境，具体如下所示。

1. Apache 的安装

（1）Apache 官方网站（http:// httpd.apache.org/）提供了该软件最新版本，如图 A.1 所示。

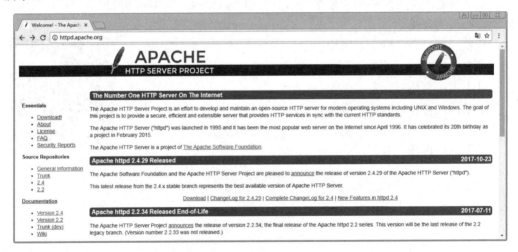

图 A.1　Apache 官网

（2）单击 Apache httpd 2.4.29 Released 项目下的 Download，进入选择下载文件界面，如图 A.2 所示。

（3）本书主要针对 Windows 开发，因此选择 Windows 环境下的安装文件，即单击 Files for Microsoft Windows，进入选择站点界面，如图 A.3 所示。

（4）BitNami WAMP Stack、WampServer 网站提供的是包含 Apache、PHP、MySQL 等软件的集成包，此处需单独下载 Apache，则可以使用 ApacheHaus 或 Apache Lounge 提供的下载。本书此处选择 ApacheHaus，即单击 ApacheHaus，进入版本选择界面，如图 A.4 所示。

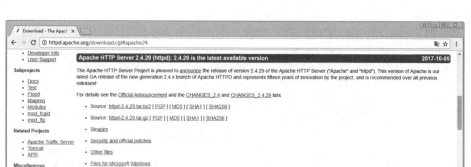

图 A.2　选择下载文件界面

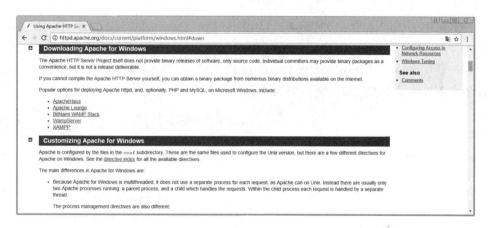

图 A.3　选择站点界面

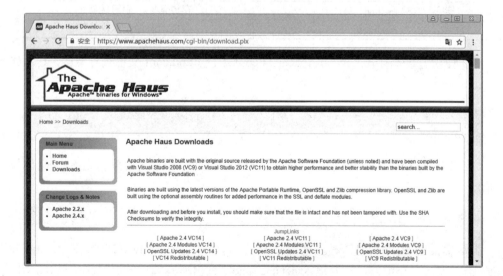

图 A.4　版本选择界面

（5）单击 Apache 2.4 VC14，进入下载界面，如图 A.5 所示。

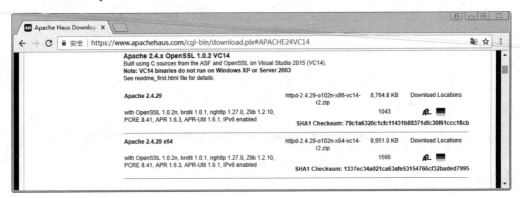

图 A.5　下载界面

（6）单击 httpd-2.4.29-o102n-x64-vc14-r2.zip 后的 Download Locations 下面的图标进行下载。

（7）解压 httpd-2.4.29-o102n-x64-vc14-r2.zip 文件到 D:\web\Apache24 路径下。接下来简单介绍该路径下的常用目录，如表 A.1 所示。

表 A.1　Apache24 子目录说明

子 目 录 名	说　明
bin	存放可执行文件的目录
cig-bin	存放 CGI 网页程序的目录
conf	存放配置文件的目录
htdocs	存放默认站点网页文档的目录
logs	存放日志文件的目录
manual	存放帮助手册的目录
modules	存放动态加载模块的目录

（8）使用记事本打开 D:\web\Apache24\conf 下的 httpd.conf 文件进行修改，具体如下所示。

```
Define SRVROOT "/Apache24"  #将此处修改为 Define SRVROOT "D:\web\Apache24"
ServerRoot "${SRVROOT}"
```

（9）在 httpd.conf 文件中搜索 Listen，查看其监听的端口号，默认是 80，具体如下所示。

```
Listen 80
```

此处需注意 80 端口是否被其他程序占用，可以通过 Windows+R 键，输入 cmd 并按 Enter 键，调出命令窗口，接着输入 netstat -ano，列出所有端口的情况。如果 80 端口被占用，换用其他未占用端口或停止占用该端口的程序。

（10）在命令窗口下，进入 Apache24 的 bin 目录并输入命令，如图 A.6 所示。

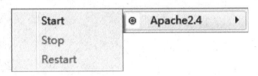

图 **A.6**　通过命令安装 **Apache**

（11）安装好后，双击 D:\web\Apache24\bin 路径下的 ApacheMonitor.exe（Apache 服务监视工具）文件。Windows 系统任务栏右下角状态栏会出现 Apache 的小图标，单击该图标弹出控制菜单，如图 A.7 所示。

图 **A.7**　控制菜单

在图 A.7 中，通过控制菜单可以快捷地控制 Apache 服务的启动、停止和重启。单击 Start 按钮，当图标由红色变为绿色时（具体颜色见实际操作界面），表明启动成功。

（12）在浏览器地址栏中输入 http:// localhost/，如果出现图 A.8 所示的界面，则表明 Apache 可以正常运行。

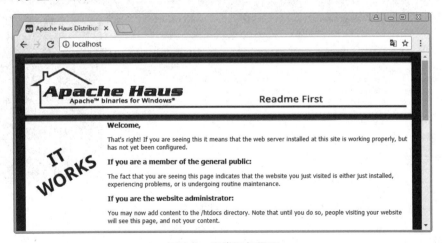

图 **A.8**　正常运行界面

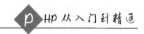

2. PHP 的安装

Apache 服务成功安装后，接下来便可以安装 PHP 模块，具体步骤如下所示。

（1）PHP 官方网站（http:// php.net/）提供了该软件的最新版本，如图 A.9 所示。

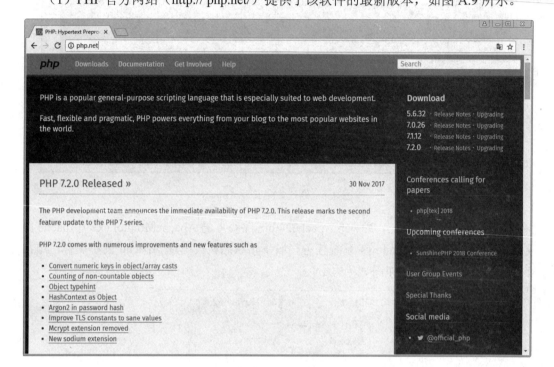

图 A.9　PHP 官方网站

（2）单击导航栏中的 Downloads，进入选择安装环境界面，如图 A.10 所示。

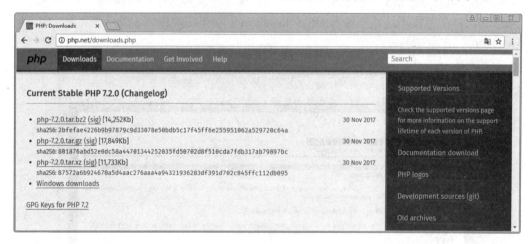

图 A.10　选择安装环境界面

（3）单击 Windows downloads，进入安装文件选择界面，如图 A.11 所示。

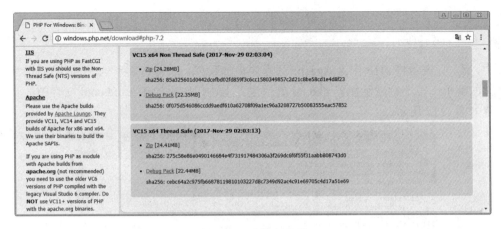

图 A.11 选择浏览器

在图 A.11 中，PHP 提供了 Non Thread Safe（非线程安全）和 Thread Safe（线程安全）两种版本，此处 PHP 模块是与 Apache 配合使用，因此选择 Thread Safe 版本。

（4）单击 VC15 x64 Thread Safe 下的 Zip 链接，开始下载 PHP 软件。下载完成后，文件名为 php-7.2.0-Win32-VC15-x64.zip。

（5）解压 php-7.2.0-Win32-VC15-x64.zip 文件到 D:\web\PHP72 路径下。接下来简单介绍该路径下常用文件或文件夹，如表 A.2 所示。

表 A.2 PHP72 子目录说明

名 称	说 明
ext	存放 PHP 扩展文件的目录
php.exe	PHP 命令行应用程序
php7apache2_4.dll	用于 Apache 的 DLL 模块
php.ini-production	PHP 配置模板，适用于上线环境
php.ini-development	PHP 配置模板，适用于开发环境

（6）由于处于学习阶段，只需适用开发环境即可，将 php.ini-development 文件重命名为 php.ini，该文件将作为 PHP 的配置文件。

（7）使用记事本打开 php.ini 文件搜索 extension_dir，具体如下所示。

```
; extension_dir = "ext"
```

注意，此处分号表示注释。将此行内容修改为如下内容。

```
extension_dir = "D:/web/PHP72/ext"
```

（8）打开 Apache 配置文件（D:\web\Apache24\conf\ httpd.conf），在 Apache 中引入 PHP 模块，具体如下所示。

```
LoadModule php7_module "D:\web\PHP72\php7apache2_4.dll"
<FilesMatch "\.php$">
    setHandler application/x-httpd-php
```

```
</FilesMatch>
PHPIniDir "D:\web\PHP72"
```

其中，第 1 行表示将 PHP 作为 Apache 的模块来加载；第 2～4 行表示 Apache 添加对 PHP 文件的解析；第 5 行表示配置 php.ini 的位置。上述代码添加在 httpd.conf 文件中的具体位置如图 A.12 所示。

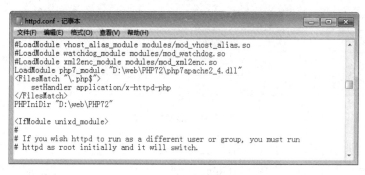

图 A.12   httpd.conf 配置文件

（9）测试 PHP 环境是否安装成功，可以在 D:\web\Apache24\htdocs 路径下新建一个 test.php 文件，用记事本编辑该文件，具体如下所示。

```php
<?php
    phpinfo();
?>
```

编辑完成后，重启 Apache 服务器，接着在浏览器地址栏中输入 http:// localhost/ test.php 并按 Enter 键，则运行结果如图 A.13 所示。

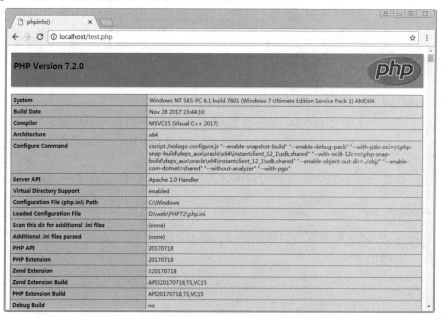

图 A.13   测试 PHP 模块

如果在浏览器中输出 PHP 配置信息,则说明上述配置成功,否则,检查上述配置操作是否正确。

3. MySQL 的安装

(1)MySQL 官方网站(https:// www.mysql.com/)提供了该软件的最新版本,如图 A.14 所示。

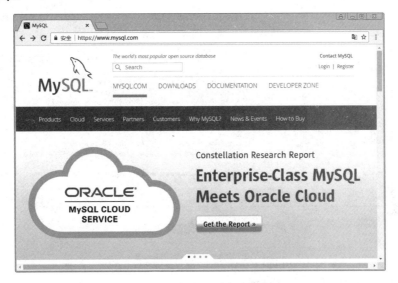

图 A.14   MySQL 官方网站

(2)单击 DOWNLOADS 并选择 MySQL Community Server 找到 MySQL 5.7.20 社区版,如图 A.15 所示。

图 A.15   MySQL 5.7.20 社区版

（3）单击 Go to Download Pages >，出现版本选择界面，如图 A.16 所示。

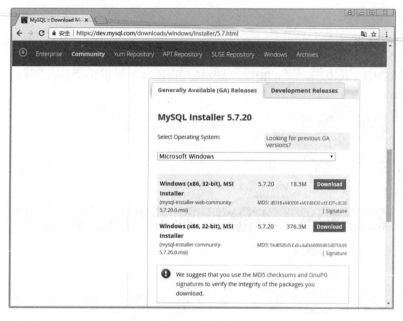

图 A.16 版本选择界面

（4）选择第二个 Download 所在行的文件进行下载，下载完成后的文件名为 mysql-installer-community-5.7.20.0.msi。

（5）双击下载的文件，出现 MySQL 许可协议界面，勾选 I accept the license terms 选项，如图 A.17 所示。

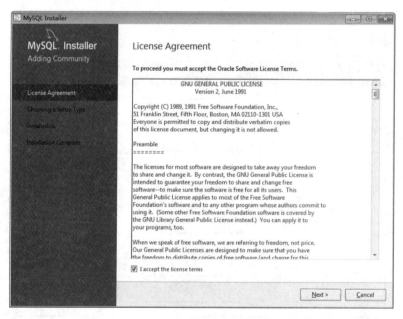

图 A.17 许可协议界面

（6）单击 Next 按钮，进入选择安装类型界面，选择 Custom（自定义安装）选项，如图 A.18 所示。

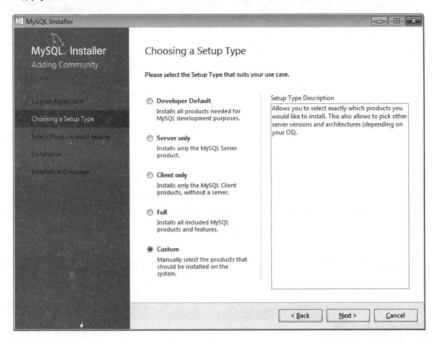

图 A.18　安装类型界面

（7）单击 Next 按钮，进入选择组件界面，如图 A.19 所示。

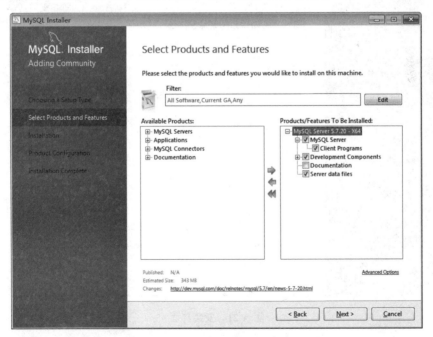

图 A.19　选择组件界面

（8）选择完成后，单击 Advanced Options，出现修改安装路径界面，如图 A.20 所示。

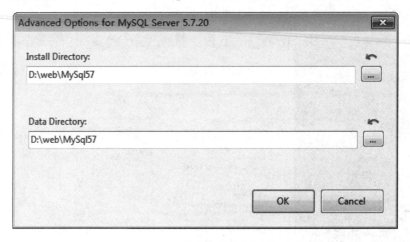

图 **A.20** 修改安装路径界面

（9）单击图 A.20 中的 OK 按钮，再单击图 A.19 中的 Next 按钮，进入安装界面，如图 A.21 所示。

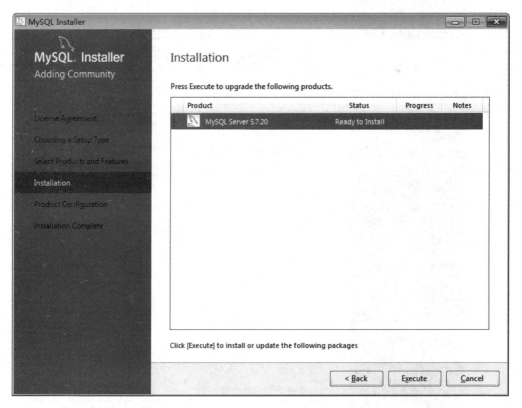

图 **A.21** 安装界面

（10）单击 Execute 按钮，进入安装过程界面，如图 A.22 所示。

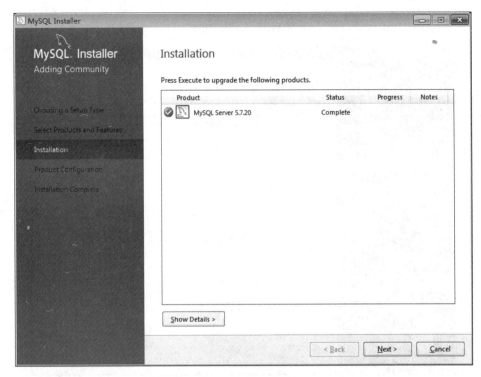

图 A.22 安装过程界面

（11）安装完成后，单击 Next 按钮，进入配置界面，如图 A.23 所示。

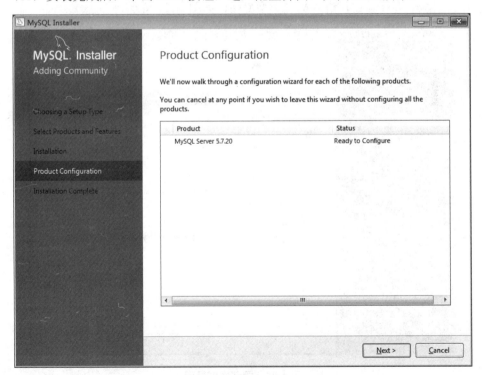

图 A.23 配置界面

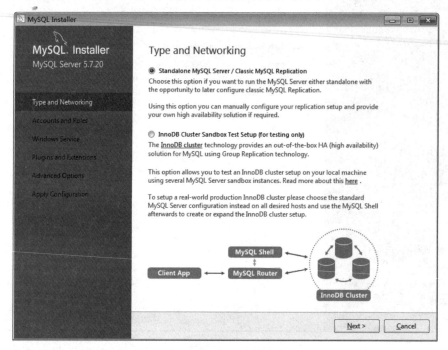

（12）单击 Next 按钮，进入类型与网络配置界面，如图 A.24 所示。

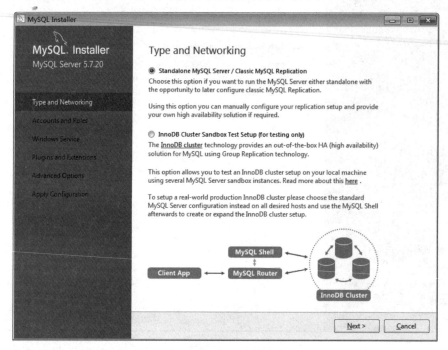

图 A.24　类型与网络配置界面

（13）单击 Next 按钮，进入配置类型界面，如图 A.25 所示。

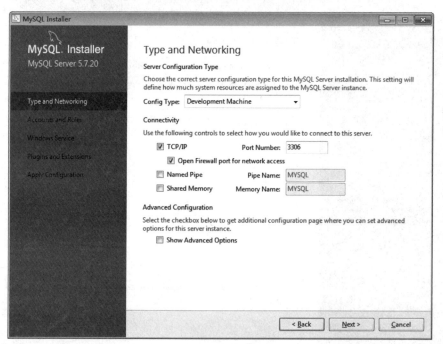

图 A.25　配置类型界面

（14）单击 Next 按钮，进入用户设置界面，如图 A.26 所示。

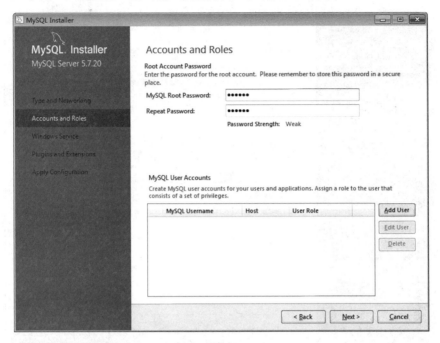

图 A.26　用户设置界面

（15）输入 Root 用户的密码，此处输入 123456，单击 Next 按钮，进入系统服务配置界面，如图 A.27 所示。

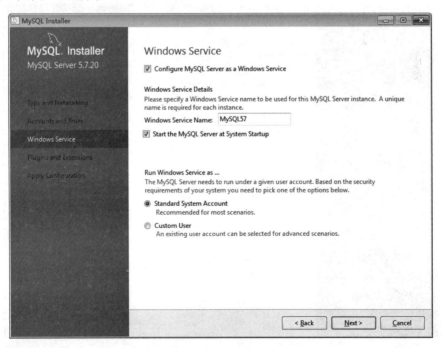

图 A.27　系统服务配置界面

（16）单击 Next 按钮，进入插件和扩展配置界面，如图 A.28 所示。

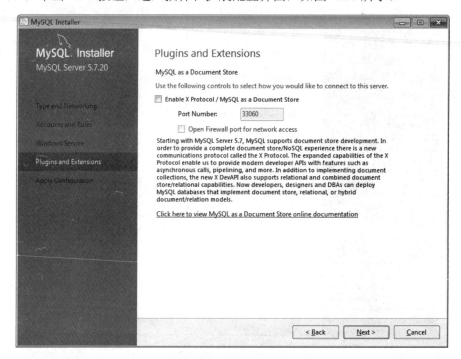

图 A.28　插件和扩展配置界面

（17）单击 Next 按钮，进入应用配置界面，如图 A.29 所示。

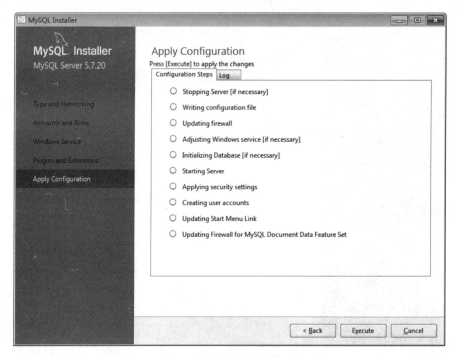

图 A.29　应用配置界面

（18）单击 Execute 按钮，进入执行配置界面，如图 A.30 所示。

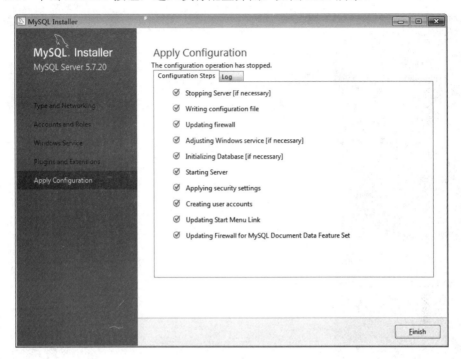

图 A.30　执行配置界面

（19）单击 Finish 按钮，进入配置完成界面，如图 A.31 所示。

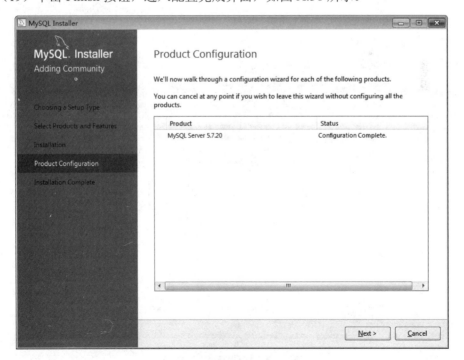

图 A.31　配置完成界面

（20）单击 Next 按钮，进入安装完成界面，如图 A.32 所示。

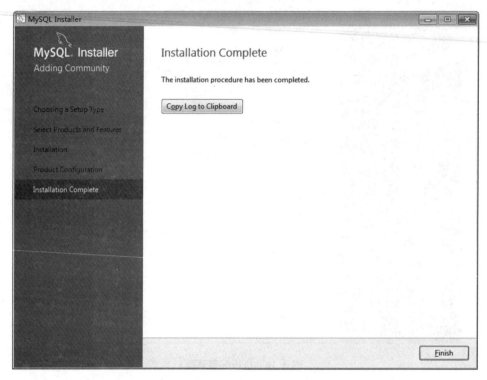

图 A.32 安装完成界面

（21）单击 Finish 按钮，则自动关闭窗口。

（22）正确安装 MySQL 并进行配置后，MySQL 服务就已经启动了。可以通过 Windows 服务器手动启动或停止 MySQL 服务，如图 A.33 所示。

图 A.33 管理 MySQL 服务

（23）当 MySQL 服务启动后，就可以使用 MySQL 自带的命令行工具进行管理，如图 A.34 所示。

图 A.34　MySQL 命令行工具

（24）单击 MySQL 5.7 Command Line Client，打开客户端命令行窗口，程序提示输入密码，此处输入 123456，成功登录 MySQL 服务器，如图 A.35 所示。

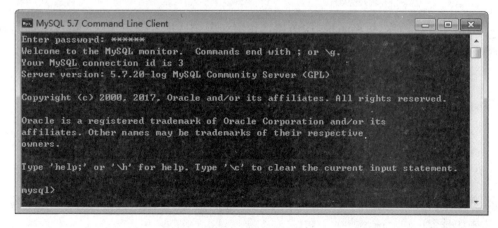

图 A.35　客户端命令行窗口

（25）接着可以通过命令查看数据库中现有的数据库，如图 A.36 所示。

图 A.36　显示所有数据库

（26）在命令行中输入 exit 或 quit，则可以退出 MySQL 服务器。

（27）MySQL 可以正常使用后，接下来需要配置 PHP 模块，使其与 MySQL 可以连接。打开 D:\web\PHP72 路径下 php.ini 文件，找到如下内容并进行修改，具体如下所示。

```
;extension=mysqli
```

将此行代码修改为如下内容。

```
extension=php_mysqli.dll
```

修改完成后，注意保存。

（28）测试 PHP 连接 MySQL 是否成功，可以在 D:\web\Apache24\htdocs 路径下新建一个 test.php 文件，用记事本编辑该文件，具体如下所示。

```php
<?php
    $con = new mysqli('localhost','root','123456');
    if(!$con)
    die("connect error:".mysqli_connect_error());
    else
    echo "success connect mysql!\n";
?>
```

编辑完成后，重启 Apache 服务器，接着在浏览器地址栏中输入 http:// localhost/ test.php 并按 Enter 键，则运行结果如图 A.37 所示。

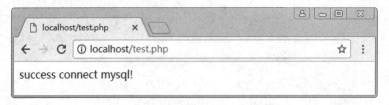

图 A.37　测试 PHP 连接 MySQL

如果在浏览器中输出"success connect mysql!"，则说明上述连接成功，否则，检查上述操作是否正确。

至此，Apache 2.4.29 + PHP 7.2.0 + MySQL 5.7.20 环境搭建完毕并测试成功。

图书资源支持

感谢您一直以来对清华版图书的支持和爱护。为了配合本书的使用，本书提供配套的资源，有需求的读者请扫描下方的"书圈"微信公众号二维码，在图书专区下载，也可以拨打电话或发送电子邮件咨询。

如果您在使用本书的过程中遇到了什么问题，或者有相关图书出版计划，也请您发邮件告诉我们，以便我们更好地为您服务。

我们的联系方式：

地　　　址：北京市海淀区双清路学研大厦 A 座 707

邮　　　编：100084

电　　　话：010－62770175－4520

资源下载：http://www.tup.com.cn

电子邮件：huangzh@tup.tsinghua.edu.cn

QQ：81283175(请写明您的单位和姓名)

用微信扫一扫右边的二维码，即可关注清华大学出版社公众号"书圈"。

资源下载、样书申请

书圈